SCHÄFFER
POESCHEL

Handelsblatt

Mittelstands-Bibliothek – Band 6

Horst S. Werner/Rolf Kobabe

mit Textbeiträgen von Mario Hirdes

Finanzierung

2007

Schäffer-Poeschel Verlag Stuttgart

Handelsblatt Mittelstands-Bibliothek

Bibliografische Information der Deutschen Nationalbibliothek
Die Deutsche Nationalbibliothek verzeichnet diese Publikation in der Deutschen Nationalbibliografie; detaillierte bibliografische Daten sind im Internet über http://dnb.d-nb.de abrufbar.

Gedruckt auf chlorfrei gebleichtem, säurefreiem und alterungsbeständigem Papier

Band 6: ISBN 978-3-7910-2716-6
Gesamtwerk: ISBN 978-3-7910-2710-4

www.schaeffer-poeschel.de
info@schaeffer-poeschel.de

Einbandgestaltung: Willy Löffelhardt
Umschlagfoto: MEV Verlag GmbH, Augsburg
Satz: pws Print und Werbeservice Stuttgart GmbH
Druck und Bindung: Ebner & Spiegel GmbH, Ulm

Printed in Germany
Oktober 2007

Schäffer-Poeschel Verlag Stuttgart
Ein Tochterunternehmen der Verlagsgruppe Handelsblatt

Vorwort

Schriften zur Unternehmensfinanzierung existieren in nahezu unüberschaubarem Maß, besonders in der wissenschaftlichen Theorie. Mit dem vorliegenden Buch werden dem interessierten Leser weniger die wissenschaftlichen Grundlagen über Finanzierungstheorien vermittelt, sondern aus der Sicht eines Unternehmers die Rahmenbedingungen und Auswirkungen der verschiedensten Finanzierungsformen und ihrer Instrumente dargestellt und vor allem die Finanzierungswege beschrieben. Die langjährige Erfahrung aus der Praxis zeigt, dass es gerade die Finanzierungswege bzw. die Wege zu den Finanzierungsquellen sind, die den Unternehmer am stärksten interessieren. Konsequenterweise, wenn vielleicht auch eher ungewöhnlich für ein Buch, dass sich mit dem Thema Finanzierung befasst, haben wir Kapitel, das sich mit den »Wegen der Außenfinanzierung« befasst, der Darstellung der unterschiedlichen »Formen der Außenfinanzierung« vorangestellt.

Ziel dieses Werkes ist es, den Unternehmer für das Thema »Finanzierung« zu sensibilisieren und ihm gleichzeitig Mut zu machen, aktiv und offensiv Finanzierungs- und Kapitalisierungsstrategien für sein Unternehmen zu entwickeln, das Gespräch mit Finanzierungspartnern jeglicher Art zu suchen, um die Finanzierung seines Unternehmens modern und gesund zu strukturieren.

Angesichts der jüngst verabschiedeten Steuerreform 2008 mit ihren weit reichenden Auswirkungen auf die steuerlichen Rahmenbedingungen der Unternehmensfinanzierung wird dem Leser auch ein Überblick über die wichtigsten Änderungen und eine erste Handreichung für die Entwicklung steueroptimierter Finanzierungs- und Unternehmensstrukturen gegeben, damit er Sachverhalte in Hinblick auf das Steuerrecht rechtzeitig gestalten und so Potenzial der Gestaltungsmöglichkeiten im Bereich der Finanzierung auch künftig zum Wohle des Unternehmens nutzen kann.

Ein Werk wie das vorliegende kann nicht ohne tatkräftige Unterstützung entstehen. Die Autoren bedanken sich bei ihren Kollegen Mario Hirdes, Matthias Gündel und Björn Katzorke für ihre wertvollen Beiträge. Unser besonderer Dank gilt Herrn Hirdes, der sich mit der Koordination der Arbeiten und der Bearbeitung aller Texte unermüdlich für das Werden dieser Schrift eingesetzt hat.

Für Hinweise und Kritik sind die Autoren jederzeit dankbar.

Göttingen/Hamburg, im Herbst 2007

Dr. jur. Rolf Kobabe
Dr. jur. Horst S. Werner

Die Autoren

Dr. jur. Horst S. Werner

Dr. jur. Horst S. Werner ist langjährig erfahrener Praktiker im Unternehmensrecht und der Unternehmensfinanzierung mittelständischer Unternehmen. Seit 1983 betreut er Unternehmen bei Rechtsfragen im Zusammenhang mit dem Gang an die Kapitalmärkte. Dabei hat er mehr als 600 Unternehmen an die Kapitalmärkte geführt, M&A-Transaktionen begleitet und bei der Kapitalbeschaffung ein Volumen von über 5,8 Mrd. € betreut.

Vor seiner Tätigkeit als Wirtschaftsanwalt nahm Dr. Werner im Handels- und Gesellschaftsrecht Lehraufträge der Universität Göttingen und der Universität Bremen wahr. Er promovierte mit einer Arbeit zum Aktien- und Konzernrecht. Dr. Werner hat zahlreiche praxisorientierte Bücher und wissenschaftliche Beiträge zum Recht der Kapitalanlage sowie zum Gesellschafts-, Konzern-, Bank- und Kapitalmarktrecht veröffentlicht. Viele positive Rezensionen seiner dreizehn Monographien belegen seine Anerkennung in der Fachpresse.

In den letzten fünfzehn Jahren hat Dr. Werner in mehreren Aktiengesellschaften und Holdingunternehmen Funktionen als Vorstand und Aufsichtsratsvorsitzender ausgeübt.

Dr. jur. Rolf Kobabe

Dr. jur. Rolf Kobabe war nach seiner Ausbildung zum Sparkassen-Kaufmann und seinem rechtswissenschaftlichen Studium zunächst als Vorstandsassistent der Bankhaus Hallbaum, Maier & Co. AG in Hannover tätig. Nach seiner Promotion mit einer Arbeit über das Recht der EU-Zentralbanken praktizierte er seit 1998 als Wirtschaftsanwalt mit dem Schwerpunkt Finanzierungsmaßnahmen für mittelständische Unternehmen.

Dr. Kobabe hat zahlreiche Bücher, Broschüren und Aufsätze v.a. zu aktuellen Entwicklungen an den Kapitalmärkten verfasst. Als Dozent für Fragen zu alternativen Finanzierungen einerseits sowie zu Fragen der Vertriebs- und Prospekthaftung hat sich Dr. Kobabe nicht nur in Fachkreisen einen Namen gemacht. Seit 2005 leitet Dr. Kobabe in Hamburg zunächst bei der Luther Rechtsanwaltsgesellschaft, anschließend bei DLA Piper das Fondsteam mit dem Schwerpunkt außerbörslicher Kapitalmarkt, Fondsstrukturierung, Kapitalmarktaufsicht und Vermögensanlagen.

Inhaltsverzeichnis

Einleitung

Bestandsaufnahme zur Unternehmensfinanzierung

Mangelhafte Bilanzstrukturen sind das Ergebnis fehlender Auseinandersetzung mit dem Thema »Unternehmensfinanzierung«

Obwohl in der betriebswirtschaftlich-wissenschaftlichen Ausbildung seit jeher ein Studienschwerpunkt, zeigt die Praxis, dass nicht nur in kleinen und mittelständischen Unternehmen das Thema »Finanzierung« oft vernachlässigt wird. Dies verwundert nicht, denn lange Zeit gab es das Geld für notwendige Investitionen quasi bei der »Bank vor der Tür«. So hatte sich der Unternehmer nahezu ausschließlich um sein operatives Geschäft gekümmert und es letztlich seiner Hausbank überlassen, die Finanzierung seines Unternehmens - mit allen Risiken - zu übernehmen.

Zahlreiche mittelständische Unternehmen, aber auch so manches größere Unternehmen, bei dem die Wachstumsdynamik der Aktivseite der Bilanz sich nicht auf die Passivseite übertragen hat, ist noch immer mit einer Finanzstruktur ausgestattet, die mit moderner Unternehmensfinanzierung nur wenig gemein hat: **geringste bilanzielle Eigenmittel**, bestenfalls gestützt durch Gesellschafterdarlehen, die zwar wirtschaftlich wie Eigenkapital behandelt werden können, bilanziell aber immer eine Verbindlichkeit darstellen und daher auch immer die Eigenkapitalquote minimieren. Die Fremdkapitalziffer wird im wesentlichen von der Hausbank dargestellt, die wegen des nicht unerheblichen Risikos zunehmend Einfluss auf das Unternehmen nimmt, so dass sich dieses über die Zeit voll und ganz in der wirtschaftlichen Abhängigkeit der finanzierenden Kreditinstitute wieder findet.

Ursachen des Finanzierungsdefizits

Fremdkapitallastige Steuerpolitik, Zurückhaltung bei der Fremdmittelvergabe und mangelnde Wahrnehmung von Finanzierungsalternativen sind Ursachen des Finanzierungsproblems

Dieses strukturelle Finanzierungsdefizit ist zunächst **historisch** begründet. Die Steuerpolitik hat jahrzehntelang jegliche Form alternativer Finanzierungen, insbesondere die Eigenkapitalbildung behindert und demgegenüber Fremdkapitalfinanzierungen, vornehmlich Hausbankkredite, gefördert. So musste bis zum 31. Dezember 1992 auf die Schaffung von (weiterem) Eigenkapital noch die so genannte Gesellschaftsteuer an den Staat abgeführt werden. Die Aufnahme von Fremdkapital dagegen war - und ist - nicht mit Steuern belastet. Im Gegenteil: Die Kosten des Fremdkapitals in Form von Zinsen werden von dem zu versteuernden Gewinn des Unternehmens ganz (Einkommen- bzw. Körperschaftsteuer) oder teilweise (Gewerbesteuer) abgesetzt; die Kosten des klassischen Eigenkapitals in Form von Gewinnausschüttungen und Dividenden sind demgegenüber mit der entsprechenden Ertragsteuer belastet. Auch die Unternehmenssteuerreform 2008 führt zu keinem grundlegenden Systemwandel. So steht zu erwarten, dass die Aufnahme von Eigenkapital durch die Einführung der Abgeltungssteuer auf Kapitalerträge sogar zusätzlich erschwert wird, da Eigenkapitalerträge künftig fast doppelt so hoch besteuert werden wie Fremdkapitalerträge. An dieser grundsätzlichen Diskriminierung der Eigenkapitalfinanzierung gegenüber der Fremdkapitalfinanzierung im deutschen Steuerrecht ändert auch die Einführung einer Obergrenze für die Abzugsfähigkeit der Fremdkapitalzinsen (sog. »Zinsschranke«) nichts.

Die Unternehmenssteuerreform 2008 erschwert die Aufnahme von Eigenkapital

Eine weitere Ursache für die Finanzierungsdefizite ist eine **veränderte Geschäftspolitik der Kreditinstitute**. Die **Geschäftsbanken** und - wenn auch weniger einschneidend - Sparkassen und Genossenschaftsbanken verweigerten sich zunehmend, über eine derartige Abhängigkeitsstruktur mehr oder weniger selbst zum Unternehmer im Einzelfall zu werden. Es verwundert deshalb nicht, wenn die Kreditinstitute - insbesondere im Zuge der Diskussionen um die Verabschiedung von Basel II - sich mit einer veränderten Geschäftspolitik zunehmend aus diesen Strukturen befreiten. Doch selbst, wenn sie wollten, konnten viele Banken aus aufsichtsrechtlichen Gründen den Investitionswünschen ihrer Geschäftskunden nicht mehr ohne weiteres nachkommen. So machte auch dem Bankensystem die Krise der Unternehmensfinanzierung schwer zu schaffen und führte zu einer zunehmend **bonitäts-, risiko- und margenabhängigen Kreditvergabe**.

Die höfliche, aber bestimmte Aufforderung, dem Unternehmen verstärkt Eigenkapital zuzuführen, war dabei noch eine der weniger einschneidenden Maßnahmen. Härter traf es jene Unternehmen, die von ihrer Hausbank aufgefordert wurden, innerhalb kürzester Zeit die ursprünglich eingeräumten Kreditlinien ganz oder teilweise zurück zu führen. Für die Neubeantragung von Darlehen brauchte ein Unternehmen in einer solchen Situation gar nicht erst um einen Termin zu bitten. Nicht nur Unternehmen mit schlechter Ertragskraft bzw. zweifelhafter Bonität oder aus eher risikobehafteten Branchen, sondern selbst traditionsreichen Unternehmen wurde teilweise ohne Vorwarnung von heute auf morgen eine seit Jahrzehnten bestehende Kreditbeziehung gekündigt. Dass nicht wenige Banken dabei bereit waren, auf nicht unerhebliche Forderungen zu verzichten, war für viele dieser Unternehmen nicht von Hilfe, da sie überhaupt nicht in der Lage waren, die zur Tilgung erforderlichen (Rest-)Mittel aufzubringen. Gerade in wirtschaftlich schwierigen Zeiten, in denen nur die wenigsten Unternehmen die Finanzierung zumindest des laufenden Geschäfts aus dem Cashflow darstellen konnten, bedeutete dies häufig unweigerlich der Weg in die Insolvenz. Denn wem die Hausbank einen Kredit kündigt, der findet unter normalen Umständen nur höchst selten ein anderes Kreditinstitut. Die Krise in der Unternehmensfinanzierung wurde in der Presse lebhaft diskutiert:

Mittelstandsfinanzierung im Fokus der Presse

»Kredite werden teurer: Basel II trifft den Mittelstand besonders« (FAZ, 14.07.2002)

»Im Mittelstand jeder Dritte ohne Kredit« (FAZ, 06.03.2003)

»Dem Mittelstand geht das Fremdkapital aus« (Handelsblatt, 01.12.2003)

»Mittelstand zunehmend in der Kreditklemme« (Die Welt, 16.01.2004)

»Der langsame Abschied vom Bankkredit« (Handelsblatt, 16.02.2005)

»Mittelstand kümmert sich zu wenig um Kapital« (Handelsblatt, 21.03.2005)

»Noch keine Entspannung der finanziellen Lage des Mittelstands« (Handelsblatt, 08.04.2005)

Die wichtigste Ursache der schwierigen Finanzierungssituation vieler Unternehmen lag in dem **mangelnden Bewusstsein** und der nachhaltig **fehlenden Bereitschaft** verwurzelt, sich über andere Wege als über die begrenzten Möglichkeiten der Innenfinanzierung bzw. die eigene Hausbank die erforderlichen Finanzierungsmittel für das eigene Geschäft zu beschaffen. Selbst Verbesserungen der steuerlichen Rahmenbedingungen für die Eigenkapitalbildung wirkten sich nicht positiv auf die Eigenkapitalausstattung deutscher Unternehmen aus. Eine aktive und zielorientierte Steuerung der Finanzierung mit verschiedenen Finanzierungsbausteinen, die aus unterschiedlichen Quellen gespeist werden, besonders eine dem Unternehmenswachstum angemessene Eigenkapitalstrategie, stand nur bei den wenigsten Unternehmen auf der Tagesordnung. Dies galt im besonderen Maße für den Mittelstand. So haben nur die wenigsten Unternehmenslenker überhaupt eine Vorstellung davon, welche Eigenkapitalgeber zu dem eigenen Unternehmen passen würden.

Weitere Gründe für die schwierige Finanzierungssituation waren die mangelnde Bereitschaft zu einer offenen Finanzkommunikation (vor allem mit der Bank) und das fehlende Bewusstsein der Bedeutung des Ratings für die Kreditvergabe. Je kleiner das Unternehmen, desto spärlicher fiel - und fällt noch immer - die Finanzplanung aus. Dies ist umso bedauerlicher, da ein messbarer Zusammenhang zwischen finanzbezogenem Entscheidungsverhalten und Geschäftserfolg besteht.

Erste Fortschritte bei den Kapitalgebern ...

Der Kreditzugang wurde allmählich wieder erleichtert

Während der Finanzmarktwandel weiter voranschreitet, wenden sich die **Banken** seit dem Jahr 2005 wieder verstärkt dem Geschäft mit Unternehmenskunden zu. Laut der KfW Unternehmensbefragung 2006 hellt sich der Finanzierungshorizont insgesamt für viele Unternehmen wieder auf. Die meisten Kreditinstitute haben, infolge der konjunkturellen Belebung, ihre Kreditrichtlinien wieder etwas gelockert. Schließlich hat auch die spürbare konjunkturelle Belebung in der zweiten Jahreshälfte 2005 sowie im Jahr 2006 den Kreditzugang erleichtert.

In den vergangenen Jahren ist auch auf Seiten der **institutionellen Kapitalgeber** eine Entwicklung zu verzeichnen, die zuversichtlich stimmt. So entwickelt sich beispielsweise der Markt der **Beteiligungsgesellschaften** insgesamt positiv. Auch **Private-Equity-Fonds**, besonders **Mezzanine-Fonds** werden verstärkt aufgelegt. Gleichzeitig steigt auch das Angebot an alternativen Finanzierungsinstrumenten - vor allem Mezzanine-Kapital -, und sie werden zunehmend auch mittleren und sogar kleineren Unternehmen zugänglich. Nachdem der Mezzanine-Markt lange Zeit von individuellen Transaktionen und Eigenemissionen geprägt war, haben **Mezzanine-Verbriefungsprogramme** unter Bezeichnungen wie PREPS, equiNotes und ge|mit seit 2004 auch am deutschen Verbriefungsmarkt Einzug gefunden. Dabei ist es innovativen Anbietern durch die Strukturierung von ABS-basierten Modellen der Mezzanine-Verbriefung gelungen, die privaten Märkte für Mittelstandsfinanzierungen mit den öffentlichen Märkten für Kapitalmarkttitel zu verbinden und den deutschen Mittelstand einem internationalen Investorenkreis zu erschließen (siehe Kap. 3.8). Neben den **Leasing-Gesellschaften** öffnen sich auch **Factoring-Gesellschaften** als Form der Liquiditätsfinanzierung vermehrt dem breiten Unternehmerpublikum.

Auch im Bereich der Finanzierung über **private Investoren und Kapitalanleger** ist nach wie vor großes Potenzial zu finden. Nachdem auf Grund des Zusammenbruchs des Neuen Marktes zur Jahrtausendwende diese Finanzierungsform zunächst einen Dämpfer erfahren hat, ist nunmehr zu erkennen, dass die Bereitschaft privater Anleger zur unternehmerischen Kapitalanlage wieder wächst und mittlerweile - wegen der vielfältigen Gestaltungsmöglichkeiten - auch für kleine und mittlere Unternehmen durch ein standardisiertes öffentliches Beteiligungsangebot außerhalb der Börsen für bestimmte Unternehmen eine alternative bzw. ergänzende Finanzierungsquelle darstellt (siehe Kap. 3.5).

... auch Unternehmen ziehen mit

Die Erkenntnis zu mehr Finanzierungsflexibilität steigt

Auch bei den Unternehmen setzt sich, bedingt durch den gerade beschriebenen tief greifenden Strukturwandel und durch einen wachsenden Wettbewerbsdruck die Erkenntnis durch, dass die Finanzierung ihres Geschäfts nicht nur auf die Problemkreise »Deckung des aktuellen Liquiditätsbedarfs« sowie »Zins und Tilgung« reduziert ist, sondern letztlich die Vielfalt der Bilanz tatsächlich auch die Vielfalt der Möglichkeiten der Unternehmensfinanzierung widerspiegelt.

Die Verbesserung der Situation bei der Kreditfinanzierung ist nicht zuletzt auch darauf zurückzuführen, dass sich zahlreiche Unternehmen etwa auf den Gebieten Transparenz und Offenlegung der wirtschaftlichen Informationen an die neuen Erfordernisse angepasst haben. Immer mehr Unternehmen erkennen dabei auch den Bedarf an zusätzlichem Eigenkapital. Viele Unternehmen haben ihre Eigenkapitalquote bereits erhöht und damit ihr Rating verbessert. Fast die Hälfte aller mittelständischen Unternehmen strebt weiterhin eine Erhöhung der Eigenkapitalquote an.

Mit steigender Unternehmensgröße erfahren alternative Finanzierungsinstrumente wie Leasing, Mezzanine- und Beteiligungskapital einen kräftigen Bedeutungszuwachs. Nicht zuletzt auf Grund des schwieriger gewordenen Kreditzugangs sind viele Unternehmen bestrebt, diese alternativen Finanzierungsinstrumente in Zukunft verstärkt einzusetzen, um ihre Finanzierungsquellen zu diversifizieren.

Insgesamt ist der strukturelle Wandel auf den Finanzmärkten zwar noch nicht abgeschlossen. Seine Folgen für die Unternehmen sind aber weniger spürbar als in den Jahren zuvor. Diese Entwicklung stimmt zuversichtlich, lässt sie doch hoffen, dass der deutsche Mittelstand sich künftig zum Wohle aller Beteiligten noch besser mit den möglichen Finanzierungswegen und -formen auseinandersetzt und diese geschickt nutzt, um weiterhin eine Quelle für dauerhaftes Einkommen - sei es für Gesellschafter, Vorstand bzw. Geschäftsführer oder Arbeitnehmer - zu sein.

Dabei ist jedoch eine Einschränkung hinsichtlich der kleinen Unternehmen vorzunehmen, deren Finanzierungslage nach wie vor vielfach problematisch ist. Sie klagen weiterhin überdurchschnittlich oft über schlechtere Finanzierungsbedingungen, erfahren häufiger Kreditablehnungen und sind auch häufiger als große Unternehmen von einer Verschlechterung des Ratings betroffen, da sie einen erschwerten Zugang zu Eigenkapital haben.

Checkliste

Veränderte Rahmenbedingungen

- ✔ Die Unternehmensfinanzierung befindet sich in einem Wandel. Die Kreditfinanzierung über eine Hausbank und die Innenfinanzierung werden zwar an Bedeutung verlieren. Alternative Finanzierungsinstrumente wie Leasing, Beteiligungs- und Mezzanine-Kapital gewinnen jedoch zunehmend an Bedeutung.
- ✔ Das Rating spielt eine bedeutende Rolle bei der Kreditvergabe.
- ✔ Die Unternehmen müssen weiterhin erhebliche Anstrengungen auf sich nehmen, um den Bonitätsanforderungen der Banken gerecht zu werden und dabei vor allem die Eigenkapitalausstattung zu verbessern.
- ✔ Alternative Finanzierungsformen wie Mezzanine-Kapital, Leasing und Factoring müssen stärker genutzt werden als bisher.
- ✔ Die Unternehmen müssen ihre Finanzierung auf eine breite Basis stellen.

Die Kenntnis über Finanzierungswege und -formen sollte der Ausgangspunkt künftiger Finanzierungsentscheidungen sein

Um zielorientierte Finanzierungsentscheidungen treffen zu können, ist es für den Praktiker gemeinhin wichtig zu wissen, unter welchen Rahmenbedingungen er agiert. Er muss sich vertraut machen mit den Stellgrößen und Spielregeln der Unternehmensfinanzierung. Darüber hinaus muss er in Erfahrung bringen, welche alternativen Finanzierungsformen überhaupt existieren. Wichtiger ist es jedoch, wie er diese Alternativen erschließen und in der Praxis umsetzen kann. Daher beschränkt sich dieses Buch nicht auf die Darstellung der wichtigsten Finanzierungsformen, sondern zeigt auch die typischen Finanzierungswege dorthin auf. Die Entscheidung für oder gegen eine bestimmte Finanzierungsform oder einen konkreten Finanzierungsweg kann auch dieses Buch dem Unternehmer nicht abnehmen, denn Unternehmer sein heißt eben auch immer, eigenverantwortlich zu handeln.

1 Grundlagen der Unternehmensfinanzierung

Arbeitskraft und Finanzierungskapital als Säulen unternehmerischen Handelns

Jeder unternehmerische Wertschöpfungsakt, der bei seinem Initiator zu einer Umsatz- und günstigenfalls zu einer Ertragssituation führt, basiert auf dem Einsatz von menschlicher Arbeit (**Arbeitskraft**) und monetären Mitteln (**Finanzkapital**).

Im Rahmen der grundsätzlichen Frage nach einer ausreichenden Ausstattung eines Unternehmens mit »Humankapital« lässt sich feststellen: **Menschliche Arbeitskraft** ist heutzutage keine knappe Ressource mehr. Der bloße Einsatz menschlicher Arbeit zum Zweck der unternehmerischen Wertschöpfung ist aber ohne monetäre Mittel – und seien sie auch noch so gering – praktisch nicht denkbar. Bei der **Verfügbarkeit von Finanzkapital** liegen die Dinge jedoch deutlich anders. Die Eigenmittel der Unternehmen (bzw. deren Gesellschafter) sind naturgemäß beschränkt und reichen nur in den wenigsten Fällen aus, die Geschäftstätigkeit des Unternehmens, zumindest aber dessen Wachstum vollständig zu finanzieren. Die fehlenden Gelder sind daher von außen durch Dritte aufzubringen und die Finanzierungslücken zu schließen, um den Wertschöpfungsprozess überhaupt in Gang setzen bzw. im laufenden Geschäft aufrechterhalten zu können. Können die Kapitallücken nicht geschlossen werden, findet keine Wertschöpfung statt. Dieser Vorgang der Beschaffung und Bereitstellung von Finanzkapital jeglicher Art zur Sicherstellung des betrieblichen Leistungsprozesses wird als **Finanzierung** bezeichnet.

1.1 Die Bedeutung der Bilanz im Finanzierungsprozess

Die Bilanz ist der Spiegel der Finanzstruktur eines Unternehmens

Sowohl für den Unternehmer als auch für geldgebende Dritte ist es wichtig, sich über die Form und Struktur der in einem Unternehmen vorhandenen Mittel einen möglichst genauen Überblick zu verschaffen. Unabhängig von der gesetzlichen Verpflichtung ist es äußerst ratsam, diesen Überblick in Form einer Bilanz zu dokumentieren. Ohne auf bilanzrechtliche Details und die mannigfachen Ausgestaltungsmöglichkeiten im Einzelfall eingehen zu wollen, lässt sich zum

Aufbau der Bilanz nach Aktiva und Passiva der folgende Grundsatz festhalten:

- Nach § 266 Abs. 3 HGB ist die **Kapitalherkunft**, d.h. die Passivseite der Bilanz, nach »Eigenkapital«, »Rückstellungen«, »Verbindlichkeiten« und »Rechnungsabgrenzungsposten« zu gliedern.
- Demgegenüber wird die **Kapitalverwendung**, also der Einsatz der dem Unternehmen zur Verfügung stehenden Mittel auf der Aktivseite der Bilanz im »Anlagevermögen« und »Umlaufvermögen« abgebildet.

Die Passiva geben Auskunft über die Haftungsqualität und die Kapitalbindung der Finanzierungsmittel

Für die bilanzielle Betrachtung der Unternehmensfinanzierung ist zunächst die **Passivseite** von Interesse (Passiva). Diese spiegelt im übergeordneten Sinn die Kapitalherkunft wider. Neben der bloßen Darstellung der Herkunft der Mittel nach der Rechtsstellung der Kapitalgeber als Eigenkapital und Verbindlichkeiten (Fremdkapital) gibt die **Struktur der Passiva** auch Auskunft über

- die grundsätzliche **Haftungsqualität** der jeweiligen Mittel, d.h. an welcher Rangstelle die Geber der entsprechenden Gelder im Fall der Liquidation, also der Auflösung des Unternehmens, oder der Insolvenz zu bedienen sind, und
- wie sich die **Kapitalbindungsstruktur** der vorhandenen Mittel darstellt, d.h. welche Gelder dem Unternehmen jeweils kurz-, mittel- und langfristig bzw. ewig zur Verfügung stehen.

Eigenmittel tragen das höchste Haftungsrisiko

Hinsichtlich der **Haftungsqualität** werden die Eigenmittel – das »Eigenkapital« – als diejenigen Gelder, die das höchste Haftungsrisiko tragen, an erster Stelle der Passiva aufgeführt, weil sie in der Rangstelle der liquidations- oder insolvenzbedingten Rückzahlbarkeit ganz am Ende stehen. Umgekehrt finden sich am anderen Ende der Passiva die Finanzmittel wieder, die ganz normale Gläubigerrechte (d.h. Verbindlichkeiten des Unternehmens) darstellen und als Fremdkapital unabhängig von Gewinn oder Verlust des Unternehmens zurückzuzahlen sind.

Finanzierungsvorgänge finden ihren Niederschlag aber nicht nur auf der Passivseite der Bilanz, sondern mitunter auch als Vermögensumschichtung auf der **Aktivseite** (Aktiva). So lassen sich im Unternehmen vorhandene liquide Mittel freisetzen, die zur Rückführung von Verbindlichkeiten oder für Investitionen eingesetzt werden können (siehe Kap. 2.2.2).

Aktiva (= Kapitalverwendung)	Passiva (= Kapitalherkunft)	
Aktivvermögen	**Passivvermögen**	
I. Ausstehende Einlagen	I. 1. Stamm-/Grundkapital (Gezeichnetes Kapital)	**Eigenkapital**
	2. Eigenkapitalersatz a) Stilles Kapital b) Genusskapital	
II. Anlagevermögen	3. Kapitalrücklagen 4. Gewinnvortrag 5. Jahresüberschuss	
III. Umlaufvermögen	**Gesamteigenkapital**	
IV. Rechnungsabgrenzung	II. Rückstellungen III. Verbindlichkeiten • gegenüber Banken • aus sozialen Leistungen • gegenüber sonstigen Dritten IV. Rechnungsabgrenzung	**Fremdkapital**
Summe der abgelegten Mittel und Forderungen	Summe der verfügbaren Mittel aus Eigen- und Fremdkapital	

Abb. 1: Bilanzschema

1.2 Innen- und Außenfinanzierung

Kapitalquellen stehen intern und extern zur Verfügung

Die Finanzierung eines Unternehmens lässt sich nach der **Quelle des Kapitals** in die Bereiche Innen- und Außenfinanzierung einteilen. Bei der **Innenfinanzierung** erhält das Unternehmen keine neue Liquidität von außen, sondern es werden Finanzierungseffekte durch vom Unternehmen selbst erwirtschaftete Finanzmittel erzielt.

Im Gegensatz hierzu umfasst die **Außenfinanzierung** alle Finanzierungsvorgänge, bei denen einem Unternehmen von außen Liquidität zufließt, die nicht aus dem eigentlichen betrieblichen Umsatzprozess im engeren Sinne stammt. Die Außenfinanzierung wird stets dann erforderlich, wenn ein Unternehmen betriebliche Prozesse nicht mehr aus eigener Kraft finanzieren kann. Die Außenfinanzierung geschieht üblicherweise in Form der Kreditfinanzierung (Fremdfinanzierung von außen) oder als Einlagen- bzw. Beteiligungsfinanzierung (Eigenfinanzierung von außen). Sie umfasst damit auch die Bereitstellung von Finanzmitteln durch die bisherigen Gesellschafter – sei es als Einlage, Gesellschafterdarlehen oder Mezzanine-Kapital.

Tipp

> Allein mit der Zuordnung einer Finanzierungsquelle zur Innen- oder Außenfinanzierung wird noch keine Aussage über die Rechtsstellung der Kapitalgeber bzw. über die Haftungsqualität des zur Verfügung gestellten Kapitals getroffen.

1.3 Eigen- und Fremdfinanzierung

Eigenfinanzierung erfolgt durch die Gesellschafter des Unternehmens

Die Begriffe der Innen- und Außenfinanzierung sind streng von der Eigen- und Fremdfinanzierung zu trennen. Diese geben nicht Auskunft über die Kapitalherkunft, sondern die **Rechtsstellung der Kapitalgeber** bzw. die **Haftungsqualität** des zur Verfügung gestellten Kapitals.

Die **Eigenfinanzierung** umfasst alle Maßnahmen der Finanzierung durch Eigenkapital. Bei Unternehmensgründung erhalten Personengesellschaften ihr Eigenkapital durch Einlage von privaten Mitteln aus dem Vermögen der Unternehmer bzw. Gesellschafter, die zugleich Eigentümer bzw. Miteigentümer des Betriebes sind. Kapitalgesellschaften erhalten ihr Eigenkapital durch die Übernahme von Vollgesellschaftsanteilen (z.B. Aktien und GmbH-Geschäftsanteile) durch die Gründungsgesellschafter.

Das bekannteste Instrument der Eigenfinanzierung bei bestehenden Unternehmen ist die Innenfinanzierung in Form der Selbstfinanzierung (Einbehaltung von erzielten Gewinnen). Bei der Eigenfinanzierung von außen dominiert im Mittelstand noch immer die so genannte Einlagenfinanzierung, die Zuführung neuen Eigenkapitals durch die Übernahme von weiteren Gesellschaftsanteilen auf der Ebene der vorhandenen Gesellschafter. Vielfach unbeachtet ist nach wie vor, dass die Eigenfinanzierung von außen auch durch eine Beteiligungsfinanzierung möglich ist, also durch den Eintritt externer Kapitalgeber in das Unternehmen als Vollgesellschafter gegen Bereitstellung frischen Eigenkapitals. Die sich aus der Beteiligungsfinanzierung ergebenden Rechtsfolgen, wie Mitwirkung an der Geschäftsführung, Gewinn- und Verlustbeteiligung und Haftung für Verbindlichkeiten sind, je nach Rechtsform des Unternehmens, gesetzlich unterschiedlich geregelt bzw. vertraglich zu vereinbaren. Mittels des so genannten Mezzanine-Kapitals lässt sich dem Unternehmen sogar zusätzliches Eigenkapital von außen zuführen, ohne Gesellschaftsanteile zu gewähren. Von Interesse sind hier vor allem stille Beteiligungen und Genussrechte.

Über die Fremdfinanzierung wird Fremdkapital zur Verfügung gestellt

Als **Fremdfinanzierung** bezeichnet man die Finanzierung mit **Fremdkapital**. Das Kapital wird hierbei zeitlich befristet von Dritten bereitgestellt, die mit dem Unternehmen ausschließlich schuldrechtlich verbunden sind. Der Begriff der Fremdfinanzierung wird fälschlicherweise häufig mit dem der Außenfinanzierung gleich gesetzt. Dabei ist auch eine Fremdfinanzierung im Rahmen der Innenfinanzierung möglich, nämlich durch die Bildung bilanzieller Rückstellungen. Die Gleichsetzung von Außenfinanzierung und Fremdfinanzierung ist jedoch nachvollziehbar, da der wohl bekanntesten Form der

Außenfinanzierung im Mittelstand traditionell eine überragende Bedeutung zukommt: der Fremdfinanzierung durch Bankdarlehen.

1.4 Eigenkapital, Fremdkapital und Mezzanine-Kapital

Gesellschafter finanzieren über Eigenkapital, ihnen stehen im Unternehmen Vermögens- und Verwaltungsrechte zu

Klassisches Eigenkapital bewirkt eine Gesellschafterstellung des Kapitalgebers, woraus sich für diesen je nach Rechtsform unterschiedliche Vermögens-, Verwaltungs-, Informations- und Kontrollrechte ergeben. Es wird dem Unternehmen von (Voll-)Gesellschaftern dauerhaft bzw. langfristig zur Verfügung gestellt und dient als Haftungsbasis, denn im Insolvenzfall haftet es nachrangig für Verbindlichkeiten der Gläubiger und stellt somit eine bedeutsame Sicherheit für die Aufnahme von Fremdkapital dar. Die Vergütung des Eigenkapitals ist abhängig von dem unternehmerischen Erfolg und wird ausschließlich aus erwirtschafteten Erträgen entrichtet.

Einzelfirmen und Personengesellschaften besitzen ein variables Eigenkapitalkonto, d.h. die vom Unternehmen erzielten Gewinne und Verluste werden direkt dem (Eigen-)Kapitalkonto des Gesellschafters zugewiesen und mit dessen geleisteten Einlagen bzw. Entnahmen verrechnet.

Bilanzielles Eigenkapital bei variablen Kapitalkonten

	Geleistete Einlagen
+	Eigenkapitalersatz (Equity Mezzanine), z. B. stille Beteiligungen und Genussrechte
+	Gewinne (soweit nicht ausbezahlt)
./.	Verluste (soweit nicht mit späteren Gewinnen wieder aufgefüllt)
./.	Entnahmen
=	Bilanzielles Eigenkapital

Kapitalgesellschaften besitzen ein nominell fest vorgegebenes (konstantes) Kapitalkonto. Das Stamm- (GmbH) bzw. Grundkapital (AG) wird in der Bilanz als Gezeichnetes Kapital ausgewiesen und kennzeichnet das Kapital, auf das die Haftung der Gesellschafter für die Verbindlichkeiten des Unternehmens beschränkt ist (§ 272 Abs. 1 HGB). Einbehaltene Gewinne werden nicht dem Gezeichneten Kapital, sondern den Gewinnrücklagen oder dem Gewinnvortrag zugewiesen.

Bilanzielles Eigenkapital bei konstanten Kapitalkonten

	Haftkapital bzw. Nennkapital (Grundkapital bzw. Stammkapital)
+	Kapitalrücklage
+	Gewinnrücklagen
+	Eigenkapitalersatz (Equity Mezzanine), z.B. stille Beteiligungen und Genussrechte
+	Sonderposten mit Rücklagenanteil
+	Gewinnvortrag/Jahresüberschuss
./.	Verlustvortrag/Jahresfehlbetrag
=	**Bilanzielles Eigenkapital**

Fremdkapital = Verbindlichkeiten

Klassisches Fremdkapital bringt für den Kapitalgeber regelmäßig keine mitgliedschaftlichen Rechte an dem Unternehmen, sondern lediglich eine schuldrechtliche Verbindung mit sich – er ist ein Gläubiger des Unternehmens. Typisches Beispiel für klassisches Fremdkapital ist ein dem Unternehmen gewährtes Darlehen. Charakteristisch für Fremdkapital sind die befristete Kapitalüberlassung, ein fest vereinbarter, gewinnunabhängiger Verzinsungsanspruch, ein fixer Rückzahlungsanspruch in Höhe des zur Verfügung gestellten Kapitals und regelmäßig das Erfordernis der Absicherung des Kapitalrisikos mit Sicherheiten. Anders als Eigenkapital ist Fremdkapital grundsätzlich nicht unmittelbar an dem wirtschaftlichen Erfolg des Unternehmens beteiligt und dient im Insolvenzfalle auch nicht als Haftungskapital. Die Kapitalkosten wirken sich grundsätzlich als Betriebsausgaben steuermindernd aus. Das zugeführte Kapital erscheint auf der Passivseite des Unternehmens als Verbindlichkeiten, d.h. als Schulden.

Typische Merkmale von Eigenkapital und Fremdkapital

Eigenkapital	Fremdkapital
voll haftend	nicht haftend
gewinnabhängige Erfolgsbeteiligung	gewinnunabhängige Verzinsung
tilgungsfrei	zu tilgen
unbefristet	befristet
grundsätzlich frei verfügbar (Risikokapital)	beschränkt verfügbar (abhängig von Bonität, Sicherheiten, etc.)

Zwischen den Bilanzposten Eigen- bzw. Fremdkapital ist das so genannte **Mezzanine-Kapital** angesiedelt, für das es keine gesetzliche Definition gibt und das in der Bilanz auch nicht als solches benannt wird. Der Begriff »Mezzanine« stammt aus der Architektur und beschreibt dort ein Zwischengeschoss zwischen zwei Hauptetagen eines Gebäudes (»Mezzanino«). In diesem Sinne wird Mezzanine als Oberbegriff für verschiedene Finanzierungsformen verstanden, die rechtlich bzw. wirtschaftlich sowie hinsichtlich der Rendite- und Risikoverteilung zwischen reinem Eigenkapital und Fremdkapital angesiedelt sind. Dabei tendieren sie manchmal mehr in die eine Richtung, manchmal mehr in die andere.

Mezzanine-Kapitel ist eine Mischform mit Eigenkapital und Fremdkapitalelementen

Die wichtigsten mezzaninen Finanzierungsformen sind Genussrechte, stille Beteiligungen und Nachrangdarlehen. In der Praxis sind unterschiedliche Gestaltungsformen möglich, die grundsätzlich durch die folgenden Merkmale gekennzeichnet sind:

Typische Merkmale von Mezzanine-Kapital

- Nachrangigkeit gegenüber allen anderen Gläubigern im Insolvenzfall,
- Vorrangigkeit gegenüber dem »echten« Eigenkapital,
- zeitlich befristete, aber langfristige Kapitalüberlassung (meist fünf bis zehn Jahre),
- Erfolgsabhängigkeit der Vergütung,
- Teilnahme am Verlust bis zur vollen Höhe,
- Behandlung der Kapitalkosten als handels- und steuerrechtlicher Betriebsaufwand (mit Ausnahme der atypisch stillen Beteiligung),
- keine Mitgliedschafts- oder Verwaltungsrechte im Unternehmen.

Charakteristisch für Mezzanine-Kapital ist vor allem dessen Nachrangigkeit gegenüber den Ansprüchen aller anderen Gläubiger, aus der sich im Wesentlichen die so wichtige und vorteilhafte Klassifizierung des Mezzanine-Kapitals als wirtschaftliches Eigenkapital ableitet. Obwohl mezzanine Kapitalgeber **wirtschaftliches Eigenkapital** bereitstellen und auch ein entsprechendes Risiko tragen, verfolgen sie überwiegend ein Renditeinteresse; eine Einflussnahme ist insoweit ausgeschlossen, als mezzanine Finanzinstrumente niemals Stimmrechte in der Gesellschafterversammlung gewähren. Weitere typische Merkmale von Mezzanine-Kapital sind die – im Gegensatz zum unbefristeten »klassischen« Eigenkapital – zeitlich befristete Überlassung und regelmäßig die **steuerliche Bevorzugung** dieses wirtschaftlichen Eigenkapitals durch die Qualifikation der Kapitalkosten als Betriebsausgaben.

Mezzanine Finanzierungsformen sind flexibel

Je nach vertraglicher Gestaltung kann Mezzanine-Kapital auch bilanziell Eigenkapital darstellen (v.a. stille Beteiligungen und Genussrechte oder aber den Charakter von Fremdkapital erhalten (z.B. bei Nachrangdarlehen). Die Qualifikation von Mezzanine-Kapital als wirtschaftliches Eigenkapital ist jedoch unabhängig von der bilanziellen Einordnung.

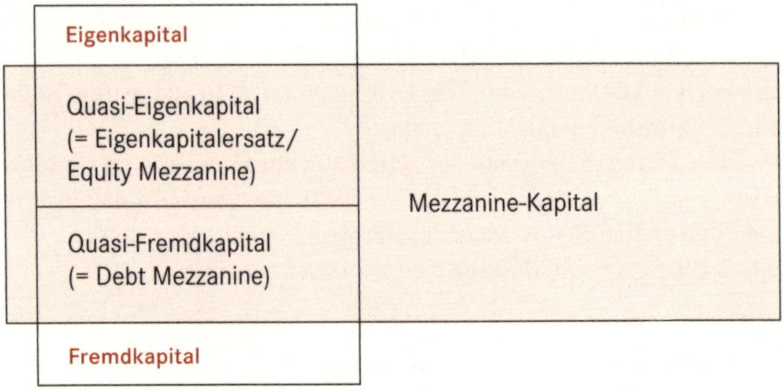

Abb. 2: Mezzanine-Kapital

1.4.1 Wirtschaftliche Bedeutung des Eigenkapitals

Das Eigenkapital steht im Zentrum jeder Bonitätsaussage

Die Bedeutung einer soliden Eigenkapitalausstattung ist betriebs- und volkswirtschaftlich unbestritten. Eigenkapital trägt durch seine Haftung ein größeres Risiko als Fremdkapital und stellt somit eine Sicherheit für Fremdkapitalgeber dar. Da es dem Unternehmen unbefristet bzw. langfristig zur Verfügung steht und die Vergütung ausschließlich oder überwiegend erfolgsabhängig ist, belasten die Kapitalkosten in investitionsintensiven (Verlust-)Jahren das Unternehmen nicht.

Eine solide Eigenkapitalausstattung erhöht die **Finanzkraft und Liquidität** des Unternehmens und ist damit einer der wichtigsten Erfolgsfaktoren für das unternehmerische Wachstum. Eigenkapital stärkt die **Widerstandsfähigkeit des Unternehmens** in konjunkturschwachen Zeiten, da die Substanz durch potenzielle Verluste weniger schnell aufgezerrt wird. Über Unternehmen, die überwiegend mit Fremdkapital finanziert sind, schwebt das Damoklesschwert der Überschuldung, weil ihnen in Krisenzeiten das Eigenkapital und damit die wirtschaftliche Kraft zum Überleben fehlen. Zudem können nur Unternehmen, die zu Investitionen in der Lage sind, neue Ertragsquellen erschließen. Eigenkapital ermöglicht langfristige **Zukunftsinvestitionen** zur Sicherung der Wettbewerbsposition und Marktstellung im Verhältnis zu Wettbewerbern sowie zur Expansion in neue Märkte. Bei Untersuchungen zeigt sich regelmäßig, dass sich unter den Unternehmen, die ihre Geschäftslage gut oder sogar sehr gut beurteilen, überdurchschnittlich viele Unternehmen befinden, die dem Eigenkapital eine sehr wichtige Rolle für die Unternehmensentwicklung zuerkennen und sich auch die Zeit nehmen, Eigenkapitalziele zu definieren. Unternehmen, die sich der Finanzierung mit außerbörslichem Eigenkapital (Private Equity) öffnen, wachsen beim Umsatz fast doppelt so schnell wie ihre Wettbewerber. Dies liegt darin begründet, dass Eigenkapitalgeber zugunsten der langfristigen Perspektive kurzfristig auf eine adäquate Verzinsung des Eigenkapitals verzichten und damit eine langfristige Unternehmensentwicklung ermöglichen.

1.4.2 Die Eigenkapitalausstattung deutscher Unternehmen

Das Eigenkapital deutscher Unternehmen ist gestiegen, aber nach wie vor zu gering

Deutsche Bundesbank, KfW Mittelstandsbank, Creditreform, Deutsche Sparkassen- und Giroverband, IKB Deutsche Industriebank und Bundesverband der deutschen Industrie kommen in ihren Untersuchungen alle zu dem gleichen Ergebnis: Die Ausstattung des deutschen Mittelstands mit Eigenkapital hat sich in den vergangenen Jahren zwar verbessert, ist aber nach wie vor zu niedrig.

Maßgebliche Bilanzkennzahl ist dabei die Eigenkapitalquote, die den Anteil des wirtschaftlichen Eigenkapitals an der Bilanzsumme beschreibt.

Das aktuelle Bilanzstruktur des deutschen Mittelstands wird u.a. in einer Studie »Diagnose Mittelstand 2006« des Deutschen Sparkassen- und Giroverbandes (DSGV) offenbar:

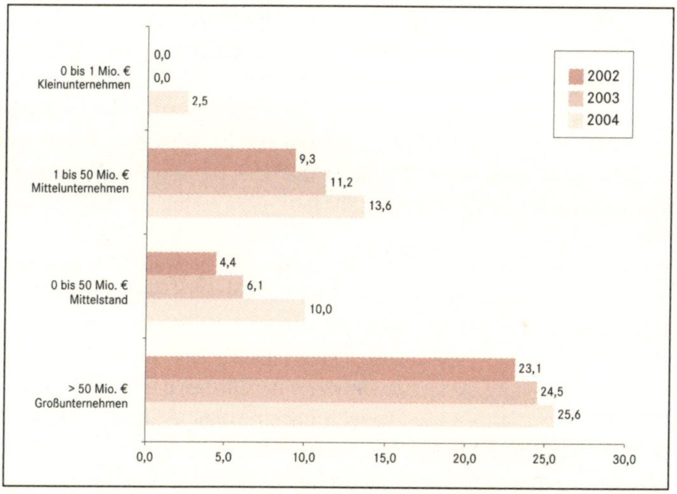

Abb. 3: Entwicklung der Eigenkapitalquote von Unternehmen (in Prozent nach Umsatzgrößenklassen), Quelle: DSGV Diagnose Mittelstand 2006

- Großunternehmen mit mindestens 500 Beschäftigten und mehr als 50 Mio. € Umsatz weisen eine Eigenkapitalausstattung von 25,6 % auf und erreichen damit internationales Niveau.
- Demgegenüber liegt die Eigenkapitalquote kleinerer und mittlerer deutscher Unternehmen bei 10 %.
- 35 % aller untersuchten Unternehmen weisen eine »Nullpunktquote« aus, d. h. eine Eigenkapitalquote von Null oder darunter (negatives bilanzielles Eigenkapital); alle diese Unternehmen sind bilanziell überschuldet. Dabei steigt die Nullpunktquote tendenziell, je kleiner der Umsatz ist.
- Je kleiner das Unternehmen ist, desto geringer das Eigenkapital.

KMU fehlt es oft an der Eigenkapitalbasis

Diese Zahlen zeigen: Insbesondere den kleinen und mittleren Unternehmen (KMU) fehlt es nach wie vor branchenübergreifend an der so wichtigen Eigenkapitalbasis. Allerdings ist zugleich auch eine positive Entwicklung festzustellen. Die in letzter Zeit veröffentlichten Bilanzanalysen von KfW, Bundesbank und DSGV deuten alle – wenn auch auf unterschiedlichem Niveau – auf eine Stärkung der Eigenkapitalbasis der Unternehmen hin. So hat sich die Eigenkapitalquote im deutschen Mittelstand laut DSGV Diagnose Mittelstand 2006 im Jahr 2004 seit 1999 im sechsten Jahr in Folge nach oben entwickelt. Während sich die Eigenkapitalquote 2002 durchschnittlich noch auf 4,4 % belief, betrug sie im Bilanzjahr 2003 im Durchschnitt aller kleinen und mittleren Unternehmen 6,1 % und im Jahr 2004 rund 10 %. Dabei ist eine Verbesserung zum Vorjahr in allen Branchen und Größenordnungen festzustellen, wobei dieser Trend am deutlichsten bei den kleinsten Unternehmen ausfiel. So ist positiv zu verzeichnen, dass kleinere Unternehmen mit einem Umsatz von bis zu 500.000 € erstmals seit 1995 im Durchschnitt eine Eigenkapitalquote über null, d. h. keine Nullpunktquote mehr auswiesen. Die allgemeine Nullpunktquote unterstreicht diese erfreuliche Entwicklung. Diese lag im Jahr 2003 noch bei 41 % und ist mit 35 % im Jahr 2004 erstmals seit Anfang der Berechnungen im Jahr 1995 unter die 40-Prozent-Marke gefallen.

Wie bereits in den Vorjahren trugen verschiedene Ursachen zur Verbesserung der Werte gerade bei umsatzschwächeren Betriebe bei. Insbesondere wirkten hier nicht nur statistische Effekte – durch den Wegfall schwacher Unternehmen steigt die durchschnittliche Eigenkapitalausstattung. Auch die striktere Beachtung des Eigenkapitals beim Ratingverfahren nach Basel II hat eine höhere Eigenkapitalausstattung gefördert. Bonität und Ausfallwahrscheinlichkeit beeinflussen die Kreditkosten eines Unternehmens: Je besser die Bonität, desto geringer die Kosten der Finanzierung.

Eigenkapital schützt vor Insolvenz

Der betriebliche Leistungsprozess setzt nicht nur Arbeit, sondern auch Kapital voraus. Ist die Eigenkapitalquote zu niedrig, werden sowohl die Kapitalzufuhr durch Dritte als auch Investitionen erschwert und das Unternehmen ist anfälliger für konjunkturelle Risiken. Darüber hinaus sichert Eigenkapital die Existenz des Unternehmens, insbesondere die Fähigkeit, Liquiditätskrisen zu bewältigen und Verluste aufzufangen. So ist eine der Hauptursachen für Unternehmensinsolvenzen bei mittelständischen Unternehmen neben einer schwachen Konjunkturlage und damit einhergehenden Forderungsausfällen der Mangel an Eigenkapital. Ein Beleg hierfür ist die in den vergangenen Jahren unverhältnismäßig hohe Zahl der Insolvenzen gerade bei kleinen Unternehmen bzw. in Branchen, die über wenig Eigenkapital verfügten. So mussten noch im Jahr 2004 mehr als 39.000 Unternehmen Insolvenz anmelden. Dabei fiel die Zahl der Insolvenzen gerade bei kleinen Unternehmen bzw. in Branchen, die über wenig Eigenkapital verfügen, erwartungsgemäß besonders hoch aus.

Folgerichtig spiegelt sich die positive Entwicklung bei der Eigenkapitalausstattung des Mittelstands unmittelbar an der Zahl der Unternehmensinsolvenzen wider. Nach Mitteilung des Statistischen Bundesamtes wurden von den Amtsgerichten im Jahr 2006 30.562 Unternehmensinsolvenzen gemeldet, 17 % weniger als 2005. Nachdem im Jahr 2003 mit 39.320 Unternehmensinsolvenzen der Höchststand erreicht war, ist dies die niedrigste Zahl seit dem Jahr 2000 (28.235). Die Insolvenzen von Kapitalgesellschaften (Gesellschaften mit beschränkter Haftung und Aktiengesellschaften) gingen sogar überdurchschnittlich um 21 % auf 13.232 Fälle zurück.

Weiterhin Nachholbedarf auch im internationalen Vergleich

Die Verbesserung in den vergangenen Jahren dürfte sich weiter fortsetzen. Dies ist zu begrüßen, denn angesichts der Tatsache, dass gemeinhin Unternehmen mit Eigenkapitalquoten ab 30 % und mehr als »solide finanziert« gelten, besteht weiterhin ein großer Nachholbedarf beim deutschen Mittelstand. Auch im internationalen Vergleich fällt die Eigenkapitalausstattung deutscher Unternehmen gemessen am europäischen Durchschnitt von 35 % und sogar 45 % in den USA noch immer zu niedrig aus. In Spanien liegt die Eigenkapitalquote bei 41 %, doch auch in Österreich ist die Eigenkapitalquote doppelt so hoch, in Frankreich und den Niederlanden sogar mehr als vier Mal so hoch wie in Deutschland.

Die nach wie vor zu geringe Eigenkapitalausstattung des Mittelstands ist umso beunruhigender, wenn man bedenkt, dass der Mittelstand die tragende Säule der deutschen Volkswirtschaft ist: Von den rund 3,4 Mio. Unternehmen in Deutschland gehören etwa 99,7 % dem Mittelstand an. Mittelständische Unternehmen erwirtschaften

43 % aller steuerpflichtigen Umsätze, bilden 80 % aller Lehrlinge aus und beschäftigen 70 % aller Beschäftigten in Deutschland.

1.4.3 Veränderte Rahmenbedingungen bei der Kreditfinanzierung

Infolge großer Bankenzusammenbrüche und unterschiedlicher Niveaus der Eigenkapitalausstattung von Kreditinstituten hatten die Bankaufsichtsbehörden der zehn größten westlichen Industrienationen im Jahr 1988 einheitliche Richtlinien für die Eigenkapitalausstattung von Banken erlassen. Nach diesen Richtlinien (»Basel I«) mussten Kreditinstitute – ungeachtet der Bonität des Schuldners – Kredite pauschal mit 8 % Eigenkapital als »Risikopuffer« unterlegen. Bei einem Kredit von 1 Mio. € mussten die Institute demnach generell 80.000 € eigenes Kapital vorhalten. Da jeder Kredit von den Geldinstituten bislang mit derselben Summe an Eigenkapital unterlegt werden musste, hatte bislang jedes Kreditrisiko den »gleichen Preis«. Eine Differenzierung fand ausschließlich über die zu stellenden Sicherheiten statt.

1.4.3.1 Basel II

Infolge des steigenden Bankenwettbewerbes durch die Globalisierung der Märkte haben sich auch die Risikostrukturen bei den Kreditgebern verändert. Aus diesem Grund wird voraussichtlich Anfang 2007 mit dem »Baseler Akkord II«, kurz »Basel II« genannt, ein Folgeabkommen zu Basel I in Kraft treten.

Die Neue Basler Eigenkapitalvereinbarung (Basel II)

- Basel II löst die erste Eigenkapitalvereinbarung von 1988 – kurz Basel I – ab.
- Basel II wurde von Zentralbankvertretern der bedeutendsten Industrieländer, die im Baseler Ausschuss für Bankenaufsicht organisiert sind, verabschiedet.
- Basel II ist eine Reaktion auf größere Bankenzusammenbrüche und die sehr unterschiedlichen Niveaus der Eigenkapitalausstattung der Kreditinstitute in den verschiedenen Ländern.

Basel II erfordert von Unternehmen größere Transparenz

Um diese Ziele zu erreichen, schreibt Basel II eine **größere Transparenz** im Verhältnis zwischen Unternehmen und Kreditinstituten vor. Grundvoraussetzung für eine erfolgreiche Kreditbeziehung war schon zuvor eine aktive Informationspolitik. Die Informationsanforderungen der Banken sind infolge von Basel II weiter gewachsen. Die Unternehmen sind gefordert, den Kreditinstituten im Rahmen sog. »Creditor Relations« zeitnahe Informationen zur Verfügung zu stellen und dabei Einblick in ihre Planungs- und Steuerungsinstrumente zu gewähren.

Weitaus größere Folgen für die Mittelstandsfinanzierung hat aber die **Neuregelung der Unterlegung von Krediten mit Eigenkapital** durch die Kreditinstitute. Dabei wird das Ausfallrisiko eines Kredits weitaus stärker berücksichtigt. Dieses wiederum hängt entscheidend von der Bonität des jeweiligen Schuldners ab. Kredite an Schuldner mit hoher Bonität sind vergleichsweise risikoarm und müssen mit weniger Eigenkapital unterlegt werden als bisher, während bei Darlehen an Schuldner mit geringer Bonität mehr Eigenkapital unterlegt werden muss.

Bonität

Der Begriff »Bonität« bezeichnet die Wahrscheinlichkeit, mit der ein Schuldner seine Schuldendienstverpflichtungen - bestehend aus Zinszahlung und Tilgung - nachkommen kann.

1.4.3.2 Bonität und Rating

Ein Rating gibt Auskunft über die Bonität

Die **Bonität** eines Unternehmens wird durch ein so genanntes Rating eingeschätzt. »To rate« heißt sinngemäß »bewerten« bzw. »abschätzen«. Bei einem **Rating** geht es also um die Beurteilung der zukünftigen Fähigkeit eines Unternehmens, seine Zins- und Tilgungsverpflichtungen termingerecht und vollständig erfüllen zu können. Das Rating verschafft dem Kreditgeber im Rahmen eines standardisierten Verfahrens weitgehend Klarheit über das Risiko, das er mit der Kreditgewährung eingeht. Unter dem Strich bedeutet es nichts anderes als die Einstufung des Unternehmens nach Risikoklassen in eine Rangliste nach Kennzahlen. Diese reichen - je nach Ratingagentur - von AAA für sehr gute Bonität bis C für schlechte Bonität.

Nach Basel II kann die Bonitätsbeurteilung sowohl durch bankeninterne Ratings als auch durch bankenexterne Ratings einer freien Ratingagentur erfolgen. Die Kreditinstitute bewerten schon seit Jahren ihre Firmenkunden vor Vergabe eines Kredites durch ein **internes Rating**, das aber künftig noch differenzierter erfolgen wird. Auf dieses hausinterne Rating werden Kreditinstitute auch bei Vorlage eines externen Ratings nicht verzichten. Ein **externes Rating** jedoch wird gegenüber Kreditinstituten die Verhandlungsposition stärken. Bei der Akquisition von Finanzmitteln am nicht von Kreditinstituten dominierten Kapitalmarkt, also insbesondere dem Eigenkapitalmarkt bzw. dem von Privatinvestoren dominierten Kapitalmarkt, spielt das Rating eine weitaus größere Rolle, da Privatinvestoren zwar ihre Investments auch selbst prüfen, sich aber doch gerne auf eine objektive Bonitätseinschätzung, nämlich die eines Ratings, verlassen. Manche Investoren sind faktisch nur dann bereit, in ein Unternehmen zu investieren, wenn es eine bestimmte Ratingklasse erreicht. Externe Ratings sollten von einer am Kapitalmarkt akzeptierten Ratingagentur durchgeführt werden. Mittlerweile haben sich zahlreiche, auf den Mittelstand spezialisierte Ratingagenturen etabliert und auch die großen Ratingagenturen wie Moody's (Risk Calc™) oder Standard & Poor's haben spezielle Mittelstandsratings entwickelt und bieten diese zu akzeptablen Konditionen an.

1.4.3.3 Folgen von Basel II für die Kreditvergabe an den Mittelstand

Für Banken und Unternehmen bedeutet Basel II eine völlige Veränderung der »Spielregeln« im Kreditgeschäft. Als unmittelbare Folge von Basel II werden die Banken bei den **Kreditkonditionen** künftig weitaus stärker **nach der Bonität** des Kreditnehmers differenzieren, als es jetzt schon der Fall ist. Für bonitätsschwache Unternehmen werden die Kosten für aufgenommene Kredite steigen, während Unternehmen, deren Bonität als gut eingestuft wird, mit sinkenden Finanzierungskosten für Darlehen rechnen dürfen. Die einfache Grundregel lautet:

> gute Bonität = geringes Risiko = niedrigere Kreditzinsen
> schlechte Bonität = hohes Risiko = kein Kredit/höhere Kreditzinsen

Kreditkonditionen orientieren sich an der Bonität

Unternehmen mit guter Bonitätsbeurteilung bekommen zinsgünstige Kredite, während Unternehmen, die eine schlechte Beurteilung erhalten, für geliehenes Geld mehr bezahlen müssen oder sogar ganz leer ausgehen. An dieser Grundregel werden auch die vom Baseler Ausschuss für Bankenaufsicht im Juli 2002 nachträglich beschlossenen Erleichterungen für kleine und mittlere Unternehmen nichts ändern, denn neben Basel II hat auch eine grundlegend **veränderte Mittelstandspolitik** der Banken zu einem Wandel in der traditionellen Kreditfinanzierung geführt. Das bislang oft ausgewogene Chance-/Risiko-Profil im Kreditgeschäft und ein enormer Wertberichtigungsbedarf für Kreditengagements in den vergangenen Jahren, gepaart mit der aktuellen Insolvenzkrise im Mittelstand und der konjunkturbedingten Zurückhaltung der Unternehmen bei den Investitionen, hat bereits vor In-Kraft-Treten von Basel II zu einem deutlich erhöhten Risikobewusstsein der Banken und dadurch zu einer insgesamt rückläufigen Kreditvergabe nach sich gezogen. Basel II beschleunigt also lediglich einen strategischen Wandlungsprozess, der längst im Gange ist: fort von einer Orientierung am Bilanzsummenwachstum, hin zu einem **bonitäts-, risiko- und damit ertragsorientierten Kreditgeschäft**.

Die Folgen dieser Entwicklung für die Unternehmen sind unmittelbar zu spüren, denn die Darlehensfinanzierung für den Mittelstand ist für bonitätsschwache zum Teil erheblich teurer und schwieriger geworden als noch vor wenigen Jahren.

Veränderungen der Kreditvergabepraxis in Deutschland

Veränderung der Rahmenbedingungen	• Wertberichtigungsbedarf • Regulatorische Restriktionen (Basel II) • Margendruck
Konsequenzen auf Bankenebene	• Optimierung des Kreditrisiko managements • Berücksichtigung der Bonität bei Kreditvergabe und Konditionsgestaltung • Erhöhte Transparenzanforderungen an Unternehmen
Konsequenzen auf Unternehmensebene	• Erhebliche Restriktionen bei Zugang zu Krediten • Spürbare Zinsunterschiede zwischen Krediten an Unternehmen mit guter und schlechter Bonität • Erhöhte Anforderungen an Informationsverhalten

1.4.3.4 Einfluss der Eigenkapitalquote auf die Bonität und das Rating

Eine gute Eigenkapitalquote erhöht die Bonität und senkt die Finanzierungskosten

Von allen Faktoren, die in das Rating einfließen, hat die **Eigenkapitalquote** mit Abstand die größte, wenn nicht sogar eine überragende Bedeutung. Die Bedeutung ergibt sich aus den Eigenschaften des Eigenkapitals: Es gibt Auskunft über die eigene **Finanzkraft des Unternehmens** und bedeutet in seiner Funktion als Haftkapital die wichtigste **»Sicherheit« für Fremdkapitalgeber**. Die oben aufgeführte Gleichung lässt sich demnach wie folgt ergänzen:

hohe Eigenkapitalquote = gute Bonität = gutes Rating = geringeres Risiko = niedrigere Kreditzinsen

niedrige Eigenkapitalquote = schlechte Bonität = schlechtes Rating = höheres Risiko = kein Kredit bzw. höhere Kreditzinsen

Diese Gleichungen zeigen deutlich: Je höher die Eigenkapitalquote eines Unternehmens, desto besser ist seine Fähigkeit, sich durch zusätzliche und ergänzende Fremdmittel zu finanzieren. Dem Eigenkapital kommt also eine entscheidende Bedeutung bei der Aufnahme weiteren Fremdkapitals und damit zugleich auch bei der Gesamtfinanzierung eines Unternehmens zu. Zu den häufigsten Gründen für die Ablehnung eines Kreditwunsches gehört neben unzureichenden Sicherheiten schon heute vor allem eine zu geringe Eigenkapitalquote.

1.4.4 Die »optimale« Eigenkapitalausstattung

Die optimale Eigenkapitalausstattung orientiert sich an der Gesamtkapitalrentabilität, der Eigenkapitalrentabilität und den Kapitalkosten

Mit dem pauschalen Befund einer Eigenkapitallücke im Mittelstand ist noch keine Aussage darüber getroffen, wie hoch die Eigenkapitalquote eines Unternehmens überhaupt sein sollte.

Ausgangspunkt der entsprechenden Überlegungen ist die Tatsache, dass Eigenkapital angesichts der größeren Haftung und des damit verbundenen Risikoaufschlags regelmäßig teurer ist als Fremdkapital. Eine ausschließliche Finanzierung mit Eigenkapital wäre schon aus diesem Grund wenig sinnvoll. Dass eine ergänzende Fremdfinanzierung unter wirtschaftlichen Erwägungen zweckmäßig ist, zeigen Überlegungen anhand der folgenden drei Bestimmungsgrößen:

- die **Gesamtkapitalrentabilität**, die angibt, wie groß die Rendite auf das eingesetzte Gesamtkapital ist. Sie ergibt sich aus dem Gewinn vor Zinsen und Steuern (EBIT), geteilt durch das Gesamtkapital (Bilanzsumme);
- die **Eigenkapitalrentabilität**, die den Ertrag auf das eingesetzte Eigenkapital aufzeigt und durch die Formel (Reingewinn/Eigenkapital) x 100 ermittelt wird;
- die durchschnittlichen **Kapitalkosten** für das gesamte Fremdkapital.

Die Aufnahme von Fremdkapital kann Eigenkapitalrendite erhöhen

Aus der Betrachtung dieser Bestimmungsgrößen lässt sich ableiten, dass die Eigenkapitalrentabilität durch die Aufnahme von Fremdkapital gesteigert werden kann, solange die Fremdkapitalzinsen unterhalb der Gesamtkapitalrentabilität liegen. Diese Hebelwirkung wird auch **»Leverage-Effekt«** genannt. Wirtschaftlich betrachtet ist die Aufnahme von Fremdkapital für die Gesellschafter also sinnvoll, so lange die durchschnittlichen Kosten für das Fremdkapital unter der Gesamtkapitalrentabilität liegen. Eine entsprechende Rentabilität vorausgesetzt, wäre somit streng genommen sogar eine ausschließliche Fremdfinanzierung sinnvoll.

Auch dieses Ergebnis vermag allerdings nicht zu überzeugen. Denn bei der Frage nach der optimalen Kapitalstruktur darf nicht außer Acht gelassen werden, dass sich der Leverage-Effekt nur bei positiver Geschäftsentwicklung einstellt. Sinken die Gewinne, wird auch die Hebelwirkung kleiner und kann sich sogar in ihr Gegenteil verkehren, wenn die durchschnittlichen Fremdkapitalzinsen über die Gesamtkapitalrentabilität steigen. Zudem müsste das Unternehmen immer größere Teile des Reingewinns für die Fremdkapitalkosten aufwenden, was in letzter Konsequenz sogar die **Insolvenz** zur Folge haben kann. Je geringer das Eigenkapital, d.h. die finanzielle Eigenleistungsfähigkeit eines Unternehmens, desto größer ist das Insolvenzrisiko. Deshalb wachsen - entsprechend dem Gedanken von Basel II - mit steigendem Verschuldungsgrad auch die Fremdkapitalkosten, was eine sukzessive Abschwächung des Leverage-Effekts zur Folge hat.

Auf die Ausgangsfrage nach der optimalen Kapitalstruktur bezogen bedeutet dies, dass die ideale Eigenkapitalquote von den jeweiligen Umständen des Einzelfalls abhängt und nur individuell bestimmt werden kann. Mit Blick auf die wirtschaftliche Bedeutung des Eigenkapitals und die bilanziellen Folgen einer zu geringen Eigenkapitalausstattung für das Rating wäre generell eine Eigenkapitalquote zwischen 20 und 40 % wünschenswert (siehe Kap. 3.1.2.3).

1.4.5 Möglichkeiten der Eigenkapitalverbesserung

Es stellt sich die Frage, wie eine vorhandene Eigenkapitallücke geschlossen werden kann. Hierbei ist zu beachten, dass es bei der Beurteilung der Eigenleistungsfähigkeit eines Unternehmens im Rahmen eines Ratings nicht auf das bilanzielle Eigenkapital, sondern entscheidend auf das wirtschaftliche Eigenkapital ankommt. Zu diesem zählt neben Gesellschafterdarlehen vor allem auch das Mezzanine-Kapital.

Wirtschaftliches Eigenkapital

	Bilanzielles Eigenkapital (siehe Kap. 1.4)
+	Stille Reserven
=	**Effektives Eigenkapital**
+	Debt Mezzanine, z.B. stille Beteiligungen und Genussrechte (wenn nicht als Eigenkapitalersatz ausgestaltet) sowie Nachrangdarlehen
+	Gesellschafterdarlehen
=	**Wirtschaftliches Eigenkapital**

Das Selbstfinanzierungspotenzial ist üblicherweise sehr beschränkt

Aus dieser Übersicht ergeben sich zugleich die möglichen Handlungsoptionen für das Unternehmen. Nahe liegende Möglichkeiten der Eigenkapitalstärkung sind die Erhöhung des Haft- bzw. Nennkapitals durch die **Einlagenfinanzierung, die Bereitstellung von Gesellschafterdarlehen** und vor allem **Mezzanine-Kapital** durch bestehende Gesellschafter sowie die **Thesaurierung** von Jahresüberschüssen. Wie begrenzt das Selbstfinanzierungspotenzial für den Mittelstand ist, zeigt sich daran, dass die Bruttogewinne kleiner und mittlerer Unternehmen nach einer Studie der Deutschen Bundesbank im Jahre 2001 wieder auf den Stand von 1994 lagen. Auch die Mittel der bestehenden Gesellschafter sind naturgemäß begrenzt.

Es verbleibt somit eine Eigenkapitallücke, die nur durch Quellen außerhalb des Unternehmenskreises gedeckt werden kann. In dieser Situation stehen über vielfältige Finanzierungswege (z. B. Beteiligungsgesellschaften, Private Placement, Mitarbeiterbeteiligungen und Mezzanine-Programme) verschiedene Kapitalquellen sowie neben der Gewährung von Vollgesellschaftsanteilen mit mezzaninen Instrumenten wie Genussrechten und stillen Beteiligungen auch eine Vielzahl von Finanzierungsformen zur Verfügung.

1.5 Unternehmensfinanzierung im Wandel

Unternehmensfinanzierung in allen Facetten ist eine strategische Managementaufgabe

Die bisherigen Ausführungen zeigen, dass sich die Frage »Kredite oder alternative Finanzierungsmöglichkeiten?« für die meisten Unternehmen nicht mehr stellt. Unternehmer sein betrifft heute mehr denn je nicht nur das Beherrschen der operativen Geschäftstätigkeit mit all seinen Facetten, sondern mit mindestens gleicher unternehmerischer Eigenverantwortung, Intensität und Kreativität sowie gewohntem Engagement die Basis des operativen Geschäfts, nämlich die Finanzierung des Unternehmens (oder aus Sicht der Passivseite der Bilanz: die Kapitalherkunft) in allen für das Unternehmen möglichen und günstigen Varianten zu entwickeln. Die Unternehmensfinanzierung ist durch Basel II endgültig zur strategischen Managementaufgabe geworden. Dabei muss die Leitfrage richtigerweise lauten: »Welche alternative Finanzierungsmöglichkeit ist für mein Unternehmen geeignet?«

Auswirkungen der veränderten Rahmenbedingungen auf die Unternehmensfinanzierung

- Das Rating verlangt eine professionelle Finanzierungsstrategie, von der Planung über die Steuerung bis hin zur Liquiditätskontrolle.
- Die Unternehmen müssen bisherige Finanzierungsmuster und -präferenzen in Frage stellen und neu gestalten.
- Im Rahmen einer ganzheitlichen Unternehmensfinanzierung müssen alternative Finanzierungswege und -formen erschlossen werden und die Unternehmen sich dabei stärker dem Kapitalmarkt öffnen.
- Vorrangige Aufgabe ist dabei die Schließung der Eigenkapitallücke durch eine verstärkte Nutzung von Eigenkapital- und Mezzanine-Finanzierungen.

Dies erfordert eine nachhaltige Kapitalstrategie

Um klassische Kredite und alternative Finanzierungsformen zu einer individuell passenden Form der Unternehmensfinanzierung zusammenzuführen, muss das gesamte Finanzierungspotenzial des Kapitalmarkts genutzt werden, der auch kleinen und mittleren Unternehmen eine Reihe von interessanten Finanzierungsinstrumenten bietet. Wichtigstes Ziel muss dabei die **Entwicklung einer nachhaltigen Eigenkapitalstrategie** sein, die mittel- bis langfristig den Abbau bestehender Eigenkapitaldefizite zum Inhalt hat. Ein großer Vorteil für die Unternehmen: Viele alternative Finanzierungsinstrumente eignen sich zugleich zur Stärkung der Eigenkapitalbasis.

Dabei ist zwischen Finanzierungsweg und Finanzierungsform deutlich zu unterscheiden

Der übliche Einwand, bestimmte Finanzierungsformen seien für mittelständische Unternehmen nicht geeignet, weil diese zu klein seien, hält einer Überprüfung nicht stand. Dass diese Sichtweise auf einer mangelnden Differenzierung zwischen **Finanzierungsweg** und **Finanzierungsform** beruht, wird nirgendwo so deutlich wie bei der Mezzanine-Finanzierung. Zwar ist es richtig, dass dem breiten Mittelstand der Weg zu kommerziellen Beteiligungsgesellschaften oder Fonds vielfach verwehrt ist. Festzustellen ist aber auch, dass die mezzaninen Finanzierungsformen wie z. B. Genussrechte und stille Beteiligungen grundsätzlich allen Unternehmen unabhängig von ihrer Größe und Rechtsform offen stehen. Als mezzanine Kapitalgeber für kleinere und mittlere Unternehmen kommen z. B. förderorientierte Beteiligungsgesellschaften, die eigenen Mitarbeiter und in der jüngeren Vergangenheit auch Mezzanine-Verbriefungsprogramme in Frage. Selbst der direkte Zugang zum Kapitalmarkt, etwa in Form eines öffentlichen Angebotes von mezzaninen Finanzierungsinstrumenten, ist nicht nur größeren Unternehmen vorbehalten, sondern steht im Rahmen eines Private Placement ab einem gewissen Kapitalbedarf unter gewissen Voraussetzungen auch allen mittelständischen Unternehmen offen (dasselbe gilt auch für die private Platzierung von Aktien, Kommanditanteile oder Schuldverschreibungen bzw. Anleihen). Als abschließendes Beispiel für die fehlende Unterscheidung zwischen Finanzierungsform und Finanzierungsweg mag an dieser Stelle die Forderungsfinanzierung dienen: Während die strukturierte Finanzierung durch Asset Backed Securities in der Tat nur für größere Mittelständler in Betracht kommt, ist der Verkauf von Forderungen an eine Factoring-Gesellschaft regelmäßig bereits ab einem Jahresumsatz von 2,5 Mio. € möglich.

Die Mehrzahl aller Finanzierungsformen steht allen Unternehmen offen

Diese Beispiele zeigen, dass die überwiegende Mehrzahl der Finanzierungsformen allen Unternehmen offen steht. Die primäre Frage bei der Entwicklung der Finanzierungsstrategie lautet deshalb, welchen Finanzierungsweg das Unternehmen für eine als zielführend erkannte Finanzierungsform beschreiten kann. Eine wichtige Voraussetzung für eine nachhaltige Unternehmensfinanzierung ist somit neben der Bereitschaft, das gesamte Spektrum alternativer Finanzierungsformen in Anspruch zu nehmen, vor allem die **Kenntnis der entsprechenden Finanzierungswege**. Unternehmen müssen Partner auch außerhalb der bekannten Institutionen finden, die bereit sind, die notwendigen Mittel in der geeigneten Finanzierungsform zur Verfügung zu stellen. Insbesondere bonitätsschwache mittelständische Unternehmen müssen deshalb überprüfen, inwieweit

- durch **Maßnahmen der Innenfinanzierung** die vorhandenen finanziellen Spielräume erweitert werden können (siehe Kap. 2),
- durch zusätzliches **Eigenkapital** von bestehenden oder neuen Gesellschaftern und durch **eigenkapitalersetzendes Mezzanine-Kapital** sowie auch Debt Mezzanine von den Gesellschaftern oder Dritten die Kapitalstruktur und das Rating verbessert und eine erhöhte finanzielle Flexibilität erreicht werden können (siehe Kap. 3.2 bis 3.7) und
- **Liquidität aus dem Unternehmen** heraus geschaffen werden kann, z.B. Sale-and-lease-back, Factoring, Forfaitierung, Asset Backed Securities (siehe Kap. 7).

Unternehmensfinanzierung erfordert eine erhöhte Transparenz

Darüber hinaus müssen sich alle Unternehmen den wachsenden Anforderungen des Kapitalmarkts stellen. Hierzu gehört vor allem der **Abbau von Informationsasymmetrien zwischen Unternehmen und Kapitalgebern**. Ob beim Rating durch eine Bank im Rahmen der Kreditfinanzierung, beim Verkaufsprospekt für ein öffentliches Angebot im Rahmen eines Private Placement oder beim Business Plan für die Finanzierungsanfrage bei einer Beteiligungsgesellschaft: die Bereitschaft zu mehr Transparenz ist für alle Unternehmen erforderlich, um sich den Zugang zu der breiten Palette an Finanzierungsmöglichkeiten zu erschließen.

2 Wege und Formen der Innenfinanzierung

Die Innenfinanzierung findet statt durch die Mehrung oder Umschichtung finanzieller Mittel im Rahmen des betrieblichen Umsatzprozesses, die dann für neue Investitionen zur Verfügung stehen. Im Gegensatz zur Außenfinanzierung erfolgt also keine Zuführung von Eigen- oder Fremdkapital von außen, sondern es wird bisher im Unternehmen gebundenes Kapital in Mittel zur möglichen Finanzierung von Investitionen umgewandelt. Die Innenfinanzierung ist für viele Unternehmen neben dem Bankkredit traditionell noch immer die wichtigste Finanzierungsquelle.

Die Innenfinanzierung erfolgt durch den Einsatz oder die Freisetzung vorhandenen Vermögens

Mögliche Formen der Innenfinanzierung sind zum einen die Finanzierung aus Umsatzerlösen, zum anderen die Finanzierung aus sonstiger Kapitalfreisetzung.

Formen der Innenfinanzierung				
Finanzierung aus Umsatzerlösen			Finanzierung aus sonstiger Kapitalfreisetzung	
Selbstfinanzierung (Thesaurierung von Gewinnen)	Abschreibungsgegenwerte	Rückstellungsgegenwerte	Rationalisierung	Vermögensumschichtung

2.1 Finanzierung aus Umsatzerlösen

Die Innenfinanzierung aus Umsatzerlösen ist die geläufigste und bekannteste Form der Innenfinanzierung. Sie geschieht im Rahmen der Selbstfinanzierung oder durch die Finanzierung aus Abschreibungen und Rückstellungen.

2.1.1 Selbstfinanzierung aus Gewinngegenwerten

Der Gewinn, der von einem Unternehmen in einer bestimmten Wirtschaftsperiode erzielt wird, kann grundsätzlich in voller Höhe an die Gesellschafter ausgeschüttet werden. Wird allerdings nicht der gesamte Gewinn an die Gesellschafter ausgeschüttet oder in Form von Steuern an die Finanzbehörden bezahlt, verbleibt ein Teil der erwirtschafteten Finanzmittel im Unternehmen und steht diesem zur freien Nutzung zur Verfügung. Die Finanzmittel fließen zwar in gewisser Hinsicht auch hier von »außen« zu, aber lediglich in Form des Rückflusses bereits investierter Mittel.

Voraussetzung für diese Form der Innenfinanzierung ist, dass in einer Abrechnungsperiode der Mittelzufluss (aus betrieblicher Tätigkeit oder Auflösung stiller Reserven) den Mittelabfluss übersteigt (d.h. ein Gewinn vorliegt). Die Nichtausschüttung dieser vom Unternehmen selbst erwirtschafteten Finanzmittel (= Thesaurierung) ist die häufigste Form der Innenfinanzierung. Sie wird auch als **offene Selbstfinanzierung** bezeichnet, da die einbehaltenen Gewinne aus der Bilanz ersichtlich sind.

Offene vs. stille Selbstfinanzierung

Offene Selbstfinanzierung

- erfolgt aus dem in der Bilanz und Gewinn- und Verlustrechnung handelsrechtlich ausgewiesenen Gewinn bzw. Jahresüberschuss
- nach Steuern
- durch Verzicht auf Entnahme und Einstellung in offene Rücklagen.

Stille Selbstfinanzierung

- erfolgt durch die Einbehaltung nicht ausgewiesenen Gewinns,
- der durch bilanzpolitische Maßnahmen der Bildung stiller Reserven entsteht, z.B. durch Unterbewertung von Aktiva oder auch Überbewertung von Passiva (z.B. Rückstellungen).

Demgegenüber erscheinen die erwirtschafteten Gewinne bei der **stillen Selbstfinanzierung** nicht im Rechnungswesen des Unternehmens. Diese Strategie wird realisiert durch die Einbehaltung nicht ausgewiesener Gewinne. Durch die gezielte Ausnutzung von handels- und steuerrechtlichen Bewertungs- und Bilanzierungsspielräumen werden stille Reserven gebildet, die nicht in der Bilanz ersichtlich sind. Der handelsrechtliche Gewinn kann durch die Überbewertung von Passiva (z.B. Rückstellungen) oder durch die Unterbewertung von Vermögensgegenständen bzw. durch Wertberichtigungen verringert werden. Hierdurch wird zunächst aber nur die Steuerlast durch einen Steuerstundungseffekt reduziert und nicht zwingend ein unmittelbarer Finanzierungseffekt erreicht. Ein unmittelbarer Liquiditätszufluss erfolgt erst, wenn die stillen Reserven aufgelöst werden, denen kein liquiditätswirksamer Aufwand gegenübersteht.

2.1.2 Finanzierung aus Abschreibungen und Rückstellungen

Abschreibungen führen nicht zu Liquiditätsabflüssen

Eine weitere Quelle für Erweiterungsinvestitionen sind verbrauchsbedingte **Abschreibungen**. Dem liegt die Annahme zu Grunde, dass der Werteverzehr des abnutzbaren Anlagevermögens im Rahmen des betrieblichen Leistungsprozesses durch die Verkaufspreise der hergestellten Produkte und Dienstleistungen in der Regel früher vergütet wird, als es für die verschleißbedingte Erneuerung der Anlagen, von denen die Abschreibungsbeträge stammen, benötigt wird. Da also die Abschreibungsbeträge in der Periode ihrer Entstehung nicht mit tatsächlichen Liquiditätsabflüssen verbunden sind, stehen die in Form von Umsatzerlösen freigesetzten Mittel zur Finanzierung von Investitionen zur Verfügung.

Bedingungen für einen Finanzierungseffekt aus Abschreibungsgegenwerten

- Verrechnete Abschreibungen müssen durch Umsatzerlöse tatsächlich »verdient« werden.
- Abschreibungsgegenwerte müssen dem Unternehmen als Einzahlungen zufließen.

Die Finanzierung aus Abschreibungen setzt eine bereits durch Eigen- oder Fremdkapital finanzierte Grundausstattung voraus. Sie ist nur möglich, wenn die Abschreibungen durch Umsatzerlöse wirklich verdient worden sind, d.h. dem Unternehmen als liquide Mittel vorliegen (»verdiente« Abschreibungen). Unternehmen, die grundsätzlich nur in Höhe der verdienten Abschreibungen reinvestieren, können sich vollständig aus eigener Kraft refinanzieren. Dieser Fall dürfte jedoch in der Praxis die Ausnahme bilden.

Der Finanzierungseffekt von Rückstellungen ist dem der Abschreibung ähnlich

Eine weitere Quelle der Innenfinanzierung aus Umsatzerlösen ist die Bildung bilanzieller **Rückstellungen**. Rückstellungen beziffern potenzielle Zahlungsverpflichtungen des Unternehmens, deren Höhe oder Zeitpunkt noch nicht exakt bekannt sind. Eine Rückstellung kann gebildet werden, wenn aus dem normalen Geschäftsbetrieb heraus Verpflichtungen entstehen, die zu einem späteren Zeitpunkt zu Auszahlungen führen können, die jedoch noch nicht zeit- und betragsgenau feststehen. Der Finanzierungseffekt beruht genau wie bei den Abschreibungsgegenwerten darauf, dass die mit den Rückstellungen verbundenen Aufwendungen nicht in derselben Periode, sondern erst in späteren Perioden mit tatsächlichen Liquiditätsabflüssen verbunden sind. Die auf diese Weise im Unternehmen gebundenen Mittel können zur Finanzierung von Investitionen oder zur Rückführung von Fremdmitteln verwendet werden.

Rückstellungen nach Fristigkeiten

Kurzfristig	• Gewinnabhängige Steuern • Aufwendungen für den Jahresabschluss • Bürgschaftsausfall, Provisionen • Boni, Rabatte, Gewinnbeteiligungen • Nicht gewährte Urlaube • Beiträge zu Berufsgenossenschaften
Mittelfristig	• Prozesse • Garantieansprüche
Langfristig	• Pensionszahlungen

Die Zuführungen zu den Rückstellungen sind deshalb – anders als die übrigen Formen der Innenfinanzierung – bilanziell dem Fremdkapital zuzurechnen. Die bedeutendste Rückstellungsposition sind die Pensionsrückstellungen, die in Höhe des Teilwerts von betrieblichen Pensionszusagen gebildet werden.

Finanzierung aus Rückstellungen

- Eine Rückstellung bezeichnet die Einbehaltung von Gewinnen zum Ausgleich späterer Verbindlichkeiten (= Passivposten der Bilanz).
- Die Finanzierung aus Rückstellungen ist eine innerbetriebliche Fremdfinanzierung.
- Der Bildung von Rückstellungen auf der Passivseite steht eine Zunahme liquider Mittel auf der Aktivseite gegenüber, die nicht als Gewinn ausgeschüttet werden.

Anmerkung:
Die liquiden Mittel stehen dem Unternehmen nur so lange zur Verfügung, bis die Rückstellung in Anspruch genommen wird, d. h. die Verbindlichkeit tatsächlich auftritt.

Abschreibungen und Rückstellungen haben einen Steuerstundungseffekt

Neben dem reinen Finanzierungseffekt ergibt sich bei Abschreibungen und Rückstellungen ein Steuerstundungseffekt, da sie voll gegen das zu versteuernde Ergebnis angerechnet werden können. Weist ein Unternehmen durch bilanzpolitische Maßnahmen höhere Abschreibungen und Rückstellungen aus, führt dies zu einer zusätzlichen Verringerung des Jahresüberschusses und einer entsprechenden Reduzierung von Steuerzahlungen. Diesen Aufwendungen stehen keine tatsächlichen Abflüsse an Geldmitteln und kein Werteverzehr gegenüber, so dass die liquiden Mittel des Unternehmens nicht verringert werden. Diese Form der Abschreibungs- und Rückstellungsfinanzierung gehört zur stillen Selbstfinanzierung. Zu beachten ist jedoch, dass es durch eine Reduzierung der Eigenkapitalquote zu einer Verschlechterung der Kapitalstruktur kommt und infolge des geringeren Jahresüberschusses relevante Rentabilitätskennzahlen sinken, wenn die Rückstellungen erhöht werden, ohne dass die Umsatzerlöse ein entsprechendes Wachstum zu verzeichnen haben.

2.2 Finanzierung aus sonstigen Kapitalfreisetzungen

Die bisher dargestellten Formen der Innenfinanzierung bewirken allesamt Vermögensumschichtungen im Rahmen des regulären Umsatzprozesses. Eine Vermögensumschichtung ist aber auch durch Maßnahmen außerhalb der regulären Geschäftstätigkeit möglich. Zu diesen »Sonderformen der Kapitalfreisetzung« gehören zum einen die Rationalisierung des innerbetrieblichen Ablaufs, zum anderen Maßnahmen zur Vermögensumschichtung (Restrukturierung der Aktiva).

Kapital kann auch durch Rationalisierungen freigesetzt werden

2.2.1 Kapitalfreisetzung durch Rationalisierung

Eine **Kapitalfreisetzung lässt sich mit Rationalisierungsmaßnahmen** erreichen, wenn es dem Unternehmen gelingt, den betrieblichen Produktions- und Umsatzprozess mit einem geringeren Kapitaleinsatz als zuvor durchzuführen. Das Ziel solcher Maßnahmen lautet, den Kapitalumschlag (Verhältnis von Umsatz zu Kapital) zu erhöhen. Bisher im Unternehmen gebundenes Kapital wird freigesetzt und steht für Finanzierungszwecke zur Verfügung.
Solche Rationalisierungsmaßnahmen lassen sich regelmäßig in der Beschaffung, der Fertigung, der Verwaltung und im Vertrieb durchführen. Das **gleiche Umsatzvolumen mit geringerem Kapitaleinsatz** lässt sich etwa durch verbesserte Dispositionen in der Einkaufsabteilung, z. B. durch eine Verringerung der Lagerbestände an Rohstoffen oder Waren bzw. Verminderung der Lagerdauer von Fertigfabrikaten, erreichen. Durch eine Beschleunigung des Produktions- und Umsatzprozesses kann **mit dem gleichen Kapitaleinsatz ein größerer Umsatz** erzielt werden.

Besondere Bedeutung für die **zeitnahe Beschaffung von Liquidität** hat dabei die Verminderung bzw. bessere Überwachung von Zahlungszielen. Der Bestand an offenen Rechnungen lässt sich durch ein **effizientes Forderungsmanagement** nachhaltig reduzieren. Hierzu gehört vor allem eine zeitnahe Versendung von Rechnungen. Eine fortwährende Kontrolle von Außenständen, ein konsequentes Mahnwesen, nötigenfalls die Einschaltung von Inkassobüros und - soweit möglich - die Verkürzung von Zahlungszielen oder die Lieferung nur gegen Vorkasse senken den ständigen Forderungsbestand und erhöhen die frei verfügbare Liquidität.

Reduzierung der Kapitalbindung durch Rationalisierungsmaßnahmen

Aktiva	Maßnahmen
Anlagevermögen	• Partnerschaften und Joint-Ventures in anlageintensiven Geschäftsbereichen • Effizientere Bewirtschaftung vorhandenen Immobilienvermögens (z. B. externes Asset Management)
Umlaufvermögen	• Effizientes Forderungsmanagement • Bestandsreduzierung des Einkaufs-, Zwischen- und Endlagers • Einsparungen bei der Beschaffung • Optimierung von Produktionsprozessen • Intensive Kostenkontrolle

2.2.2 Kapitalfreisetzung durch Vermögensumschichtung

Liquidität wird durch den Verkauf von Anlagevermögen geschöpft

Die auf der Aktivseite einer Bilanz aufgeführten Vermögensgegenstände binden liquides Vermögen im Unternehmen und können selbstverständlich verkauft werden, wenn sie nicht unmittelbar für die betriebliche Umsatztätigkeit benötigt werden (z.B. Werkswohnungen). Das Unternehmen kann Sachgüter des Anlagevermögens wie z.B. Immobilien, immaterielle Güter wie Patente, Lizenzen oder Finanzvermögen wie Wertpapiere und Beteiligungen veräußern, aber natürlich auch Gegenstände des Umlaufvermögens, wie z.B. Forderungen. In der Regel werden nicht betriebsnotwendige Vermögensgegenstände veräußert. Erfolgt der Verkauf zum Buchwert, findet ein Aktivtausch von Anlage- in Umlaufvermögen statt. Wird ein höherer Preis erzielt, werden stille Reserven aufgelöst und das Selbstfinanzierungspotenzial erhöht.

Durch Vermögensumschichtungen werden liquide Mittel freigesetzt, die zur Rückführung von Verbindlichkeiten (dann Bilanzverkürzung und Erhöhung der Eigenkapitalquote) oder für Investitionen (dann erneuter Aktivtausch) eingesetzt werden können.

Reduzierung der Kapitalbindung durch Vermögensumschichtung	
Umschichtung von Anlagevermögen in Umlaufvermögen	**Umschichtung innerhalb des Umlaufvermögens (Forderungsfinanzierung)**
• Veräußerung nicht betriebsnotwendiger Vermögensgegenstände • Sale-and-lease-back	• Factoring • Forfaitierung • Asset Backed Securities

Weitere Formen der Forderungsfinanzierung

Wie die Übersicht zeigt, haben sich neben der Veräußerung nicht betriebsnotwendiger Vermögensgegenstände weitere standardisierte Finanzierungsformen wie das Sale-and-lease-back-Verfahren sowie verschiedene Arten der Forderungsfinanzierung entwickelt, die den Unternehmen in institutionalisierter Form zur Verfügung stehen:

- das Sale-and-lease-back-Verfahren als Sonderform des Leasings (Verkauf betriebsnotwendiger Gegenstände des Anlagevermögens, die dann unmittelbarer zurückgeleast werden),
- das Factoring (laufender Verkauf von Forderungen),
- die Forfaitierung (regressloser Verkauf von mittel- und langfristigen Exportforderungen) und
- die Verbriefung von Vermögensgegenständen (meist Forderungen) in Asset Backed Securities als strukturiertes Finanzinstrument.

Bei diesen Instrumenten handelt es sich streng genommen nicht um reine Innenfinanzierungsmaßnahmen, denn sie sind geprägt durch Finanztransaktionen außerhalb des gewöhnlichen betrieblichen Leistungsprozesses und ihrem Wesen nach eher Kreditsubstitute. Als solche werden sie im Rahmen dieses Buches – trotz der gegebenen Freisetzung bereits im Unternehmen vorhandener Vermögenswerte – dem Bereich der Außenfinanzierung zugeordnet. Um der wachsenden Bedeutung dieser modernen Finanzierungsformen für den Mittelstand Rechnung zu tragen, wird ihnen ein eigenes Kapital gewidmet (vgl. Kap. 7).

2.3 Auswirkungen der Innenfinanzierung auf das Rating

Die Auswirkungen der Innenfinanzierung auf das Rating können positiv und negativ ausfallen und müssen geprüft werden

Die verschiedenen Innenfinanzierungsformen haben unterschiedliche Wirkungen auf die für das Rating relevanten Bilanzkennzahlen. Eine Verbesserung der Eigenkapitalquote und damit den größten Effekt auf das Rating bewirken vor allem die Steigerung des Selbstfinanzierungspotenzials und eine Ergebnisverbesserung durch entsprechende Rationalisierungsmaßnahmen. Vermögensumschichtungen stellen sich zunächst als Aktivtausch dar und verbessern unmittelbar die Liquiditätskennzahlen. Zu einer Verbesserung der Kapitalstruktur und der Rentabilitätskennzahlen führen diese Maßnahmen, wenn eine Bilanzverkürzung erreicht wird, indem mit den freigesetzten Verbindlichkeiten (z.B. Bankdarlehen oder Forderungen aus Lieferungen und Leistungen) abgebaut werden. Eine Erhöhung von Rückstellungen ohne ein entsprechendes Umsatzwachstum erhöht hingegen den Verschuldungsgrad bzw. reduziert die Eigenkapitalquote, was sich tendenziell negativ auf das Rating auswirkt. Vor Einsatz einer bestimmten Form der Innenfinanzierung sollten die potenziellen Auswirkungen auf das Rating in jedem Fall genau geprüft und bewertet werden.

2.4 Vor- und Nachteile der Innenfinanzierung

Die Innenfinanzierung ist unabhängig von der Rechtsform und vom Kapitalmarkt

Die Innenfinanzierung ist nicht an bestimmte Unternehmensrechtsformen gebunden, sondern steht unter den genannten Voraussetzungen prinzipiell allen Unternehmen offen. Durch die Innenfinanzierung fallen keine Zins- und Tilgungszahlungen an und sie erfordert auch keine Bestellung von Sicherheiten. Sie erfolgt unabhängig vom Kapitalmarkt, hat keinen Einfluss auf die Machtverhältnisse innerhalb des Unternehmens und ist daher für die Unternehmenseigner relativ unproblematisch zu realisieren. Wird durch die Innenfinanzierung die Kapitalstruktur (z.B. die Eigenkapitalquote) verbessert, steigt die Bonität und damit die Gesamtfinanzierungsfähigkeit des Unternehmens erheblich. Auch eine bloße Verbesserung der Finanzkennzahlen und der Rentabilität hat bereits einen positiven Einfluss auf das Rating.

Sie ist aber abhängig vom Vermögen und der Ertragskraft des Unternehmens

Ein großer Nachteil der Finanzierung aus Umsatzerlösen besteht in der faktischen Begrenzung des Finanzierungseffektes auf den Finanzmittelzufluss, den ein Unternehmen im Rahmen seiner normalen Geschäftstätigkeit erzielt. Zu einer Zuführung zusätzlicher liquider Mittel führt die Innenfinanzierung zudem nur bei der Liquidierung von Gegenständen des Anlage- bzw. Umsatzvermögens. Deren Höhe ist jedoch auf die im Unternehmen vorhandenen und realisierbaren Vermögenswerte beschränkt.

2.5 Zusammenfassung

Als Fazit lässt sich feststellen, dass sich mit der Innenfinanzierung auf Grund ihrer inhärenten Beschränkung ein starkes Unternehmenswachstum weder verwirklichen noch tragen lässt. Wenn Entwicklungs- und Wachstumschancen infolge einer übermäßigen Fokussierung auf die Innenfinanzierung nicht wahrgenommen werden können, entpuppt sich diese Form der Finanzierung »unter dem Strich« als eine »kostspielige« Finanzierungsalternative. Um die Kapitalausstattung auf ein Niveau zu heben, das die Durchführung von Zukunftsinvestitionen ermöglicht, müssen dem Unternehmen deshalb zwangsläufig Mittel von außen zugeführt werden.

Unternehmenswachstum lässt sich mit Maßnahmen der Innenfinanzierung regelmäßig nicht erreichen

3 Wege der Außenfinanzierung

Baukredite sind die klassische Form der Außenfinanzierung

Die Außenfinanzierung bezeichnet einen Mittelzufluss nicht aus dem betrieblichen Leistungs- und Umsatzprozess, sondern aus Quellen von außerhalb des Unternehmens durch gesonderte Finanztransaktionen. Sie lässt sich deshalb auch als »Marktfinanzierung« bezeichnen.

Betrachtet man den **gegenwärtigen Stand der Unternehmensfinanzierung**, so lassen die Bilanzstrukturen darauf schließen, dass Bankkredite nach wie vor die am häufigsten genutzte Form der Außenfinanzierung sind. Zum Teil kommen noch Gesellschafterdarlehen zum Einsatz. Alternative Finanzierungsinstrumente wie Private Equity in Form von Eigenkapital oder Mezzanine-Kapital, Leasing und Factoring spielen jedoch eine wachsende Rolle.

Die Auseinandersetzung mit Alternativen wächst

Die Zurückhaltung der Kreditinstitute bei der Kreditvergabe trägt zu einer stärkeren Auseinandersetzung der Unternehmen mit **neuen Finanzierungsformen und Finanzierungswegen** bei. Immer mehr Unternehmen bemühen sich, den Kapitalmarkt sowie seine Akteure wahrzunehmen und ganzheitlich zu betrachten. Unter Berücksichtigung des Marktgedankens nutzen sie jede sich bietende Finanzierungsoption, um den Herausforderungen der Zukunft ge-

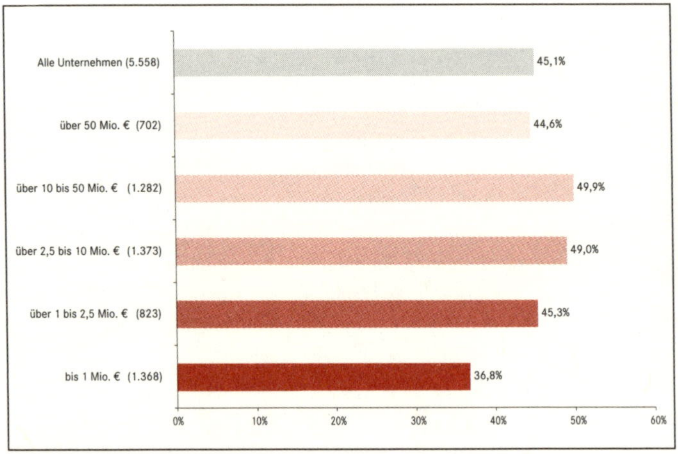

Abb. 4: Unternehmen, die eine Eigenkapitalerhöhung anstreben, Quelle: Kreditanstalt für Wiederaufbau (KfW), Unternehmensbefragung 2006

wachsen zu sein. Einen besonderen Stellenwert bei den finanzstrategischen Erwägungen nimmt dabei neben dem Leasing und Factoring vor allem die Stärkung der Eigenkapitalbasis ein.

Eine ganzheitliche Kapitalstrategie berücksichtigt alle Finanzierungsformen und -wege

Wie eine **ganzheitliche Kapitalstrategie** aussehen kann, verrät eindrucksvoll ein Blick z.B. auf die Bilanz der Deutschen Bank, die sich sowohl über Aktien als auch über Genussscheine, stille Beteiligungen und Nachrangdarlehen (Eigenkapital) sowie über Spar- und Termineinlagen ihrer Kunden bzw. anderer Kreditinstitute (Fremdkapital) finanziert. Ähnlich der Fremdfinanzierung mit ihren unterschiedlichen Laufzeiten und Konditionen ergibt sich dabei auch für mittelständische Unternehmen, dass nicht nur eine Finanzierungsform, sondern ein **Finanzierungsmix** aus verschiedenen Finanzierungsformen und Kapitalgebern – z.B. aus Bankenfinanzierung, Leasing, Factoring und Private Placement – die optimale Finanzierungslösung für das Unternehmen darstellt. In diesem Sinne sollten sich Unternehmen auch von der Vorstellung verabschieden, dass Beteiligungsgesellschaften die einzige Alternative zur Bankenfinanzierung darstellen und dass z.B. Eigenkapital nur durch Beteiligungsgesellschaften oder durch Aktionäre im Rahmen eines Börsengangs erhöht werden kann.

Die folgende Übersicht gibt einen Überblick über Finanzierungsformen und -wege, die vor allem für mittelständische Unternehmen geeignet sind.

Formen der Außenfinanzierung als Finanzierungsmix

Eigenkapital	Mezzanine-Kapital	Fremdkapital
• Vollgesellschaftsanteile (z.B. Kommanditanteile, Aktien, GmbH-Anteile)	**Equity Mezzanine** • Genussrechte • Stille Beteiligungen **Debt Mezzanine** • Nachrangdarlehen • Wandel-/Optionsanleihen	• Anleihen • Schuldscheindarlehen

Sonderformen der Finanzierung

- Sale-and-lease-back
- Forderungsfinanzierung
  - Leasing
  - Factoring
  - Asset Backed Securities

Wege der Außenfinanzierung

Finanzierungswege	Finanzierungsformen		
	Eigenkapital	Mezzanine-Kapital	Fremdkapital
Banken		X	X
Beteiligungsgesellschaften	X	X	
Business Angels	X	X	
Börsengang	X		
Private Placement	X	X	X
Mitarbeiterbeteiligungen	X	X	X
Öffentliche Fördermittel	X	X	X

Sonderformen

Banken, Leasing-Gesellschaften, Factoring-Gesellschaften etc.	• Sale-and-lease-back • Forderungsfinanzierung – Leasing – Factoring – Asset Backed Securities

3.1 Banken

Wenn es um die Zuführung zusätzlichen Kapitals von außen geht, sind die Banken für die meisten Unternehmen nach wie vor der erste Ansprechpartner und werden es auch bleiben. Die drei Säulen der deutschen Kreditwirtschaft – Sparkassen, genossenschaftliche Institute sowie private Banken – vergeben heute nicht mehr nur Kredite, sondern sind in unterschiedlichsten Rollen auf dem Kapitalmarkt aktiv.

Banken kommen als Eigenkapitalgeber nicht in Frage

Direkte Beteiligungen als Vollgesellschafter an kleineren und mittleren Unternehmen gehen Banken meist nur mittelbar über kommerzielle Beteiligungstöchter ein. Standardisierte **Mezzanine-Produkte** der Banken kamen lange Zeit angesichts der hohen Anforderungen an die Unternehmen nur für wenige mittelständische Unternehmen in Betracht.

Standardisierte Mezzanine-Produkte der Banken

Banken bieten neben klassischen Krediten auch standardisierte Mezzanine-Produkte an. Hierzu gehören vor allem Nachrangdarlehen, aber auch stille Beteiligungen und Genussrechte. In der Vergangenheit waren die qualitativen und quantitativen Voraussetzungen für die Gewährung einer standardisierten Mezzanine-Finanzierung vielfach noch höher als bei der Kreditvergabe. Zudem richteten sich diese Angebote anfangs vornehmlich an Unternehmen mit einem Jahresumsatz von mindestens 50 Mio. € – eine Größenordnung, die streng genommen dem Mittelstand nicht zuzuordnen ist. Als Mezzanine-Investoren kamen Banken mangels Mittelstandstauglichkeit deshalb nur für wenige Unternehmen in Betracht.

Seit dem Jahr 2004 haben jedoch sog. Genussrechts-Programme, d.h. Genussrechte, die verbrieft und als ABS am Kapitalmarkt platziert werden (sog. »Collateralized Mezzanine Obligations«, siehe Kap. 3.8) ein rasantes Wachstum erfahren. Wegen der Möglichkeit der preiswerten Refinanzierung eignen sich diese Programme nicht nur für den gehobenen Mittelstand, sondern auch für mittlere und bisweilen sogar kleine Unternehmen.

Das Angebot von bankinitiierten Mezzanine-Produkten steigt

Eine wichtige Rolle spielen Banken auch als **Vermittler von Fördermitteln**. Der Bereich der **traditionellen und innovativen Kreditsurrogate** wie z.B. Leasing, Factoring, Asset Backed Securities und Schuldscheindarlehen wird ebenfalls von den Geldinstituten bzw. deren Tochtergesellschaften geprägt. Beim **Börsengang** von Unternehmen üben Geldinstitute im Rahmen der Platzierung als Konsortialbanken eine wichtige Funktion aus.

Banken sind Vermittler von Fördermitteln

Eine überragende Rolle spielen die deutschen Banken nach wie vor im traditionellen **Kreditgeschäft**. Ein bilateraler Kredit wird ungeachtet der Veränderungen in der Finanzierungslandschaft auch künftig die von mittelständischen Unternehmen am häufigsten genutzte Möglichkeit zur Deckung des Kapitalbedarfs sein. Unternehmen, soweit sie auch künftig noch Zugang zu Bankkrediten haben wollen, sind deshalb gehalten, mit entsprechenden Strategien und Maßnahmen auf die geänderten Rahmenbedingungen bei der Kreditfinanzierung zu reagieren.

Banken vergeben traditionell Kredite

3.1.1 Was prüft die Bank bei einem Rating?

Finanzierungsvolumina, Konditionen und Sicherheitsanforderungen für Bankkredite sind abhängig von den wirtschaftlichen Verhältnissen, der Bonität des Unternehmens. Maßgeblich bei der Bonitätseinstufung ist das Rating, das schon heute zu einem der wichtigsten **Entscheidungsfaktoren für die Kreditgewährung** gehört.

Das Rating ist einer der wichtigsten Entscheidungsfaktoren der Kreditgewährung

Das Rating berücksichtigt quantitative wie qualitative Faktoren

Bereits in der Vergangenheit haben die Banken die Kreditwürdigkeit ihrer Kunden im Rahmen eines bankinternen Ratings beurteilt. Bewertungsgrundlage waren bislang die letzten drei bis fünf Bilanzen, die ihnen von dem Unternehmen vorgelegt wurden. Basel II sieht vor, dass neben diesen Daten aus der Vergangenheit künftig auch zukunftsbezogene Einschätzungen stärker berücksichtigt werden. Diese Daten gehen weit über das hinaus, was beispielsweise im Geschäftsbericht veröffentlicht werden muss. Zum einen müssen die Unternehmen zukünftig in größerem Umfang und mit größerer Aktualität Informationen über **quantitative Faktoren** (Hard Facts), vor allem über die Vermögens, Finanz- und Ertragslage präsentieren, wenn sie einen Kredit beantragen. Zum anderen müssen sie - meist anhand standardisierter Fragebögen - als Soft Facts auch **qualitative Faktoren** (z.B. die Unternehmensstrategie und die Managementqualität) darstellen, die - wenn auch weniger stark gewichtet - ebenfalls in das Rating einfließen. Je nach Bonität des Unternehmens kann dabei sogar eine monatliche Berichterstattung notwendig werden. Auch die Anbieter von Mezzanine-Verbriefungsprogrammen (siehe Kap. 3.8) gründen ihre Finanzierungsentscheidung auf ein Rating.

Einfluss der Hard und Soft Facts beim Rating

Art	Information	Beurteilung
Hard Facts	Jahresabschluss (z.B. Eigenkapital, Liquidität, Gesamtkapitalrendite)	ca. 65 bis 75% des Gesamtratings (je nach Ratingverfahren)
Soft Facts	Markt, Wettbewerb, Branche Finanzen und Controlling Management und Unternehmensorganisation Kunde-Bank-Beziehung, z.B. Limitausschöpfung Marketing und Vertrieb Produktion und Leistungsprozess Dokumentation	ca. 25 bis 35% des Gesamtratings (je nach Ratingverfahren)

Für viele mittelständische Unternehmen ist diese Art der Berichterstattung neu. Sie müssen deshalb prüfen, ob die vorhandenen Kontroll-, Informations- und Buchhaltungssysteme die für das Rating erforderlichen Informationen automatisch bereithalten oder jedes Mal eine manuelle Aufbereitung der Daten erforderlich ist. Eine Umstellung der unternehmensinternen Berichterstattung, die zunächst mit Aufwand von Geld und Zeit verbunden ist, hat für die Unternehmen den Vorteil, dass die gelieferten Informationen auch unternehmensintern zur Kontrolle und Steuerung herangezogen werden können. Die Faktoren, die für das Rating von entscheidender Bedeutung sind, können der nachstehenden Checkliste entnommen werden.

Checkliste

Typische Faktoren beim Rating

Quantitative Faktoren – Hard Facts (ca. 65 bis 75 %)

Analyse der Vermögens-, Finanz- und Ertragslage anhand der Jahresabschlussinformationen (Bilanz und Gewinn- und Verlustrechnung) und ergänzender betriebswirtschaftlicher Bilanzkennzahlen, insbesondere:

- ✔ Eigenkapitalquote (letzter Abschluss und Planung)
- ✔ Verschuldungsgrad (letzter Abschluss und Planung)
- ✔ Liquidität
- ✔ Gesamtkapitalrendite (letzter Abschluss und Planung)

Qualitative Faktoren – Soft Facts (ca. 25 bis 35 %)

Folgende Punkte sollte das Management vor einem Rating optimieren:

Markt, Wettbewerb und Branche

- ✔ Allgemeine Branchenentwicklung
- ✔ Individuelle Marktposition, Marktanteil, Wettbewerber
- ✔ Abhängigkeit von Konjunktur, bestimmten Lieferanten oder Abnehmern
- ✔ Plausibles und nachvollziehbares Unternehmenskonzept (kurz-, mittel- und langfristig)

Finanzen und Controlling

- ✔ Revolvierende Planungsrechungen für die nächsten drei Jahre
- ✔ Unternehmensüberwachung/-steuerung anhand von Soll-Ist-Vergleichen

Management und Unternehmensorganisation

- ✔ Qualität des Managements
- ✔ Übersichtlicher Unternehmensaufbau, klare Zuständigkeiten, auf Unternehmensgröße abgestimmte Hierarchie, effiziente Arbeitsabläufe, EDV-Einsatz
- ✔ Nachfolgeregelung

Marketing und Vertrieb

- ✔ Systematisches Marketingkonzept, zielgruppenorientierter Einsatz von Marketinginstrumenten
- ✔ Integrierte Vertriebsplanung, Steuerung über Zielvereinbarungen, Festlegung von Key-Accounts, wirtschaftliche Vertriebsstruktur

Produktion und Leistungsprozess

- ✔ Qualitäts- und Beschaffungsmanagement
- ✔ Forschung und Entwicklung, systematische Verwertung von FuE-Aktivitäten

Dokumentation

- ✔ Zeitnahes Vorliegen des Jahresabschlusses nach dem Bilanzstichtag
- ✔ Analyse der Ertragslage hinsichtlich Erfolgs- und Risikofaktoren
- ✔ Konsolidierte Unternehmensrechnung

Kunde-Bank-Beziehung

- ✔ Positive Faktoren
  - Regelmäßiges, aussagefähiges und zeitnahes Berichtswesen an Kreditinstitut
  - Beachtung vereinbarter Kreditlinien, Einhaltung von Zusagen und Begründung von Abweichungen
  - Kontoführung, Zahlungsverhalten, Verhältnis der Kontoumsätze zu Kreditvolumen
- ✔ Negative Faktoren
  - Steigende Kreditbeanspruchung ohne entsprechende Umsatzausweitung
  - Ständige Ausschöpfung oder häufige, nicht abgesprochene Überziehung des Kreditrahmens
  - Unverhältnismäßiger Rückgang der Kontoumsätze
  - Nichteinhaltung von Rückführungszusagen

Alle diese Faktoren fließen – je nach Institut und Verfahren mit unterschiedlicher Gewichtung – in das Rating ein. Damit stellen sic Ansätze zur Verbesserung des Ratings und Arbeitsfelder für das Management dar, die es vor Beantragung eines Darlehens zu optimieren gilt. Zur Vorbereitung auf das Rating stehen im Internet einige Rating-Tests zur Verfügung, die Schwachstellen aufzeigen und zur Entwicklung erster Handlungsstrategien genutzt werden können.

Gut zwei Drittel des Ratings werden durch die Hard Facts bestimmt, wobei der Einschätzung der Vermögens-, Finanz- und Ertragslage im Rahmen der Jahresabschlussanalyse eine überragende Bedeutung zukommt. Literatur zum Thema Rating, die Ansatzpunkte zur Verbesserung weicher Faktoren zum Inhalt haben, ist in großer Zahl erhältlich. Schwerpunkt dieses Kapitels sollen deshalb mögliche Maßnahmen zur Verbesserung der quantitativen Faktoren im Rahmen der Jahresabschlussanalyse sein.

Nur wenige Unternehmen haben Maßnahmen zur Ratingverbesserung ergriffen

Insgesamt gibt es deutliche Hinweise auf erhebliche noch brachliegende Verbesserungspotenziale bei der Kommunikation zwischen Kreditinstituten und kleinen Unternehmen beim Thema Rating. Zwar haben laut KfW Unternehmensbefragung 2006 rund 80 % der Unternehmen ein Gespräch zum Thema Rating mit ihrer Bank geführt; von den kleinen Unternehmen blieben aber rund ein Drittel ohne Beratung. Vor allem hier ist zu wünschen, dass der Ratingdialog zwischen Bank und Unternehmen verbessert wird. Zudem gibt es immer noch Unternehmen, die sich um ihr Rating nicht kümmern. 13 % der Unternehmen wissen nicht, ob ihre Bank sie geratet hat, und drei Viertel der Unternehmen, die ihre Ratingnote nicht kennen, haben ihre Bank nicht danach gefragt.

3.1.2 Bilanzielle Anforderungen bei der Kreditfinanzierung

Da das Rating der Bilanz in einem hohen Maße auf der Analyse von Kapital- und Finanzstrukturen basiert, ist ist deren Optimierung ein wichtiger Ansatz zum Erreichen einer soliden und ausgewogenen Bilanzstruktur.

3.1.2.1 Horizontale (»goldene«) Finanzierungs- und Bilanzregel

Wichtig ist eine ausgewogene Fristen- und Risikokongruenz im Hinblick auf das Umlauf- und das Anlagevermögen (Aktivseite). Vereinfacht bedeutet dies, dass kurzfristige Verbindlichkeiten durch kurzfristig verfügbares Vermögen entsprechend gedeckt sein müssen und langfristige Verbindlichkeiten durch langfristiges Vermögen (sog. »goldene Bilanzregel«). Hieraus ergibt sich, dass Anlagevermögen möglichst mit Eigenkapital bzw. langfristigem Fremdkapital finanziert werden sollte. Das Umlaufvermögen kann eher mit kurzfris-

Kapitalherkunft und Kapitalverwendung sollten im Verhältnis fristen- und risikokongruent strukturiert sein. Starke Kapitalbindung schwächt die Liquidität

tigem Fremdkapital finanziert werden. Mit einer unausgewogenen Bilanz, bei der z.B. das Vermögen langfristig in Immobilien investiert ist, die im Wesentlichen mit kurz- und mittelfristigen Darlehen finanziert wurden, wird sich ein Unternehmen schwer tun, weitere Kapitalgeber zu finden, da es – jedenfalls bilanziell gesehen – nicht belegen kann, ohne weiteres in der Lage zu sein, seinen Zahlungsverpflichtungen innerhalb der vereinbarten Fristen nachzukommen. Als Faustregel gilt, dass das Anlagevermögen zu rund zwei Dritteln durch Eigenkapital und zu einem Drittel durch langfristiges Fremdkapital finanziert sein sollte. Als wichtige Kennzahl in diesem Zusammenhang ist die so genannte Anlagendeckung zu nennen, die möglichst größer 1 sein sollte:

Anlagendeckung = (Eigenkapital + langfristiges Fremdkapital)/Anlagevermögen

3.1.2.2 Anforderungen an die Liquidität (Aktiva)

Starke Kapitalbindung schwächt die Liquidität

Die Bilanz sollte keinen Zweifel daran aufkommen lassen, dass das Unternehmen alle seine Zahlungsverpflichtungen jederzeit erfüllen kann. Im Hinblick auf die **Aktivseite der Bilanz** kann eine zu starke Kapitalbindung deshalb zu Liquiditätsproblemen führen, was sich in schlechten Liquiditätskennzahlen äußert. Liquiditätskennzahlen sind deshalb für die Beurteilung des Jahresabschlusses durch die Kreditgeber äußerst wichtig. Sie beschreiben die strukturelle Liquidität eines Unternehmens als Verhältnis bestimmter Vermögens- und Schuldpositionen.

Wichtige Liquiditätskennzahlen

Liquiditätskennzahl	**Zahlungsmittel/Bilanzsumme**
Liquidität 1. Grades	Liquide Mittel/kurzfristige Verbindlichkeiten x 100
Liquidität 2. Grades	(Liquide Mittel + kurzfristige Forderungen)/ kurzfristige Verbindlichkeiten x 100
Liquidität 3. Grades	(Liquide Mittel + kurzfristige Forderungen + Vorräte)/ kurzfristige Verbindlichkeiten x 100

Liquide Mittel sind die Bestände auf den Bilanzkonten Kasse, Bank- und Postgiroguthaben sowie Wertpapiere des Umlaufvermögens.

Kurzfristig bedeutet in diesem Zusammenhang eine Fristigkeit unter einem Jahr.

3.1.2.3 Vertikale Finanzierungsregel (Passiva)

Neben der Gesamtbetrachtung der Bilanz bzw. der Liquidität spielt für eine gute Bonitätseinstufung im Rahmen eines Ratings die **Struktur der Passivseite**, hier insbesondere die **Eigenkapitalquote**, eine herausragende Rolle. Die vertikale Finanzierungsregel verlangt in ihrer strengsten Form, dass das Eigenkapital mindestens so hoch sein sollte wie das Fremdkapital. In der Praxis hat sich als Maßstab durchgesetzt, dass das Eigenkapital wenigstens ein Drittel des Gesamtkapitals betragen sollte. Vorrangiges Ziel mit Blick auf das Rating muss deshalb die Verbesserung der Eigenkapitalquote sein.

Die Eigenkapitalquote ist von herausragender Bedeutung

Eckpfeiler einer ausgewogenen Bilanz

Aktiva	Passiva
Anlagevermögen	**Eigenkapital**
2/3 Eigenkapital	1/3 der Bilanzsumme
1/3 langfristiges Fremdkapital	
Umlaufvermögen	**Langfristiges Fremdkapital**
Vorräte	Deckung der langfristigen Vorräte
Forderungen	
Flüssige Mittel	**Kurzfristiges Fremdkapital**
	20 % geringer als Forderungen und Vorräte

3.1.3 Liquiditätsneutrale Maßnahmen zur Verbesserung der Bilanzstruktur

Während in den vergangenen Jahrzehnten bei vielen Unternehmern aus unterschiedlichen, v. a. aus steuerlichen Gründen der Grundsatz »Mehr sein als scheinen!« galt, hat das »risikogerechte Zinssystem« der Kreditinstitute zu der Erkenntnis geführt, dass ein anderes Prinzip mehr Erfolg verspricht: »Von der besten Seite zeigen!« Viele Unternehmen sind deshalb reif für ein legales »Bilanzlifting«.

Auch mit liquiditätsneutralen Maßnahmen lassen sich Strukturverbesserungen erzielen

Bilanzlifting-/kosmetik: Alle rechtlich zulässigen bilanzpolitischen Maßnahmen, die während des Geschäftsjahres und bei Aufstellung des Jahresabschlusses zur bewussten Verbesserung der ausgewiesenen Vermögens-, Finanz- und Ertragslage führen und sich positiv auf das Rating auswirken.

Mit einigen - oftmals unkompliziert durchzuführenden - liquiditätsneutralen Maßnahmen lassen sich für viele Unternehmen zum Teil erhebliche Verbesserungen der Bilanzstruktur erzielen. Diese führen zwar nicht unmittelbar zu einem Mittelzufluss, aber in jedem Fall zu einem besseren Rating, was sich wiederum auf die Fähigkeit des Unternehmens niederschlägt, sich durch eine ergänzende Aufnahme von weiterem (Fremd-)Kapital zusätzliche Liquidität zu beschaffen. Diese liquiditätsneutralen Maßnahmen können von jedem Unternehmen ohne Einschaltung dritter Personen bzw. ohne Inanspruchnahme des Kapitalmarktes genutzt werden.

Ergänzende Maßnahmen zur Verbesserung der Bilanz- und Kapitalstruktur

Aktiva

- Outsourcing von Vermögenswerten
- Nutzung von Bilanzwahlrechten
  - Aufwendungen für Ingangsetzung des Geschäftsbetriebe (§ 269 HGB)
  - Bilanzierung von erhaltenen Anzahlungen auf Bestellungen auf der Aktivseite (§ 268 Abs. 5 S. 2 HGB)

Passiva

- Debt-Equity-Swap
- Einbringung von Vermögensgegenständen durch Sacheinlage
- Wertschöpfung durch Unternehmensverschmelzungen

3.1.3.1 Optimierung der Aktiva

Bilanzoptimierung durch Verlagerung von Vermögenswerten und Nutzung von Bilanzwahlrechten

Eine Verbesserung des Liquiditätsausweises lässt sich durch vergleichsweise unkomplizierte gesellschaftsrechtliche bzw. bilanzielle Gestaltungen innerhalb des Unternehmens bzw. bestehenden Gesellschafterkreises erreichen. Mögliche Maßnahmen sind beispielsweise:

- **Outsourcing von Vermögenswerten (Bilanzverkürzung)**
  Unternehmen können betriebsnotwendige Gegenstände des Anlagevermögens, z. B. Immobilien oder Fuhrparks, auf eine von den Gesellschaftern gegründete gesonderte Besitzgesellschaft übertragen, die nicht konsolidiert werden muss. Die Betriebsgesellschaft pachtet das Anlagevermögen anschließend wieder zurück. In seinen bilanziellen Folgen ähnelt diese Transaktion dem Sale-and-lease-back-Verfahren, doch sie findet außerhalb des Kapitalmarktes statt und ist ohne Einschaltung eines exter-

nen Kapitalgebers in Form einer Leasing-Gesellschaft möglich. Infolge der Ausgliederung reduziert sich die Bilanzsumme mit der Konsequenz, dass wichtige und für das Rating relevante Liquiditätskennzahlen verbessert werden. Darüber hinaus können die übergeleiteten Vermögenswerte - insbesondere deren Fremdfinanzierung - der Unternehmenspublizität entzogen werden. Eine weitere Möglichkeit zur Bilanzverkürzung stellen in diesem Zusammenhang auch so genannte unechte Pensionsgeschäfte dar, auf die hier jedoch nicht näher eingegangen werden soll.

- **Nutzung von Bilanzwahlrechten**
  Nicht nur neu gegründete, sondern auch bereits etablierte Unternehmen, die beispielsweise neue Produkte entwickeln, können sich das **Aktivierungswahlrecht des §269 HGB** als Bilanzierungshilfe zu Nutze machen. Da die Entwicklung neuer Produkte naturgemäß zu Verlusten führt und dadurch das Ergebnis belastet wird, ist es möglich, die Aufwendungen für die Entwicklung der Produkte wie einen originären Vermögensgegenstand als Aufwendungen für Ingangsetzung des Geschäftsbetriebes auf der Aktivseite der Bilanz zu buchen, wenn aus den Aufwendungen zukünftig Erträge zu erwarten sind. Die Aufwendungen belasten dann nicht das Jahresergebnis, sondern werden durch die Abschreibung der Aufwendungen von der Investitionsphase auf die folgenden, ertragreichen Jahre verteilt. Dieses Wahlrecht ermöglicht es einem Unternehmen also, bestimmte Aufwendungen zu aktivieren, obwohl sie keine Vermögensgegenstände im eigentlichen Sinne darstellen.
  Ein weiteres Bilanzwahlrecht ist **§268 Abs. 5 S. 2 HGB**, der es dem Unternehmen ermöglicht, erhaltene Anzahlungen auf Bestellungen auf der Aktivseite offen von den Vorräten abzusetzen, statt sie auf der Passivseite unter Verbindlichkeiten auszuweisen.

3.1.3.2 Optimierung der Passiva

Bilanzoptimierung durch ...

Auch auf der Passivseite der Bilanz bestehen vielfältige Möglichkeiten, die Kapitalstruktur auch ohne Zuführung von frischer Liquidität zu optimieren, wobei angesichts der im Mittelstand verbreiteten Finanzierung durch Gesellschafterdarlehen dem Debt-Equity-Swap, der nahezu ohne Aufwand umzusetzen ist, regelmäßig das größte Optimierungspotenzial beizumessen sein wird:

...Wandelung von Verbindlichkeiten in Eigenkapital, ...

- **Debt-Equity-Swap**
  Ein Debt-Equity-Swap bietet Unternehmen eine einfache Möglichkeit, die Eigenkapitalquote ohne Zuführung frischer Liquidität

zu erhöhen und durch den verbesserten Eigenkapitalausweis das Rating und die Gesamtfinanzierungsfähigkeit des Unternehmens zu verbessern. Durch einen Vertrag wird eine Verbindlichkeit (»Debt«) in Eigenkapital (»Equity«) gewandelt (»swap«). Der Debt-Equity-Swap eignet sich vor allem für bestehende Gesellschafterdarlehen, aber auch für Darlehen von außerhalb des Unternehmens stehenden Dritten. Eine Unternehmensverbindlichkeit kann dabei sowohl in Vollgesellschaftsanteile als auch in eigenkapitalersetzende mezzanine Finanzierungsformen umgewandelt werden. Da Mezzanine-Kapital weder die rechtliche Position der Altgesellschafter verschlechtert noch die Stimmverhältnisse in der Gesellschafterversammlung beeinflusst, ist eine Umwandlung in Mezzanine-Kapital (z.B. eigenkapitalersetzendes stilles oder Genussrechtskapital) für mittelständische Unternehmen besonders vorteilhaft. Aus diesem Grund wird der Debt-Equity-Swap am Ende des Kapitels »Formen der Mezzanine-Finanzierung« ausführlich dargestellt (siehe Kap. 6.5).

... Sacheinlagen ...

- **Einbringung von Vermögensgegenständen durch Sacheinlage**
  Das Eigenkapital des Unternehmens kann auch durch Einbringung von Vermögensgegenständen als Sacheinlage gestärkt werden. In Betracht kommen z.B. Gegenstände der Betriebs- und Geschäftsausstattung, ein Fuhrpark oder Immobilien. Im Rahmen der Kapitalerhöhung durch Sacheinlage wird der Vermögensgegenstand von einem Gutachter bewertet. Dabei kann sich z.B. bei einer Immobilie ein erhöhter Einbringungswert ergeben, wenn ihr Verkehrswert über dem Buchwert liegt, etwa weil sie weitgehend abgeschrieben wurde oder weil werterhöhende Eigenleistungen vorgenommen wurden. Nach erfolgter Einbringung wird das gezeichnete Kapital der Gesellschaft um den Wert der Immobilie abzüglich der bestehenden Belastungen erhöht. Die steuerlichen Auswirkungen der Einbringung einer Immobilie in eine Gesellschaft (z.B. Grunderwerbsteuer, Ertragsteuern) sind bei der Vertrags- und Einbringungsgestaltung in jedem Falle vorher zu berücksichtigen.

... und Unternehmensverschmelzung

- **Wertschöpfung durch Unternehmensverschmelzung**
  Nicht nur börsennotierte Großkonzerne, sondern auch zahlreiche mittelständische Unternehmen sind in Form von kleinen und mittleren Unternehmensverbünden organisiert (Konzern). Hier ist es möglich, einzelne Gesellschaften durch Verschmelzung in eine andere Gesellschaft einzubringen. Bei bisher nicht gesellschaftsrechtlich verbundenen Unternehmen bietet es sich an, die Gesellschaftsanteile einer Gesellschaft in eine andere Gesellschaft zu überführen. Dabei kann das einzubringende Unternehmen unter Aufdeckung der stillen Reserven und unter Berück-

sichtigung des tatsächlichen Unternehmenswertes (bei dem auch die zukünftigen Ertragsperspektiven des Unternehmens Berücksichtigung finden) in die übernehmende Gesellschaft eingebracht werden. Auch die einzelnen Gesellschaftsanteile lassen sich unter Aufdeckung der stillen Reserven bewerten und zu diesem Wert in die übernehmende Gesellschaft einbringen.

Neben der Stärkung des Eigenkapitals hat eine Einbringung oftmals den Effekt, dass undurchsichtige Unternehmensstrukturen entzerrt und transparent werden, was gleichsam positive Auswirkungen auf das Rating des Unternehmens hat.

3.1.4 Creditor Relations – Professionelle Kommunikation mit der Bank

Vertrauen schaffen durch offene Kommunikation, dazu gehört ...

Das Wort »Kredit« lässt sich auf das lateinische Wort »credere« zurückführen, was soviel bedeutet wie Glauben oder Vertrauen schenken. Vertrauen wird geschaffen, indem man seine Verlässlichkeit dadurch dokumentiert, dass Zusagen konsequent eingehalten und Abweichungen plausibel begründet werden können. Vor allem mittelständische Unternehmen unterschätzen oft die vertrauensfördernde Wirkung einer Kommunikation, die den Kapitalgeber versteht und einbindet. Sie müssen die Kommunikation und das Beziehungsmanagement zu Fremdkapitalgebern optimieren. Ein Patentrezept für eine erfolgreiche Kommunikation gibt es nicht. Für eine vertrauensvolle und professionelle Kommunikation mit den Banken gelten aber gewisse Leitlinien. In diesem Zusammenhang ist in jüngerer Vergangenheit der Begriff »Creditor Relations« geprägt worden.

Creditor Relations

Der Begriff Creditor Relations bezeichnet das Beziehungsmanagement zwischen Unternehmen und Kreditgebern. Er umfasst alle Maßnahmen des professionellen und möglichst frühzeitigen Dialoges mit Kreditgebern zur Verbesserung der Bonitätsbewertung des Unternehmens mit dem Ziel, dessen Fremdkapitalfinanzierung langfristig zu sichern und die Kosten dafür zu minimieren. Inhalt der Creditor Relations sind regelmäßige, plausible Informationen über die Finanz-, Ertrags- und Vermögenslage sowie qualitative Hinweise zur aktuellen Geschäftsentwicklung.

Präsentation einer eigenen Finanzierungsstrategie

... die Präsentation einer Finanzierungsstrategie, ...

Vor dem Hintergrund einer sich wandelnden Unternehmensfinanzierung sollte jeder Unternehmer eine eigene, breit angelegte Finanzierungsstrategie entwickeln und sie bei seiner Hausbank aktiv kommunizieren. Von zentraler Bedeutung ist die Frage, welche Finanzierungsinstrumente für das Unternehmen sinnvoll und mit der Hausbankfinanzierung vereinbar sind. Hierbei gilt es, ergänzend zur Fremdfinanzierung moderne Instrumente wie z. B. Mezzanine-Kapital, Leasing und Factoring einzubinden.

Gesprächsvorbereitung

... eine gute Gesprächs-vorbereitung, ...

Das Unternehmen muss bereits im Vorfeld eines Finanzierungsgespräches recherchieren, worauf der Fremdkapitalgeber besonderen Wert legt. In diesem Zusammenhang ist auch zu klären, welche formellen Erfordernisse wie z. B. Entscheidungsgremien es auf Seiten des Kapitalgebers gibt, welche Kriterien in das Rating einfließen und welche Sicherheiten verlangt werden. Bei allen diesen Fragen lassen sich mit einer gezielten Analyse bereits im Vorfeld des Finanzierungsgespräches Fehler vermeiden.

Mit Nutzen argumentieren

... der Hinweis auf den Nutzen für die Bank, ...

Das Unternehmen sollte ein Darlehen niemals als Bittsteller beantragen, sondern mit einer für die Bank überzeugenden am Nutzen orientierten Argumentation auftreten. Hierbei genügt in Zeiten von Basel II nicht mehr der bloße Hinweis auf das Zinsäquivalent und die Bestellung nachhaltiger Sicherheiten. Von besonderem Interesse für Banken sind auch Zusatzgeschäfte aus Zahlungsverkehr und Auslandsgeschäft.

Die Bank als Partner begreifen

... die Wahrnehmung der Bank als Partner

Obwohl sich vor allem mittelständischen Unternehmen der Eindruck vielfach aufdrängt, sind Banken keine Gegner des Unternehmens. Die Interessen der Banken sind oft begründbar: Nur ein gesundes Unternehmen bietet schließlich die Grundlage für eine nachhaltige und fruchtbare Zusammenarbeit. Entscheidend ist die Bereitschaft des Managements, sich in die Denkweise des potenziellen Geldgebers hineinzuversetzen, sie zu akzeptieren und hieraus konsequent und zielgerichtet die richtigen Maßnahmen einzuleiten.

3.1.5 Fazit

Verbesserung der Eigenkapitalquote ist oberstes Gebot

Der Bankkredit wird für die meisten Unternehmen die wichtigste Finanzierungsquelle bleiben. Die Kreditvergabe ist abhängig von der Bonität des Unternehmens, die durch das Rating ermittelt wird. Um künftig überhaupt bzw. zu adäquaten Konditionen ein Bankdarlehen zu erhalten, müssen Unternehmen mit entsprechenden Strategien und Maßnahmen ihr Rating verbessern. Hierzu gehört eine verbesserte Kommunikation zwischen Unternehmen und Banken. Wichtiger noch ist eine Verbesserung der Bilanzstruktur und der Bilanzkennzahlen. Erste Ergebnisse lassen sich bereits mit einfachen bilanzpolitischen Maßnahmen erzielen. Vorrangiges Ziel mit Blick auf das Rating muss aber die Verbesserung der Eigenkapitalquote durch die Zuführung von zusätzlichem Eigenkapital bzw. Mezzanine-Kapital und die Nutzung von Factoring und Leasing sein.

3.2 Beteiligungsgesellschaften

Mehr Eigenkapital mit »Private Equity« von Beteiligungsgesellschaften

Die wachsende Zurückhaltung der Banken bei der Vergabe von Krediten veranlasst immer mehr Unternehmen dazu, alternative Finanzierungsformen zu nutzen. Hierzu gehört vor allem die Aufnahme von zusätzlichem Eigenkapital. In diesem Zusammenhang ist der angelsächsische Begriff **»Private Equity«** gebräuchlich.

Private Equity

Für den Ausdruck Private Equity (PE) existiert keine einheitliche Definition, da der Begriff in der Praxis im englischen Sprachraum entstanden ist. Der Begriffsteil »Equity« macht deutlich, dass es sich um die Bereitstellung von Eigenkapital handelt. Der Begriffsteil »Private« zeigt, dass dies außerhalb der Institutionen wie z. B. die Börse geschieht. Private Equity bezeichnet somit zunächst ganz allgemein jede Form von **Bereitstellung außerbörslichen Eigenkapitals für Unternehmen** durch externe, d. h. außerhalb des bisherigen Gesellschafterkreises stehende Dritte. Im Gegensatz hierzu meint »Public Equity« die Eigenkapitalbeschaffung über die Börsen.

Der Begriff Private Equity selbst trifft weder eine Aussage über Finanzierungsform noch über einen speziellen Finanzierungsweg. Aus Sicht des Unternehmens muss es sich jedenfalls bilanziell um die außerbörsliche Bereitstellung von Eigenkapital handeln. Nach diesem Verständnis des Begriffes umfasst Private Equity sowohl die Finanzierung über die Gewährung von **Vollgesellschaftsanteilen** (Eigenkapital) wie auch über **eigenkapitalersetzende hybride Finanzinstrumente** (Mezzanine-Kapital wie z. B. stilles oder Genusskapital). Mögliche **Finanzierungswege** für eine Finanzierung mittels Private Equity sind neben Beteiligungsgesellschaften insbesondere das Private Placement, Mitarbeiterkapitalbeteiligungen und öffentliche Beteiligungsprogramme.

Einer der möglichen Wege zur Finanzierung mit Private Equity führt über so genannte **Beteiligungsgesellschaften** (Private-Equity-Gesellschaften). Während in der Boomphase der New Economy gegen Ende der 90er Jahre überwiegend junge und innovative Unternehmen aus technologieintensiven Branchen die Zielgruppe der Beteiligungsgesellschaften bildeten, gibt es mittlerweile auch Beteiligungsgesellschaften, die Unternehmen aus anderen Branchen finanzieren.

Am deutschen Beteiligungsmarkt sind gegenwärtig über 300 PE-Gesellschaften aktiv, von denen 275 im Bundesverband Deutscher Kapitalbeteiligungsgesellschaften – German Private Equity and Venture Capital Association e.V. (BVK) – zusammengeschlossen sind. Eine erste Auswahl von Beteiligungsgesellschaften, die für das Unternehmen möglicherweise in Frage kommen, kann beispielsweise anhand der auf der Internetseite des BVK dargestellten Profile der PE-Gesellschaften vorgenommen werden (www.bvk-ev.de).

3.2.1 Finanzierungsanlässe

Beteiligungsfinanzierungen werden für zahlreiche Anlässe durchgeführt

Beteiligungsfinanzierungen sind vor allem für Unternehmen möglich, die sich in einer Veränderungs- oder Wachstumsphase befinden, bei deren positiver Bewältigung eine signifikante Wertsteigerung für alle Gesellschafter zu erwarten ist. Typische Anlässe sind zum Beispiel:

- die Ausreifung und Umsetzung einer innovativen Idee in verwertbare Resultate, auf deren Basis ein Geschäftskonzept erstellt wird (Seed-Finanzierung),
- die Gründungsphase, d.h., das betreffende Unternehmen befindet sich im Aufbau oder ist erst seit kurzem im Geschäft und hat seine Produkte noch nicht oder nicht in größerem Umfang vermarktet (Start-up- und First-Stage-Finanzierung),
- die Erweiterung von Produktionskapazitäten, die Produktdiversifikation oder die Erschließung neuer Märkte (Expansionsfinanzierung),
- die Akquisition eines anderen Unternehmens,
- die Vorbereitung eines Börsengangs, vor allem mit dem Ziel der Verbesserung der Eigenkapitalquote (Bridge-Finanzierung),
- die Durchführung von Management Buy-out (MBO)/Management Buy-in (MBI), d.h. eine Unternehmensübernahme durch das vorhandene (MBO) oder ein externes Management (MBI), z.B. zur Regelung der Unternehmensnachfolge in mittelständischen Unternehmen und
- die Finanzierung von Turnaround-Situationen (Sanierungen).

Venture Capital wird zur Frühphasenfinanzierung eingesetzt

Häufig wird der Begriff **Venture Capital** (= Risikokapital) synonym zu Private Equity gebraucht. Genau genommen handelt es sich bei Venture Capital aber nur um einen Teilbereich von **Private Equity**, genauer um die risikoreichere Frühphasenfinanzierung. Demgegenüber bezeichnet Private Equity – hier in einem engeren Sinn gebraucht – außerbörsliches Eigenkapital für Expansions- und Wachstumsfinanzierungen bereits reifer Unternehmen sowie für die Finanzierung besonderer Anlässe – insbesondere Unternehmensübernahmen im Rahmen eines MBO/MBI, einer Unternehmensnachfolge und Restrukturierung. Grund für die unterschiedlichen Begriffe ist die Unterscheidung zwischen kommerziellen Beteiligungsgesellschaften, die vorwiegend in junge Unternehmen in High-Tech-Branchen in frühen Unternehmensphasen investierten (Venture-Capital-Gesellschaften) und kommerziellen Beteiligungsgesellschaften, die sich auf etablierte Unternehmen bzw. spätere Unternehmensphasen spezialisiert hatten (Private-Equity-Gesellschaften). Obwohl sich die Zielgruppen heute nur teilweise unterscheiden, hat sich in der Praxis die Unterscheidung zwischen -Private Equity und Venture Capital durchgesetzt.

Phasen der Unternehmensentwicklung				
Frühphasenfinanzierung (early-stage-Finanzierung)			**Spätphasenfinanzierung (expansion-stage-Finanzierung)**	
Seed-Phase	Start-Up-Phase	First-Stage-Phase	Later Stage (Second-/Third-Stage)	Sonderanlässe
• Konzept • Marktanalyse • Produktentwicklung	• Gründung • Entwicklung bis zur Serienreife	• Produktion • Markteinführung	• Wachstum/Expansion	• MBO • MBI • Nachfolge • Bridge-Finanzierung • Restrukturierung • Turnaround (Sanierung)
Venture Capital			**Private Equity**	

3.2.2 Formen der Finanzierung

Beteiligungsunternehmen treten meist als Gesellschafter bei

Die klassische Finanzierungsform bei einer Finanzierung durch eine Beteiligungsgesellschaft ist deren **Eintritt in das Unternehmen als Mitgesellschafter** durch Übernahme von Kommandit- oder GmbH-Anteilen bzw. Aktien im Rahmen einer Kapitalerhöhung. Zum Teil werden auch **eigenkapitalersetzende Mezzanine-Finanzierungen** genutzt. In der Praxis engagieren sich Beteiligungsgesellschaften über eine Mischung aus Vollgesellschaftsanteilen und mezzaninen Finanzierungsformen, teilweise auch mit Fremdkapitalanteilen.

3.2.3 Kommerzielle Beteiligungsgesellschaften

Es gibt verschiedene Formen kommerzieller Beteiligungsgesellschaften, insbesondere ...

Zu den kommerziellen Beteiligungsgesellschaften gehören zunächst die so genannten **Kapitalbeteiligungsgesellschaften**. Der Begriff Kapitalbeteiligungsgesellschaft entstammt den historischen Anfängen des Beteiligungskapitalgeschäftes in Deutschland und ist bis heute erhalten geblieben. Bei klassischen (Universal-)Kapitalbeteiligungsgesellschaften handelt es sich zumeist um Tochtergesellschaften von Banken, die anstelle von Krediten für einen bestimmten Zeitraum Eigenkapital durch den Erwerb von Vollgesellschaftsanteilen oder stillen Beteiligungen zur Verfügung stellen und keine Spezialisierung auf eine bestimmte Branche aufweisen.

Wie bereits angedeutet, bestehen zwischen den Kapitalbeteiligungsgesellschaften bezogen auf die genannten Finanzierungsanlässe mehr oder weniger stark ausgeprägte Spezialisierungen. Nach dem Zeitpunkt der Finanzierung lassen sich vor allem Venture-Capital- und Private-Equity-Gesellschaften unterscheiden. Eine Sonderform der Beteiligungsgesellschaften sind Beteiligungsfonds, die als Finanzintermediäre agieren: Der Fonds sammelt bei Kreditinstituten, Versicherungen, Unternehmen und Privatpersonen die für die geplanten Beteiligungen notwendigen Mittel ein und investiert sie dann in die Zielunternehmen.

Neben den klassischen Kapitalbeteiligungsgesellschaften stehen die **Unternehmensbeteiligungsgesellschaften**, die nach festen gesetzlichen Regeln in mittelständische Unternehmen investieren. Auch sie investieren ausschließlich renditeorientiert, d.h. ihr Ziel ist die Erzielung einer maximalen Rendite auf das eingesetzte Kapital in möglichst kurzer Zeit.

Im Gegensatz zu den institutionellen Finanzinvestoren verfolgen **strategische Investoren** mit einer Investition - der Name lässt es bereits erahnen - neben Renditeinteressen auch strategische Interessen. Hier sind besonders die Corporate-Venture-Capital-Gesellschaften zu nennen.

Alle diese Beteiligungsgesellschaften sind Partner auf Zeit, denn das Kapital wird üblicherweise nur für einen Zeithorizont von fünf bis sieben Jahren, zum Teil auch kürzer zur Verfügung gestellt. Die Beendigung eines Engagements wird als »Exit« bezeichnet. Mögliche Exitstrategien der Beteiligungsgesellschaften sind

- Rückkauf der Anteile durch Altgesellschafter (Buy-back),
- Einführung der Anteile an einer Wertpapierbörse (Going Public),
- Veräußerung der Beteiligung an einen industriellen Investor (Trade Sale),
- Verkauf der Anteile an eine weitere Beteiligungsgesellschaft (Secondary Purchase/Secondary Buy-out),
- Liquidation und damit verbundene Abschreibung der Beteiligung.

Als bevorzugte Exitstrategie gilt gegenwärtig wegen des noch immer schwierigen Börsenumfeldes der Verkauf der Gesellschaftsanteile an einen industriellen Investor oder einen anderen Finanzinvestor.

Vorrangiges Ziel eines Engagements ist nicht die Beherrschung des Unternehmens, sondern die Erzielung einer möglichst großen Rendite in einem kurzen Zeitraum. Kommerzielle Beteiligungsgesellschaften stellen deshalb äußerst strenge Anforderungen an die Zielunternehmen. Je besser die Chancen zu einem lukrativen Ausstieg sind, desto höher ist die Chance einer positiven Finanzierungsentscheidung. Vor dem Hintergrund der meist großen Investitionssummen und der hohen Renditeerwartungen werden Beteiligungsgesellschaften meist in nicht unerheblichem Umfang beratend und überwachend tätig und verlangen eine Einbindung in alle Entscheidungen von grundlegender Bedeutung. Darüber hinaus erwarten sie eine turnusmäßige Berichterstattung zur Entwicklung des Unternehmens.

Kommerzielle Beteiligungsgesellschaften

- Venture-Capital-Gesellschaften,
- Private-Equity-Gesellschaften,
- Corporate-Venture-Capital-Gesellschaften,
- Unternehmensbeteiligungsgesellschaften (UBG).

3.2.3.1 Venture-Capital-Gesellschaften und Fonds (Frühphasenfinanzierung)

... Venture-Capital-Gesellschaften, ...

Venture-Capital-Gesellschaften **(VC-Gesellschaften)** sind eine spezielle Ausprägung der Kapitalbeteiligungsgesellschaften. Der markanteste Unterschied zu anderen Kapitalbeteiligungsgesellschaften ist die schwerpunktmäßige Beteiligung an vornehmlich jungen Unternehmen, die sich noch in der Vorgründungs- und Gründungsphase befinden und in wachstumsstarken Branchen agieren. VC-Gesellschaften haben weniger ein Interesse am laufenden Gewinn der Unternehmen als an einer erheblichen Wertsteigerung der Beteiligung bis zum möglichst zeitnahen Exit. Diese Spezialisierung auf die Finanzierung von jungen, innovativen Unternehmen bringt für die Beteiligungsgesellschaften ein hohes Risiko mit sich, welches sich in extrem hohen Renditeerwartungen niederschlägt. Dabei können am Markt Vorgaben von 20 bis 40 % p.a. sowie noch deutlich darüber liegende Renditevorstellungen beobachtet werden.

Dementsprechend unterliegen Finanzierungsanfragen bei VC-Gesellschaften einem noch stärkeren Selektionsprozess als bei anderen Beteiligungsgesellschaften. Unternehmen, die nicht aus wachstumsstarken Branchen wie der Informations-, Telekommunikations- und Biotechnologie stammen, haben nur eine geringe Chance auf ein Engagement. Die größten Chancen können sich gegenwärtig Unternehmen in den Branchen Telekommunikation und Informationstechnologie, Internet/Medien, Medizin- und Biotechnologie, Nano-/Mikro-Technologie, New Materials, Elektronik, Sensoren und Optoelektronik ausrechnen. Im Hinblick auf die bevorzugten Entwicklungsphasen der eingegangenen Beteiligungen liegt die Start-up- und First-stage-Finanzierung nach einer Phase der andauernden Zurückhaltung in der Gunst der institutionellen VC-Investoren aktuell erstmals wieder vor der Expansionsfinanzierung. Unternehmen in der Seed-Phase werden dagegen nach wie vor kaum unterstützt.

3.2.3.2 Private-Equity-Gesellschaften und -Fonds (Spätphasenfinanzierung)

... Private-Equity-Gesellschaften, ...

Im Gegensatz zu VC-Gesellschafen sind **Private-Equity-Gesellschaften** bei der Auswahl der Beteiligungsunternehmen tendenziell risikoscheuer. Sie fördern hauptsächlich langjährig bestehende große Unternehmen, die im Rahmen der Expansions- und Wachstumsfinanzierung eine laufende Rendite in Höhe von etwa 15 bis 30% bezogen auf die gesamte Laufzeit der Beteiligung erwarteten lassen. Angesichts der Transaktionskosten interessieren sich Private-Equity-Gesellschaften zumeist für Investitionsvolumen ab 5 bis 10 Mio. €.

Institutionelle Private-Equity-Investoren bevorzugen Unternehmen aus den Branchen Computer, Biotechnologie, Medizin, Chemie sowie Maschinen- und Anlagenbau. Darüber hinaus gibt es Private-Equity-Gesellschaften, die sich auf die Finanzierung besonderer Anlässe spezialisiert haben (z.B. MBO/MBI, Unternehmensnachfolge, Restrukturierung, zum Teil auch Sanierung). Der Exit wird nach drei bis sieben Jahren zumeist durch einen Trade Sale oder einen Secondary Purchase realisiert.

Stärker noch als andere PE-Gesellschaften richten **Private-Equity-Fonds** ihr Interesse nicht auf den breiten Mittelstand aus, sondern auf Mega-Deals im Milliardenbereich bzw. wenige Großtransaktionen im zwei- bis dreistelligen Millionenbereich, was sich in den oft beträchtlichen Fondsvolumen widerspiegelt. Im Übrigen unterscheiden sich Private-Equity-Fonds in Hinblick auf ihr Investitionsverhalten jedoch nicht von klassischen Private-Equity-Gesellschaften.

3.2.3.3 Industrielle Investoren und Corporate Venture Capital

... strategische Investoren ...

Eine weitere Quelle für Beteiligungskapital sind strategische Investoren aus der Industrie. Hierbei handelt es sich meist um Unternehmen aus der Branche, die sich an Unternehmen zur Abrundung der Produktpalette oder Verlängerung der Wertschöpfungskette beteiligen.

Neben Partnern ohne professionelle Investorenstruktur (z.B. Wettbewerber, Lieferanten und Kunden) spielen hier vor allem große Industrieunternehmen bzw. Beteiligungsgesellschaften, deren maßgebliche Gesellschafter Großunternehmen sind, eine überragende Rolle. Beteiligungsgesellschaften, die zu Konzernen gehören und vorrangig strategische Konzerninteressen verfolgen, werden Corporate-Venture-Capital-Gesellschaften genannt.

Auswahl von Corporate-Venture-Capital-Gesellschaften aus Deutschland

Beteiligungsschwerpunkt	Beteiligungsgesellschaft
Chemie- und Pharmaunternehmen	BASF Innovationsfonds Bayer Innovation Novartis Venture Fund
Maschinenbau, Elektrotechnik und Industriedienstleistungen	DaimlerChrysler Venture
Informationstechnologien	SAP Venture Fund Europe Siemens Venture Capital
Telekommunikation	T-Venture Holding (Deutsche Telekom AG)
Medien	Bertelsmann Ventures
Mobilität und Informationstechnologien	AutoVision GmbH (Volkswagen AG)

Konzerne setzen Corporate Venture Capital gezielt als Instrument für eine aktive Konzernentwicklung und zur Wahrung strategischer Konzerninteressen ein. Erfolgreiche CVC-Gesellschaften erzielen für ihre Mutterkonzerne zwei entscheidende Vorteile: Sie bieten eine hohe Rendite auf das eingesetzte Kapital und zugleich den Zugang zu neuen Technologien (sog. »Window on Technology«) bzw. Kundenkreisen.

Für mittelständische Unternehmen kann Corporate Venture Capital ein wichtiger Bestandteil der Innovationsfinanzierung sein. Darüber hinaus werden sie meist beim Aufbau der Vertriebsorganisation unterstützt, erhalten Infrastrukturen für Produktion und Forschung bzw. kommen in den Genuss des Einkaufsvorteils großer Konzerne.

Viele CVC-Gesellschaften stellen für einen begrenzten Zeitraum erfahrene Manager zur Verfügung und verfügen darüber hinaus über ein Netzwerk an Unternehmensberatern, Rechtsanwälten, Banken und Wirtschaftsprüfern.

3.2.3.4 Unternehmensbeteiligungsgesellschaften

... und Unternehmensbeteiligungsgesellschaften

Das Problem der Eigenkapitalbeschaffung für nicht börsennotierte Unternehmen veranlasste den Gesetzgeber im Jahr 1986 zur Verabschiedung eines Gesetzes, das die Gründung so genannter Unternehmensbeteiligungsgesellschaften (UBG) fördern sollte. UBG sind Aktiengesellschaften, deren Gegenstand ausschließlich der Erwerb, die Verwaltung und Veräußerung von Anteilen oder stillen Beteiligungen an deutschen Unternehmen ist, deren Anteile weder an der Börse noch an einem sonstigen organisierten Markt gehandelt werden. Die Tätigkeit der Unternehmensbeteiligungsgesellschaften ist durch gesetzliche Kapitalanlage- und -beschaffungsgrundsätze genau geregelt. Vorgeschrieben sind beispielsweise Einzelheiten zum Erwerb von Anteilen, die Kreditaufnahme und unzulässige Möglichkeiten der eigenen Refinanzierung (z.B. Schuldverschreibungen, Genussscheine). Am 15. Juni 2007 hat das Bundesministerium der Finanzen einen Gesetzentwurf zur Modernisierung der Rahmenbedingungen für Kapitalbeteiligungen (MoRaKG) vorgelegt, der Vorschläge für ein Wagniskapitalbeteiligungsgesetz (WKBG) und eine Reform der Unternehmensbeteiligungsgesellschaften enthält.

3.2.4 Förderorientierte Beteiligungsgesellschaften

Bei förderorientierten Beteilungsgesellschaften steht die Rendite nicht im Mittelpunkt

Auf der anderen Seite des Spektrums der institutionellen Investoren stehen als **förderorientierte Beteiligungsgesellschaften** die Mittelständischen Beteiligungsgesellschaften und die Beteiligungsgesellschaften der Sparkassen, die nicht ausschließlich renditeorientiert operieren, sondern bei ihren Investitionen auch Aspekte der Mittelstandsförderung berücksichtigen.

3.2.4.1 Mittelständische Beteiligungsgesellschaften

Die bisher genannten Gesellschaften richten ihre Beteiligungen ausschließlich an der erreichbaren Rendite für ihr eingesetztes Kapital aus. Wie gezeigt wurde, kommt die Beteiligung an kleineren mittelständischen Unternehmen für eine kommerzielle Beteiligungsgesellschaft wegen des geringen erforderlichen Beteiligungsvolumens, der hohen Renditeerwartungen und der eingeschränkten Exitmöglichkeiten nicht in Betracht. Vor dem Hintergrund einer sinkenden Eigenkapitalquote und zunehmender Schwierigkeiten bei der Finanzierung vor allem kleiner und mittlerer Unternehmen sah die Politik deshalb bereits Anfang der 70er Jahre Handlungsbedarf und initiierte das ERP (European-Recovery-) Beteiligungsprogramm. Das Programm war offen für alle Beteiligungsgesellschaften, wurde aber von den kommerziellen Beteiligungsgesellschaften nicht angenommen.

Wichtigstes Ziel der MBG ist die Strukturförderung

Auf Bundesländerebene wurden daraufhin Mittelständische Beteiligungsgesellschaften (MBG) als Selbsthilfeeinrichtungen der Wirtschaft gegründet. Zu deren Gesellschafterkreis zählten meist Wirtschaftsverbände, Kreditinstitute und Versicherungen der jeweiligen Region. Als förderorientierte Gesellschaften verfolgen sie als wichtigstes Ziel die Strukturförderung und refinanzieren sich aus dem ERP-Beteiligungsprogramm und anderen Fördermitteln. Zudem erhalten sie Bürgschaften von privaten Bürgschaftsbanken, die wiederum Garantien von den Bundesländern erhalten.

Dank der Inanspruchnahme öffentlicher Fördermittel ist eine Beteiligung auch an solchen Unternehmen möglich, in die eine Beteiligungsgesellschaft sonst nicht oder nur zu erheblichen schlechteren Konditionen investieren würde. Im Fokus des Geschäfts der MBG stehen deshalb kleinere Unternehmen in traditionellen Wirtschaftsbereichen mit häufig regionalem Markt und teilweise geringen Wachstumsraten. Rund 60 % dieser Investitionen entfallen auf die verschiedenen Branchen der Industrie, weitere 10 % jeweils auf Handel, Handwerk und Dienstleistungsgewerbe. Der Investitionsschwerpunkt der MBG liegt bei Wachstums- und Expansionsfinanzierungen, doch auch Gründungsvorhaben werden unterstützt. Bei der Mehrzahl der eingegangenen Beteiligungen handelt es sich zudem um Erstinvestitionen, also die erstmalige Bereitstellung von Beteiligungskapital für das Unternehmen.

Die MBG stellen den mittelständischen Unternehmen stilles Kapital mit einer Laufzeit von zehn Jahren in den alten Bundesländern und fünfzehn Jahren in den neuen Bundesländern zur Verfügung. Die maximale Beteiligungshöhe beträgt 2,5 Mio. €. Die Rückzahlung des Kapitals erfolgt zum Nominalwert. Die erwartete Rendite beträgt derzeit maximal ca. 12 % jährlich über die Beteiligungsdauer. Neben dem finanziellen Vorteil der Beteiligung bieten die MBG zusätzliche Leistungen für die Unternehmen, wie etwa Unterstützung beim Controlling, Netzwerkkontakte und sonstige Beratungsdienste. Die MBG gehen selten Engagements oberhalb von 1 Mio. € ein. Die durchschnittliche Beteiligungssumme liegt bei 370.000 €, verglichen mit einem durchschnittlichen Beteiligungswert von 2,8 Mio. € bei den übrigen im BVK zusammengeschlossenen Venture-Capital- und Private-Equity-Gesellschaften.

3.2.4.2 Beteiligungsgesellschaften der Sparkassen

Auch bei den Beteiligungsgesellschaften der öffentlichen Sparkassen stehen Aspekte der Wirtschaftsförderung im Fokus

Auch die Beteiligungsgesellschaften der Sparkassen können zu den förderorientierten Beteiligungsgesellschaften gezählt werden. Zwar ist die Gewinnerzielung bei ihnen ein wesentliches Ziel, doch daneben werden auch Aspekte der regionalen Wirtschaftsförderung berücksichtigt und öffentliche Fördermittel zur Refinanzierung genutzt.

Das traditionelle Geschäft der Sparkassen ist wie bei allen Kreditinstituten die Vergabe von Darlehen. Wo die Fremdmittelvergabe bei Erfüllung dieser Aufgabe an ihre Grenzen stößt, sollen Beteiligungen die Finanzierungslücke auf Seiten der Unternehmen schließen. Mittlerweile hat sich die Beteiligungsfinanzierung durch die Sparkassen oder ihre Beteiligungsgesellschaften in ganz Deutschland etabliert.

Die regionale Beschränkung der Geschäftsaktivitäten führt dazu, dass keine primären Branchenpräferenzen auf Seiten der Sparkassen-Beteiligungsgesellschaften hinsichtlich der einzugehenden Beteiligungen bestehen. Die Aufgabe der Wirtschaftsförderung ließe letztlich auch keine Spezialisierungsbestrebungen hinsichtlich der Zielbranchen zu. Dementsprechend gibt es auch keine Spezialisierungen auf bestimmte Finanzierungsphasen oder Finanzierungsanlässe. Als Finanzierungsformen dominieren, genau wie bei den MBG, stille Gesellschaften. Vollgesellschaftsanteile werden nur ausnahmsweise erworben. Die Beteiligungsvolumina liegen auch hier nur selten über 1 Mio. €. Da Sparkassen-Beteiligungsgesellschaften zur Finanzierung von Beteiligungen auch öffentliche Fördermittel in Anspruch nehmen, ist auch bei ihnen die Renditeerwartung nach oben begrenzt.

3.2.5 Die Finanzierungsanfrage

Die Finanzierungsanfrage bei Beteiligungsgesellschaften wird regelmäßig durch einen Business-Plan erläutert

Nach der Auswahl von geeigneten Beteiligungsgesellschaften ist die Kontaktaufnahme der zweite Schritt. Sie dient dazu, das Unternehmen bzw. Finanzierungsvorhaben kurz und prägnant vorzustellen und zu klären, ob seitens der Beteiligungsgesellschaft grundsätzliches Interesse besteht. Sofern es sich um ein etabliertes Unternehmen und kein Gründungsvorhaben handelt, bildet üblicherweise die Analyse der letzten Jahresabschlüsse den Ausgangspunkt. Daneben ist eine Darstellung des Unternehmens an Hand eines so genannten Business Plans erforderlich. Dieser sollte eine klar strukturierte Darstellung des Unternehmens enthalten. Unabhängige Unternehmensberater unterstützen mittelständische Unternehmen bei der Erarbeitung entsprechender Darstellungen und Planungen.

Checkliste

Eckpfeiler eines Business Plans

- ✔ **Vorhabensbeschreibung**
  - Produkt/Dienstleistung (Produktbroschüren, falls vorhanden)
  - Entwicklungsstand
  - Patente/Lizenzen
  - Kundennutzen
  - Preiskalkulation
- ✔ **Markt und Wettbewerb:** Analyse von Branche, Wettbewerbern und Kunden
- ✔ **Marketing und Vertrieb**
- ✔ **Personal**
- ✔ **Ertragsvorschau, Liquiditäts-, Investitions- und Finanzplan** für ca. drei Jahre
- ✔ **Qualifikation und beruflicher Werdegang** von Management und Gesellschaftern
- ✔ **Jahresabschlüsse** der vergangenen drei Jahre und aktuelle betriebswirtschaftliche Auswertung
- ✔ **Stellungnahmen durch unabhängige Gutachter** bezüglich entwickelter Technologie
- ✔ **Gesellschafter-, Kaufvertrag**
- ✔ **Handelsregisterauszug**
- ✔ **Sonstige Unterlagen,** die zum Verständnis des Vorhabens beitragen

Je nach Grad der Übereinstimmung vertiefen und konkretisieren sich die Gespräche und es schließt sich eine Feinprüfung, ggf. unter Einschaltung externer Berater oder Experten, an. Bei der Frage, ob eine Beteiligungsanfrage zum Ziel führt, spielen eine Reihe unterschiedlicher Faktoren eine Rolle. Ein »Erfolgsrezept« gibt es hier nicht. Folgende Punkte sollten Unternehmer im Umgang mit Beteiligungsgesellschaften jedoch unbedingt beachten:

- Die Kontaktaufnahme sollte nicht unvorbereitet starten, da ansonsten die Gefahr besteht, dass die unternehmerische Qualifikation des Managements und die Güte des Unternehmens als zu »bescheiden« erscheinen.
- Voraussetzung für eine erfolgreiche Zusammenarbeit ist die Bereitschaft, eine echte Partnerschaft einzugehen. Wer die Aufnahme einer Beteiligungsgesellschaft als »notwendiges Übel« betrachtet, für den ist dieser Finanzierungsweg nicht geeignet.
- Kapitalbeteiligungs- bzw. Venture-Capital-Gesellschaften verstehen sich nicht als »Notärzte«. Überlegungen zum Eigenmittelbedarf müssen rechtzeitig angestellt werden.

- Problembereiche und Risiken sollten frühzeitig thematisiert werden. Werden die Risiken erst bei der späteren detaillierten Prüfung des Unternehmens (sog. Due Diligence) durch die Beteiligungsgesellschaft erkannt, kann der möglicherweise entstehende Vertrauensverlust zur Absage der Finanzierung führen.

Die **MBG** und die **Beteiligungsgesellschaften der Sparkassen** gehen bei der Bearbeitung von Finanzierungsanfragen weniger selektiv vor als kommerzielle Beteiligungsgesellschaften. Bei den MBG wird etwa die Hälfte aller Gesuche einer genaueren Prüfung unterzogen, etwa ein Viertel aller Unternehmen wird als für das Beteiligungsgeschäft geeignet eingestuft.

3.2.6 Fazit

Den Vorteilen eines starken Finanzierungspartners stehen die Nachteile hoher Renditeerwartungen und Einflussmöglichkeiten von Beteiligungsgesellschaften gegenüber

Eine Finanzierung durch Beteiligungsgesellschaften findet nahezu ausschließlich durch Eigenkapital bzw. Eigenkapitalersatz statt und stellt somit eine mögliche Ergänzung zur klassischen Bankenfinanzierung dar. Der wesentliche Vorteil dieses Finanzierungsweges liegt in der **Erhöhung des bilanziellen Eigenkapitals** und der hierdurch bedingten erleichterten Aufnahme von ergänzendem Fremdkapital. Um die beabsichtige Wertsteigerung der Beteiligung zu erreichen, sind Beteiligungsgesellschaften regelmäßig auch auf anderen Ebenen wertschöpfend für das Unternehmen tätig, insbesondere durch **Beratung und Unterstützung des Managements**. Das Spektrum der Unterstützung kann grundsätzlich die gesamte Bandbreite unternehmerischer Tätigkeit umfassen.

Die Aufnahme eines Minderheitsgesellschafters führt stets zu einer **Verwässerung der eigenen Anteile** und zu einem **Verlust an Stimmrechten und Einfluss**. Vor allem kommerzielle Beteiligungsgesellschaften verlangen im Rahmen der Berichterstattung teilweise eine bedingungslose Offenlegung aller Geschäftsdaten. Vor dem Hintergrund der meist großen Beteiligungsvolumen ist es verständlich, dass kommerzielle Beteiligungsgesellschaften in einem gewissen Umfang Einfluss auf die Geschäftsführung ausüben, zumindest aber eine nicht unerhebliche wirtschaftliche Abhängigkeit seitens der Unternehmen besteht. Realistische Aussichten auf eine Finanzierung durch kommerzielle Beteiligungsgesellschaften haben zudem nur wachstumsstarke Unternehmen, die auf Basis eines dynamischen Marktes und einer ausgezeichneten Marktstellung überdurchschnittliche Erträge bzw. eine deutliche Wertsteigerung in kurzer Zeit erwarten lassen. Wegen der oft extremen Anforderungen an Wertentwicklung und Ertragskraft beschränken sich kommerzielle Beteiligungsgesellschaften im »breiten« Mittelstand nur auf ausgewählte »Perlen«, d.h. auf Engagements, von denen Eigenkapitalrenditen von 20 % p.a. und deutlich mehr erwartet werden können. Derartige Renditen sind vom »breiten« Mittelstand in der Regel nicht zu erwirtschaften, für die das Angebot an institutionellem Beteiligungskapital durch kommerzielle Beteiligungsgesellschaften vor allem bei Einzelengagements mit einem Volumen von weniger als 5 Mio. € infolge der Transaktionskosten sehr gering ist.

Im Gegensatz hierzu investieren **förderorientierte Beteiligungsgesellschaften** vor allem in mittelständische Unternehmen. Abhängigkeiten bestehen bei einer Finanzierung durch förderorientierte Beteiligungsgesellschaften nur in geringem Ausmaß, zumal diese meist ausschließlich mezzanine Instrumente einsetzen. Auch die Betreuung der eingegangenen Beteiligungen erfolgt bei ihnen weitaus standardisierter, was sich mit der höheren Anzahl der gehaltenen Beteiligungen erklären lässt und niedrigere Beteiligungsvolumina ermöglicht. Förderorientierte Beteiligungsgesellschaften gehen jedoch nur selten Engagements von über 1 Mio. € ein.

3.3 Business Angels

Business Angels sind unternehmerisch geprägte Privatpersonen, die das Management auch operativ unterstützen

Der Begriff »Business Angel« wurde in den USA geprägt. Bei den »Unternehmensengeln« handelt es sich um vermögende Privatpersonen, die Unternehmen – zumeist in der frühen Gründungsphase oder beim Eintritt in neue Märkte – nicht nur Kapital, sondern auch fachliche Unterstützung bereitstellen. Sie verfügen über eigene unternehmerische Erfahrung und bringen ihr technisches oder kaufmännisches Know-how in das Gründungsunternehmen ein. Dies geschieht nicht ganz selbstlos, sondern in der Hoffnung, eines Tages mit der Beteiligung am Unternehmen selbst einen Gewinn zu erwirtschaften.

Business Angels investieren regelmäßig Kapitalbeträge von höchstens 2 Mio. €. Beteiligungen von Business Angels sind aber bereits ab 25.000 € möglich und liegen im Durchschnitt bei etwa 200.000 €. Dabei investieren sie vorwiegend in junge Unternehmen oder Unternehmen in neuen Branchen. Die Finanzierung erfolgt – wegen der gewünschten Einflussnahme – genau wie bei Beteiligungsgesellschaften überwiegend durch den Erwerb von Vollgesellschaftsanteilen, zum Teil auch durch mezzanine Finanzierungsformen.

Erfahrung und Kompetenz eines Business Angels können sich für das Unternehmen als überaus wertvolle Assets erweisen. Die Unternehmen profitieren beispielsweise davon, dass sie von ihrem Business Angel in bestehende Netzwerke eingeführt werden. Wegen der von den Business Angels – unabhängig von der jeweiligen Finanzierungsform – oft gewünschten sehr engen Kooperation müssen aber nicht nur die gemeinsamen wirtschaftlichen Ziele stimmen, sondern vor allem auch die »Chemie« zwischen den Beteiligten. Für Unternehmer, die alleiniger »Herr im eigenen Haus« bleiben wollen, sind Business Angels deshalb kein geeigneter Finanzierungsweg.

In den vergangenen Jahren sind in Deutschland »Business-Angel-Netzwerke« zur Vermittlung von jungen Unternehmen, Gründungen und Investoren gegründet worden. Zu den größten gehört das Business Angels Netzwerk Deutschland e.V. (BAND), das European Business Angels Network (EBAN), die Business Angels Agentur Ruhr e.V. (BAAR) und Business Angels Frankfurt Rhein Main e.V. (BARM).

Wenn den Banken das Risiko zu groß ist und Beteiligungsgesellschaften für das Unternehmen nicht in Betracht kommen oder umgekehrt, können Business Angels ergänzend zu öffentlichen Fördermitteln die Lücke zwischen institutionellen Investoren und einem Private Placement schließen. Das Unternehmen erhält also Kapital, das es möglicherweise sonst nicht bekommen würde. Von Nachteil sind die Fokussierung auf junge Unternehmen und die geringen Beteiligungsvolumina.

3.4 Börsengang

Börsengänge zielen auf die Aufnahme einer Vielzahl von Investoren

Bei der Finanzierung über Banken, Beteiligungsgesellschaften und Business Angels hat es das Unternehmen jeweils mit einem kleinen Kreis von Kapitalgebern zu tun. Anstelle bzw. ergänzend zur Gewinnung von institutionellen Investoren besteht für Unternehmen die Möglichkeit, mittels einer Kapitalmarktemission liquide Mittel von einem breit gestreuten Anlegerpublikum zu erhalten.

Kapitalmarktemission

Der Begriff der Kapitalmarktemission bezeichnet das öffentliche Angebot von Aktien, Kommanditanteilen, Genussscheinen, Schuldverschreibungen und wertpapierlosen Beteiligungen (Genussrechte und stille Beteiligungen) an ein breit gestreutes Anlegerpublikum. Die Kapitalmarktemission wird über Banken (Fremdemission) oder das Unternehmen selbst (Eigenemission) durchgeführt.

Die wohl noch immer bekannteste Form der Kapitalmarktemission ist die öffentliche Platzierung von Aktien – seltener auch von Anleihen und Genussscheinen – über die Börsen. Eine erstmalige öffentliche Platzierung (»Public Placement«) ist auch unter dem Begriff Initial Public Offering (IPO) bzw. Going Public bekannt. Populäre Beispiele für erfolgreiche Börsenemissionen sind die Börsengänge der Deutsche Telekom AG, der Deutsche Post AG und der Deutsche Postbank AG.

Auch mittelständische Unternehmen steht die Börse grundsätzlich offen

Ein Börsengang steht – zumindest theoretisch – auch mittelständischen Unternehmen offen. Die wichtigsten Motive großer mittelständischer Unternehmen für einen Börsengang sind die Finanzierung internen und externen Wachstums mit Eigenkapital sowie die Regelung der Unternehmensnachfolge. Die Schaffung neuer Börsensegmente, wie z.B. des Neuen Marktes, des MDAX und des SMAX hat dazu beigetragen, dass kleine und mittlere Unternehmen in das Bewusstsein der Anleger gelangt sind, die letztlich das Eigenkapital bereitstellen. Nach dem Niedergang der so genannten »New Economy« und des Neuen Marktes ist jedoch Ernüchterung eingekehrt. Um dem Mittelstand einen besseren Zugang zur Börse zu verschaffen, hat die Börse München ein Börsensegment eigens für den Mittelstand eingeführt. Die Deutsche Börse zieht eine Ausrichtung des Freiverkehrs in Richtung junge, wachstumsstarke Unternehmen in Erwägung (»Alternative Standards«).

Praktisch fehlt jedoch den meisten Unternehmen die erforderliche Größe

Solche Maßnahmen ändern jedoch nichts an der Tatsache, dass ein Börsengang als Weg der Eigenkapitalfinanzierung in der Praxis nur den wenigsten deutschen Unternehmen offen steht bzw. von diesen überhaupt gewollt ist. Eine der größten Barrieren ist die für einen Börsengang notwendige **Unternehmensgröße**. Selbst die Neuemittenten der Boomjahre 1999 bis 2001 wiesen Umsatzgrößen von 24 bis 49 Mio. € auf. In der Umfrage des DAI »Mittelstand und Kapitalmarkt« im Oktober 2003 bei Unternehmen mit einem Jahresumsatz von über 35 Mio. € gaben lediglich 18,5 % der Unternehmen an, sich einen Börsengang vorstellen zu können. Hochgerechnet ergibt dies für Deutschland ein Potenzial von gerade einmal 1.800 Unternehmen für einen Börsengang. Eine Lösung für die Finanzierungsprobleme des breiten Mittelstands ist der Börsengang damit sicher nicht.

Für einen Börsengang ist die Rechtsform der AG erforderlich

Überdies steht der Börsengang nur Unternehmen in den **Rechtsformen** der Aktiengesellschaft und der Kommanditgesellschaft auf Aktien offen. Ein Börsengang ist zudem mit **zusätzlichem kontinuierlichen Arbeitsaufwand** verbunden. Hierzu gehören insbesondere vorab die Durchführung einer Due Diligence, Berichtspflichten, eine umfangreiche Investor-Relations-Arbeit, die Durchführung großer Hauptversammlungen und dergleichen mehr. Gerade für junge und mittelständische Unternehmen besteht dabei die Gefahr, dass sie den Informationsbedürfnissen der verschiedensten Gruppen (Analysten, Presse, Arbeitnehmer) nicht gerecht werden.

Börsengang als Finanzierungsweg für den Mittelstand

Chancen	Probleme
• Erhöhung der Eigenkapitalbasis • Verbesserung des Ratings • Steigerung der Bekanntheitsgrades und des Images des Unternehmens	• Hohe Emissionskosten und Anforderungen an Transparenz und Publizität • Hohes Mindestplatzierungsvolumen • Verlust unternehmerischer Unabhängigkeit • Rechtsformbeschränkung auf Aktiengesellschaften

Fazit

Der Börsengang ist als Finanzierungsweg für den breiten Mittelstand nicht geeignet.

Eine Aktienemission führt zum (Teil-) Verkauf des Unternehmens

Unabhängig davon, ob ein Unternehmen überhaupt geeignet und »reif« für einen Börsengang ist, kommt bei vielen mittelständischen Unternehmen ein Going Public auch aus einem anderen Grund nicht in Betracht. Eine Aktienemission ist für die Unternehmenseigner stets mit einem **(Teil-)Verkauf des Unternehmens** verbunden.

Die Aufnahme neuer Aktionäre hat in der Regel eine Einengung der Entscheidungsbefugnisse und eine Verschiebung der Mehrheits- und Abstimmungsverhältnisse zur Folge. Ein solcher Verlust an Entscheidungsbefugnissen ist auch für große mittelständische Unternehmer nicht leicht zu akzeptieren. Mehr als die Hälfte der im Rahmen der DAI-Studie befragten Unternehmen schließen einen Börsengang allein schon deshalb aus, weil die Unternehmenseigner keine anderen Teilhaber wünschen. Dabei ist nicht unbedingt die Abgabe von Gewinnanteilen das ausschlaggebende Argument, sondern vielmehr der Verlust von Einfluss auf die Geschäftsführung und die strategische Ausrichtung des Unternehmens. Der mittelständische Unternehmer versteht sich vielfach als derjenige Unternehmensleiter, der am effektivsten für das Unternehmen handeln kann, wenn die Entscheidungswege und -strukturen extrem schlank sind und nicht durch übermäßige Einflüsse von außen beschränkt oder verkompliziert werden. Nach alledem bleibt festzustellen, dass der Börsengang als Finanzierungsweg nur für die allerwenigsten Unternehmen eine Lösung darstellt.

3.5 Private Placement

Bei einem Private Placement findet die Platzierung der Finanzierungsinstrumente außerhalb der Börse statt, entweder bei einem beschränkten Personenkreis ...

Wie der Begriff »Private Placement« (Privatplatzierung) bereits erahnen lässt, handelt es sich bei einem Private Placement im Gegensatz zum Public Placement um eine Kapitalmarktemission außerhalb der Börsen. Ein solches Private Placement kann auf strukturell sehr unterschiedliche Weise durchgeführt werden.

Auf der einen Seite steht die **Platzierung bei einem eingeschränkten und ausgewählten Personenkreis** von namentlich bekannten, zumeist institutionellen Investoren und wohlhabenden Großinvestoren. Hier investieren die Kapitalgeber regelmäßig zwei- oder auch dreistellige Millionenbeträge in Unternehmen mit möglichst hohen Rendite- und Wertsteigerungsaussichten. Dieser Weg lässt sich für ein Unternehmen meist nur als Fremdemission, d. h. mit Hilfe von (Investment-)Banken beschreiten, die über ein internationales Kontaktnetzwerk zu potenziellen Investoren verfügen. Das Emissionsunternehmen ist bei dieser Form des Private Placement vollständig auf Banken und externe Spezialisten angewiesen und kann selbst zum Gelingen einer solchen Transaktion aktiv nur wenig beitragen. Auf Grund der hohen Platzierungsvolumina und entsprechenden Transaktionskosten, die ohne weiteres mehrere hunderttausend Euro ausmachen können, ist dieser Weg naturgemäß nur großen Unternehmen vorbehalten, die über entsprechende Umsatz- und Ertragsgrößen verfügen.

... oder öffentlich am Kapitalmarkt

Eine weitere Möglichkeit zur Durchführung eines Private Placement ist die **Platzierung am außerbörslichen Kapitalmarkt bei einem breit gestreuten Anlegerpublikum**. Als Kapitalgeber werden überwiegend Privatpersonen angesprochen, die sich durchschnittlich mit Beträgen zwischen 10.000 € und 50.000 € beteiligen. Auch auf diese Weise lassen sich ohne weiteres Emissionen mit einem Gesamtvolumen bis in den oberen zweistelligen Millionenbereich platzieren. Genau wie bei einem Börsengang handelt es sich bei dieser Form des Private Placement um ein öffentliches Angebot des Unternehmens an eine breite Investorenbasis und damit gewissermaßen um ein »Public Placement« außerhalb der Börsen (»Kleines Going Public«). Anders als bei einem Börsengang oder einer Privatplatzierung bei institutionellen Investoren übernimmt das Unternehmen die Platzierung selbst. Die Ansprache der privaten Kapitalgeber erfolgt mittels eines gesetzlich vorgeschriebenen Verkaufsprospekts direkt durch das Unternehmen meist mit der Unterstützung freier Finanzvertriebe.

Private Placement (Privatplatzierung)

Der Begriff Private Placement bezeichnet das Angebot zur Ausgabe von Wertpapieren oder wertpapierlosen Vermögensanlagen außerhalb der Börse. Die Platzierung erfolgt durch Investmentbanken bei ausgewählten institutionellen und Großinvestoren oder durch das Unternehmen selbst bei einem breit gestreuten Anlegerpublikum mittels eines Verkaufsprospekts und mit Unterstützung freier Finanzvertriebe bei der Ansprache der Kapitalgeber. Diese Form des »Public« Private Placement wird deshalb auch »kleines« Going Public genannt. Erfolgt das Private Placement vor einem fest geplanten Börsengang, ist oft von einem »Pre-IPO« die Rede.

3.5.1 Der außerbörsliche Kapitalmarkt

Der außerbörsliche Kapitalmarkt ist sehr liquide

Der außerbörsliche Markt weist eine geringere Regelungsdichte auf als der Börsenmarkt. Er ist ein Markt ohne gesetzliche Zugangsbeschränkungen, d. h. jedes Unternehmen kann unabhängig von seiner Rechtsform und Größe an diesem Markt teilnehmen und als Emissionsunternehmen (Emittent) auftreten. Anders als an den Börsen bestehen keine quartalsweisen Veröffentlichungspflichten und keine Publizitätspflichten für Zwischenbilanzen und Jahresabschlüsse. Der außerbörsliche Kapitalmarkt ist aber kein rechtsfreier Raum, sondern untersteht der behördlichen Aufsicht der Bundesanstalt für Finanzdienstleistungsaufsicht (BaFin). Deren Aufsichtskompetenzen sind hier zwar nicht so weit gefasst wie am Börsenmarkt, doch es existieren gesetzliche Mindeststandards, die dem Schutz der Anleger dienen. Zu den wichtigsten Pflichten bei einem öffentlichen Angebot am außerbörslichen Kapitalmarkt gehört die Veröffentlichung eines so genannten Verkaufsprospekts vor Beginn der Platzierung. In dem Verkaufsprospekt sind vollständig und wahrheitsgemäß alle Informationen aufzunehmen, die für die Investitionsentscheidung von Bedeutung sein können. Er muss vor Beginn der Emission von der BaFin genehmig werden und wird von ihr in diesem Zusammenhang auf Vollständigkeit und Klarheit geprüft. Außer von der BaFin wird der außerbörsliche Kapitalmarkt auch von einer aufmerksamen Presse und den Verbraucherschutzverbänden systematisch beobachtet.

3.5.2 Der Weg an den außerbörslichen Kapitalmarkt

Auch bei einer Eigenemission steht zu Beginn die Konzeption des Emissionsmodells

Die Emissionsvorbereitung beginnt mit der **Konzeption des Emissionsmodells**. In dieser Phase der Emission wird das für Unternehmen und Kapitalgeber richtige Format gefunden. In einem nächsten Schritt folgt die Prospektierung. Bei der Erstellung des Verkaufsprospektes sind gesetzliche Vorgaben und marktübliche Standards für Verkaufsprospekte zu beachten. Mit der behördlichen Genehmigung durch die BaFin und dem Druck von Verkaufsprospekten und der Emissionsunterlagen findet die Prospektierung ihren Abschluss. Das Unternehmen hat nun ein fertiges »Produkt«, das verkauft werden will. Mit der **Platzierung und dem Vertrieb** beginnt die eigentliche Emissio. Auch nach erfolgreicher Platzierung ist eine Kommunikation mit den Anlegern im Rahmen der **Investor Relations** erforderlich.

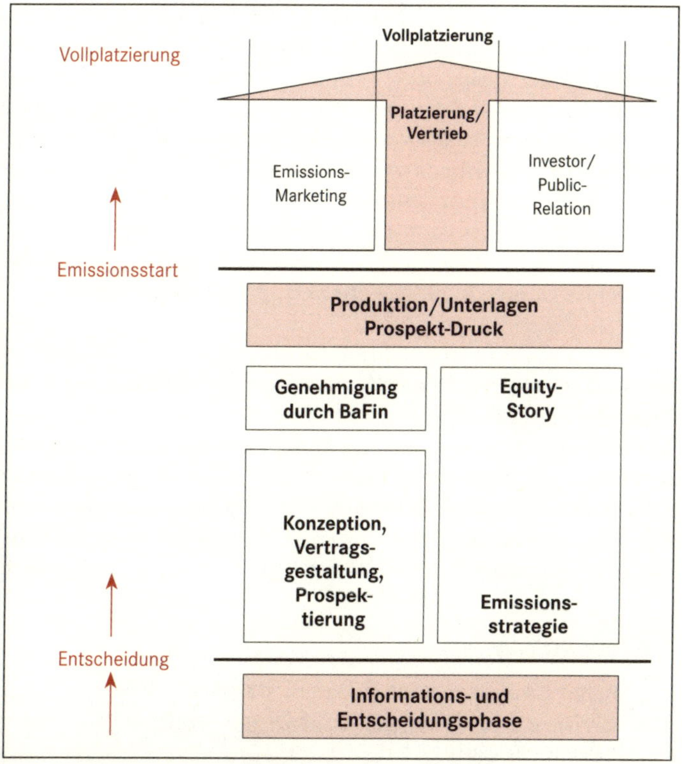

Abb. 5: Ablauf einer Eigenemission

3.5.3 Konzeption des Emissionsmodells – Ein neues Produkt entsteht

Die Konzeption legt die Finanzierungsform und die Modalitäten fest

Die Entscheidung für ein Private Placement erfordert eine umfassende **Analyse der Chancen und Risiken**. Hierbei spielt auch die Frage der Kostenbelastung eine Rolle. Die Emissionskosten sollten in einem angemessenen Verhältnis zum erwarteten Nutzen stehen und in die Finanz- und Liquiditätsplanung der Gesellschaft integriert werden. Hat sich das Unternehmen schließlich für ein Private Placement entschieden, muss ein geeignetes Beteiligungsmodell entwickelt werden, das auf die speziellen Belange des Unternehmens, seiner Gesellschafter sowie der externen Kapitalgeber zugeschnitten ist. Zwei zentrale Fragen stehen dabei im Mittelpunkt:

- Welche **Finanzierungsform** eignet sich für die Emission?
- Mit welchen **Modalitäten** soll die jeweilige Finanzierungsform ausgestattet werden?

Das **Spektrum der möglichen Finanzierungsformen** ist bei einem Private Placement groß und für Unternehmer wie Investoren auch unter steuerlichen Gesichtspunkten sehr interessant. So können am außerbörslichen Kapitalmarkt nicht nur Wertpapiere wie Aktien, Genussscheine und Anleihen angeboten werden, sondern auch wertpapierlose Vermögensanlagen wie stille Beteiligungen, Genussrechte und Kommanditbeteiligungen. Wichtige Faktoren bei der Auswahl einer bestimmten Finanzierungsform sind die Rechtsform des Emittenten, bilanzielle Aspekte, das Maß der gewünschten Mitbestimmung, steuerliche Aspekte, die gewünschte Kapitalbindung sowie die voraussichtliche künftige Entwicklung des Unternehmens.

3.5.3.1 Rechtsform des Emittenten

Die Eigenemission ist für den Emittenten rechtsformunabhängig

Die wohl bekannteste Möglichkeit der Kapitalmarktemission ist das Angebot von Aktien, das jedoch Unternehmen in der Rechtsform der **Aktiengesellschaft** (AG) und der **Kommanditgesellschaft auf Aktien** (KGaA) vorbehalten ist. Unternehmen in diesen beiden Rechtsformen können auch alle anderen Kapitalmarktinstrumente anbieten, also insbesondere stille Beteiligungen, Genussrechte bzw. -scheine sowie Schuldverschreibungen (Anleihen) jeder Art.

Typische Emissionsformen

- Vollgesellschaftsanteile (z. B. Aktien und Kommanditanteile)
- Mezzanine Instrumente (z. B. Genussrechte/-scheine, stille Beteiligungen)
- Fremdkapital (z. B. Anleihen)

Anders als ein Börsengang steht die Finanzierung durch ein Private Placement allen Unternehmen unabhängig von der Rechtsform offen. **Gesellschaften mit beschränkter Haftung, Offene Handelsgesellschaften, Kommanditgesellschaften** bzw. **GmbH/AG/OHG & Co. KGs** können mezzanine Finanzierungsformen wie stille Beteiligungen und Genussrechte und sogar Wertpapiere wie normale Anleihen und natürlich Genusscheine emittieren. Kommanditgesellschaften bzw. GmbH/AG/OHG & Co. KGs können darüber hinaus auch Kommanditbeteiligungen sowie Wandelanleihen (Umwandlung

Rechtsformen und Kapitalmarktemission			
Rechtsform	**Mögliche Emissionsformen**	**Vorteile**	**Nachteile**
Eingetragener Kaufmann e. K.	• Stille Beteiligungen • Genussrechte/-scheine • Anleihen	Auch Klein- und Kleinstunternehmen können sich den Kapitalmarkt erschließen.	Als Einzelkaufmann nur geringere Akzeptanz.
Gesellschaft bürgerlichen Rechts (GbR)	• GbR-Anteile • Genussrechte/-scheine • Anleihen	Geeignet für kleinere Projektfinanzierungen.	Nicht alle mezzaninen Beteiligungsformen möglich, als operative Unternehmensform äußerst unüblich.
Offene Handelsgesellschaft (OHG)	• Stille Beteiligungen • Genussrechte/-scheine • Anleihen	Als Handelsgesellschaft alle mezzaninen Beteiligungsformen möglich.	Keine Vollgesellschaftsanteile möglich.
Kommanditgesellschaft (KG)	• Kommanditanteile • Stille Beteiligungen • Genussrechte/-scheine • Anleihen (auch Wandelanleihen)	Als Handelsgesellschaft alle mezzaninen Beteiligungsformen möglich, über Kommanditanteile auch Vollgesellschaftsanteile emissionsfähig.	Auf Grund der hohen Regelungsdichte weniger flexibel als mezzanine Beteiligungsformen; persönliche Haftung des Komplementärs. Bei Kapitalmarktemission eher unüblich.
GmbH/AG & Co. KG	• Kommanditanteile • Stille Beteiligungen • Genussrechte/-scheine • Anleihen (auch Wandelanleihen)	Keine persönliche Haftung einer natürlichen Person, Kombination der Vorteile von Personen- und Kapitalgesellschaften; ansonsten wie Kommanditgesellschaft.	Auf Grund der hohen Regelungsachte weniger flexibel als mezzanine Beteiligungsformen.
Gesellschaft mit beschränkter Haftung (GmbH)	• Stille Beteiligungen • Genussrechte/-scheine • Anleihen	Als Kapitalgesellschaft alle mezzaninen Beteiligungsformen möglich.	Keine Vollgesellschaftsanteile emittierbar. Bei hohen Emissionsvolumina geringere Akzeptanz als Aktiengesellschaft.
Aktiengesellschaft (AG)	• Aktien • Stille Beteiligungen • Genussrechte/-scheine • Anleihen (auch Wandelanleihen)	Auf Grund der Publikumsstruktur Emission von Vollgesellschaftsanteilen jeglicher Grö§enordnung möglich; hohe Kapitalmarktakzeptanz, alle Emissionsformen einschließlich (Wandel-) Anleihen möglich.	Wegen der strengen gesetzlichen Vorgaben im Bereich der Aktien eher unflexibel; ohne Börsennotierung ist die Verwertbarkeit von Aktien nahezu ausgeschlossen.
Kommanditgesellschaft auf Aktien (KGaA) & AG/GmbH & Co. KGaA	• Aktien • Stille Beteiligungen • Genussrechte/-scheine • Anleihen (auch Wandelanleihen)	Bei Aktienemission können Altgesellschafter trotz Kapitalminderheit über die Komplementärstellung den operativen Einfluss auf das Unternehmen wahren; ansonsten wie Aktiengesellschaft.	Geringer Bekanntheitsgrad der Rechtsform. Ansonsten wie Aktiengesellschaft.

in KG-Anteil) anbieten. Die Umwandlung des Unternehmens in eine bestimmte Rechtsform ist somit keine zwingende Voraussetzung für ein Private Placement und nur für das Angebot von bestimmten Kapitalmarktinstrumenten notwendig.

3.5.3.2 Bilanzielle Aspekte

Fremd- wie Eigenkapitalformen sind möglich

Das Unternehmen muss entscheiden, ob mit der Kapitalmarktemission das Eigenkapital gestärkt werden soll oder ob es im Rahmen einer Projektfinanzierung ausreicht, wenn Fremdmittel mit mittel- bzw. langfristigen Charakter eingeworben werden. Genügt die Aufnahme von **Fremdkapital**, so bietet sich die Emission einer Anleihe an. Hierdurch lassen sich Anleger mit einem größeren Sicherheitsbedürfnis ansprechen.

Will das Unternehmen hingegen das **Eigenkapital** stärken, so kommen neben dem Angebot von Vollgesellschaftsanteilen wie Aktien und Kommanditbeteiligungen vor allem mezzanine Finanzierungsformen wie stille Beteiligungen und Genussrechte/-scheine in Betracht. Bei einer eigenkapitalersetzenden Gestaltung sind die eingeworbenen Mittel bilanziell kein Fremdkapital, sondern erhöhen die Eigenkapitalquote des Unternehmens.

Bilanzielle Behandlung

Emissionsform	Bilanzielles Eigenkapital	Wirtschaftliches Eigenkapital
Aktien	Ja	Ja
Kommanditanteile	ja	
Stille Beteiligungen		
Atypisch stille Beteiligungen	Ja	Ja
Typisch stille Beteiligungen	Ja / Nein (gestaltungsabhängig)	Ja / Nein (gestaltungsabhängig)
Genussrechte/ -scheine	Ja / Nein (gestaltungsabhängig)	Ja / Nein (gestaltungsabhängig)
Nachranganleihe	Nein	Ja
Anleihe	Nein	Nein

3.5.3.3 Mitspracherechte

Möglichkeiten der Mitsprache müssen beachtet werden

Das Ausmaß der Einflussnahme der Kapitalgeber kann entsprechend den Bedürfnissen der bestehenden Gesellschafter und den Ansprüchen der Kapitalgeber durch die Wahl bestimmter Finanzierungsformen gesteuert werden. Ist eine **Mitsprache der Anleger** vorgesehen, sind Aktien geeignete Instrumente. **Keinerlei**

Mitspracherechte stehen hingegen Anleihegläubigern zu, deren Gelder beim Unternehmen aber als Fremdkapital auszuweisen sind.

Insbesondere mittelständische Unternehmen möchten gerne das Eigenkapital stärken, aber aus den bereits genannten Gründen weiterhin alleinige »Herren im Haus« bleiben. Hier sind eigenkapitalersetzende Genussrechte und stille Beteiligungen eine ideale Wahl. Bei diesen **mezzaninen Emissionsformen** sieht die rechtliche Gestaltung regelmäßig vor, dass keine Gesellschafterversammlungen unter Beteiligung von Anlegern abzuhalten sind und die gesamte operative Leitung des Unternehmens bei dem Vorstand bzw. der Geschäftsführung verbleibt. Den Anlegern werden lediglich gewisse Informationsrechte und bei atypisch stillen Beteiligungen ein Mitspracherecht nur bei außergewöhnlichen Entscheidungen eingeräumt, welche die Grundlage der Beteiligung betreffen.

3.5.3.4 Kapitalbindung

Die Kapitalbindung ist für die Liquiditätsplanung wichtig

Ein weiterer wichtiger Aspekt der Emission ist die gewünschte Kapitalbindung, die an der unternehmerischen Politik und der jeweiligen Investitions- und Finanzierungsstrategie ausgerichtet sein sollte. Werden Gelder nur kurzfristig benötigt, sind kündbare Ausgestaltungen vorzuziehen; ist eine dauerhafte Beteiligung vorgesehen, empfehlen sich Aktien- oder Kommanditbeteiligung, aber auch stille oder Genussrechtsbeteiligungen bzw. Anleihen mit entsprechend langen Laufzeiten. Bei der Emission von stillen Beteiligungen, Genussrechten und Anleihen sollte bei der Liquiditätsplanung die spätere Rückführung des eingeworbenen Kapitals beachtet und im Rahmen der langfristigen Finanzierungsstrategie ausreichend berücksichtigt werden.

3.5.3.5 Steuerliche Aspekte

Steuerliche Aspekte können von Bedeutung sein

Während die Ausschüttungen auf Aktien und Kommanditanteile aus Unternehmenssicht reine Gewinnverwendung darstellen und somit steuerlich nicht abzugsfähig sind, gelten Ausschüttungen auf Anleihen, typisch stille Beteiligungen und bei entsprechender Konzeption auch auf Genussrechte stets als Betriebsausgaben, die den zu versteuernden Jahresüberschuss des Unternehmens mindern. Diese Vorteile der Mezzanine-Finanzierung können auch bei einem Private Placement genutzt werden: Das Unternehmen erhält bilanzielles Eigenkapital, das steuerlich wie Fremdkapital behandelt wird.

3.5.3.6 Sonstige Aspekte

Bei der Auswahl der Finanzierungsform ist schließlich darauf zu achten, dass **künftige Weichenstellungen** nicht beeinträchtigt werden. So sollten Umwandlungspläne in andere Rechtsformen, künftige Nachfolgeregelungen (z.B. im Rahmen eines MBI oder MBO) und andere Maßnahmen wie eine Unternehmensteilung, eine Fusion oder sogar ein möglicherweise für einen späteren Zeitpunkt geplanter Börsengang bereits im Vorfeld berücksichtigt werden. Auf Grund der vielfältigen Gestaltungsmöglichkeiten ist eine externe Beratung des Unternehmens eine wichtige Voraussetzung für das Gelingen der Emission.

Das Kreditwesengesetz ist zu beachten

Bezüglich der jeweiligen **Modalitäten des Emissionsmodells** besteht je nach Finanzierungsform ein weit reichender Gestaltungsspielraum im Hinblick auf Veräußerbarkeit, Rendite, Liquiditätsbelastung für die Gesellschaft, Wertsteigerung, Steuern, Kapitalrückfluss und Haftung der Anleger. Bei der rechtlichen Gestaltung müssen die Interessen der Beteiligten ausgeglichen und auch kapitalmarktrechtliche Anforderungen beachtet werden, z.B. die Abgrenzung zu unerlaubten Bankgeschäften nach §§ 1, 32 des Kreditwesengesetzes, insbesondere das Einlagen-, Depot- und Finanzkommissionsgeschäft. Nähere Einzelheiten zu den gesellschafts-, handels- und steuerrechtlichen Voraussetzungen sind den ausführlichen Darstellungen der Finanzierungsformen zu entnehmen.

3.5.4 Prospektierung

Hat das Unternehmen mit der Finanzierungsform einen geeigneten rechtlichen Rahmen für die Emission gefunden und diesen Rahmen mit den gewünschten Beteiligungsbedingungen ausgefüllt, folgt als nächster Schritt die Prospektierung.

3.5.4.1 Prospektpflicht für öffentliche Angebote

Der Prospekt ist rechtliche Grundlage des Angebots

Bereits in der Vergangenheit galt bei einem öffentlichen Angebot von Wertpapieren auch außerhalb der Börse die Pflicht zur Veröffentlichung eines Verkaufsprospekts. Mit dem Anlegerschutzverbesserungsgesetz ist diese Prospektpflicht auch auf nicht wertpapierverbriefte Vermögensanlagen ausgedehnt worden. Damit unterliegt künftig z.B. auch das öffentliche Angebot von Kommanditbeteiligungen, stillen Beteiligungen und wertpapierlosen Genussrechten grundsätzlich der gesetzlichen Prospektpflicht.

Maßgeblich für das **Entstehen der Prospektpflicht** ist das Vorliegen eines öffentlichen Angebots. Ein Angebot ist jede schriftliche Willensäußerung mit der Einladung zur Zeichnung zu vorformulierten Beteiligungsmodalitäten. Ein solches Angebot ist dann öffentlich, wenn es einer unbestimmten Zahl von Personen möglich ist, davon Kenntnis zu nehmen.

Ausnahmen von der Prospektpflicht bestehen nur im Hinblick auf die Art des Angebots, auf bestimmte Emittenten und auf bestimmte Wertpapiere bzw. Vermögensanlagen. Von Bedeutung für Emissi-

Typische Emissionsformen							
	Eigenkapital		Mezzanine-Kapital				Fremdkapital
			Equity Mezzanine		Dept Mezzanine		
	Aktien	Kommanditanteile	Atypische stille Beteiligung	Typische stille Beteiligung	Genussrecht	Nachranganleihe	Anleihe
Rechtsform	AG, KGaA	KG, GmbH & Co. KG	Alle	Alle	Alle	Alle	Alle
Wertpapierverbriefung	Ja	Nein	Nein	Nein	Möglich	Ja	Ja
Einfluss auf Gesellschafterstruktur	Ja	Ja	Nein	Nein	Nein	Nein	Nein
Rechte der Kapitalgeber	alle Rechte aus Stellung als Vollgesellschafter		Zustimmungs- und Kontrollrechte		Informations- und Kontrollrechte	Gläubigerstellung, ggf. Informationsrechte	Gläubigerstellung
Vergütung	Dividende & Wertsteigerung, Vorzugsaktien	variabel & Wertsteigerung	fix & variabel Wertsteigerung	fix & variabel	fix & variabel	fix & variabel	fix, variabel möglich
Erfolgsabhängigkeit der Vergütung	Ja	Ja	Ja	Ja	Ja	Nein	Nein
Steuerliche Behandlung der Vergütung als Betriebsaufwand	Nein	Nein	Nein	Ja	Ja	Ja	Ja
Renditeerwartung	15-30%	12-18%	12–18%	10–15%	10–15%	10–15%	6–10%
(institutionell/privat)	10-20%	8-15%	8–15%	6–12%	6–12%	6–12%	6–10%
Haftung im Insolvenzfall	Ja	Ja	Ja	Nein, aber Rangrücktritt	Nein, aber Rangrücktritt	Nein, aber Rangrücktritt	Nein
Bilanzielles Eigenkapital	Ja	Ja	Ja	Ja (gestaltungsabh.)	Ja, (gestaltungsabh.)	Nein	Nein
Wirtschaftliches Eigenkapital beim Rating	Ja	Ja	Ja	Ja	Ja	Ja (nach Ratingverfahren)	Nein
Verlustteilnahme	Ja	Ja	Ja	Ja	Ja	Nein	Nein
Beendigung	unbegrenzt	grds. unbefristet, aber auch befristet oder kündbar	unbefristet, aber kündbar	unbefristet, aber kündbar	befristet, kündbar oder unbefristet	grds. befristet, aber auch unbefristet und kündbar	grds. befristet, aber auch unbefristet und kündbar
Kapitalbindung	dauerhaft	5-15 Jahre	5–10 Jahre	5–10 Jahre	5–10 Jahre, wenn nicht dauerhaft	3–10 Jahre	3–10 Jahre
Kapitalrückfluss	Nein	Kapitalkonto & Beteiligung am Unternehmenswert	Kapitalkonto & Beteiligung am Unternehmenswert	Kapitalkonto	grds. zum Nominalwert (Einlage abzgl. Nicht aufgeholter Verluste)	Nennwert	Nennwert

onen von mittelständischen Unternehmen sind hier nur die Ausnahmen im Hinblick auf die Art des Angebots.

Ausnahmen von der Prospektpflicht auf Grund der Art des Angebots

Ein Angebot ist von der Prospektpflicht ausgenommen, wenn

- ein begrenzter Personenkreis angesprochen wird,
- das Angebot an Arbeitnehmer von ihrem Arbeitgeber oder von einem mit seinem Unternehmen verbundenen Unternehmen erfolgt,
- sich das Angebot an Personen richtet, die beruflich oder gewerblich für eigene oder fremde Rechnung Wertpapiere oder Vermögensanlagen erwerben oder veräußern,
- bei Wertpapieren Stückelungen von mindestens 40.000 € angebotenen werden oder Wertpapiere nur zu einem Kaufpreis von mindestens 40.000 € je Anleger erworben werden können **oder** wenn der Verkaufspreis für alle angebotenen Wertpapiere 40.000 € nicht übersteigt,
- bei Vermögensanlagen das Angebot derselben Vermögensanlage nicht mehr als 20 Anteile umfasst **oder** der Verkaufspreis der im Zeitraum von zwölf Monaten angebotenen Anteile insgesamt 100.000 € nicht übersteigt **oder** der Preis jedes angebotenen Anteils mindestens 200.000 € je Anleger beträgt.

Ob für eine bestimmte Emission nun eine Prospektpflicht besteht oder nicht: Eines Prospekts sollte sich der Emittent schon deshalb bedienen, weil es ein ideales Instrument zur umfassenden Aufklärung der Geldgeber, also der Anleger über die Chancen und Risiken und als solches aus Sicht des Unternehmens ein Haftungsvermeidungsinstrument darstellt. Ein Prospekt signalisiert zudem die Bereitschaft des Unternehmens zur Transparenz im Umgang mit seinen potenziellen Investoren, was einen wesentlichen Faktor für die Gewinnung von Investoren darstellt.

3.5.4.2 Inhaltliche Anforderungen an den Prospekt

Der Inhalt des Prospektes muss wahr und vollständig sein

Zum Schutze der Anleger hat es der Gesetzgeber nicht bei der bloßen Prospektpflicht bewenden lassen, sondern er hat auch gesetzliche Mindestanforderungen für alle Verkaufsprospekte formuliert.

Zusätzliche Anforderungen an die Prospekterstellung ergeben sich aus Grundsätzen der Rechtsprechung. Eine Hilfestellung für die inhaltliche und formelle Aufbereitung des Verkaufsprospekts geben auch die Grundsätze ordnungsgemäßer Anlageprospekte nach den

Richtlinien des Instituts der Wirtschaftsprüfer in Deutschland e.V. Alle diese Anforderungen verfolgen zwei wesentliche Ziele:

- Der Verkaufsprospekt mit allen Vertragsunterlagen muss den potenziellen Anleger nach bestem Wissen der Prospektverantwortlichen **wahrheitsgemäß, vollständig** und **sorgfältig** über alle Umstände informieren, die für ihn im Hinblick auf seine Anlageentscheidung von Bedeutung sind oder sein können.
- Der potenzielle Anleger muss in die Lage versetzt werden, sich ein zutreffendes Urteil über den **Emittenten** selbst sowie über die **angebotenen Wertpapiere bzw. Vermögensanlagen** zu bilden. Dabei müssen ihm die **Risiken** klar und unmissverständlich aufgezeigt werden.

3.5.4.3 Formale Anforderungen an den Prospekt

Der Prospekt muss verständlich formuliert und klar gegliedert sein

Bei der Erstellung des Verkaufsprospekts ist eine einfache und klare Sprache zu verwenden und die relevanten Informationen müssen auch für den fachlich weniger versierten Kapitalgeber in übersichtlicher und verständlicher Art und Weise präsentiert werden. Die Lesbarkeit, die Gliederungsstruktur, Hervorhebungen, Tabellen und Graphiken sollen das Verständnis beim potenziellen Anleger erleichtern, nicht aber Unternehmensverhältnisse oder Risiken verschleiern. Während der Emission ist stets darauf zu achten, dass der Prospekt aktuell ist. Das Emissionsunternehmen hat die Pflicht zur Aktualisierung, wenn sich wesentliche Umstände im Umfeld des Unternehmens oder der Emission ändern.

3.5.4.4 Behördlichen Genehmigung der Emission

Vertrieb nur nach Gestattung durch BaFin

Der Verkaufsprospekt darf erst dann veröffentlicht werden, wenn die BaFin die Veröffentlichung gestattet hat oder wenn seit dem Eingang des Prospekts bei der BaFin ein bestimmter Zeitraum vergangen ist, ohne dass die Veröffentlichung durch die BaFin untersagt wurde. In dieser Zeit überprüft das Amt den Prospekt auf Vollständigkeit und Klarheit. Damit der Anleger Kenntnis von dem Prospekt nehmen kann, muss der Emittent die Veröffentlichung in einem überregionalen Börsenpflichtblatt bekannt machen und den Prospekt zur kostenlosen Abgabe bereithalten.

Tipp

> Angesichts der komplexen gesetzlichen Anforderungen an Kapitalmarktemissionen, die weit über die eigentliche Erstellung des Prospekts hinausgehen, sollte sich der Emittent bei der Konzipierung der Emission und bei der Erstellung des Verkaufsprospektes frühzeitig der Beratung durch fachkundige und erfahrene Rechtsanwälte bedienen.

3.5.4.5 Druck des Verkaufsprospekts und Vorbereitung der Emissionsunterlagen

Um die Emission platzieren zu können, benötigt das Unternehmen drucktechnische und optisch gut aufbereitete Prospektunterlagen.

3.5.5 Platzierung und Vertrieb der Emission

Die Emission bedarf eines produktspezifischen Marketings

Liegen die Genehmigung der BaFin und die gedruckten Emissionsunterlagen vor, hat das Unternehmen ein fertiges Produkt. Denn die Platzierung einer Emission ist nichts anderes als der Verkauf eines bestimmten Produkts, eben eines Finanzprodukts, das wie alle Produkte eines gut durchdachten, produktspezifischen Marketings bedarf, das entscheidend ist für den Erfolg des Private Placement.

3.5.5.1 Emissionsunterlagen

Ausgangspunkt für den Vertrieb des neuen Finanzprodukts ist zunächst der **Verkaufsprospekt**. Darüber hinaus sollten insbesondere für die Platzierung größerer Emissionen **ergänzende Emissionsunterlagen** angefertigt werden. Für Direkt-Mailing-Aktionen, Unternehmenspräsentationen und Vertriebspartner bieten sich Unternehmensbroschüren, Kurzprospekte sowie Emissionsflyer an. Für Vertriebspartner sollte das Unternehmen zusätzlich auch **Schulungsmaterial für Produktseminare** erstellen.

3.5.5.2 Vertriebswege

Die Platzierung erfolgt über Fremdvertrieb oder als Eigenvertrieb

Bei einem Private Placement übernimmt das Unternehmen selbst die Planung der Emission und auch der Platzierung. Dabei muss aktiv der Weg zu den Kapitalgebern gesucht werden. Einerseits kann das Unternehmen potenzielle Kapitalgeber selbst ansprechen **(Direkt- bzw. Eigenvertrieb)**. Der größte Vorteil eines Direktvertriebes liegt darin, dass keine Vertriebsprovisionen anfallen. Auch bei einem Private Placement kann sich das Unternehmen Unterstützung in Gestalt von Absatzorganen wie Finanzvertrieben und ähnlichen Vertriebspartnern einkaufen, die ergänzend oder anstelle des Unternehmens die Emission platzieren **(Fremdvertrieb)**.

Generell sollte das Unternehmen alle Möglichkeiten ausschöpfen, um die Platzierung zum Erfolg zu führen. In Zeiten der neuen Medien kann neben herkömmlichen Vertriebswegen ergänzend das **Internet als Vertriebsweg** genutzt werden. Ein professioneller Internetauftritt sollte potenziellen Anlegern und Vertriebspartnern sowohl Informationen über das Unternehmen als auch über die Emission sowie Emissionsunterlagen zum Herunterladen bieten. Eine intensive Vernetzung mit den entsprechenden Wirtschafts- und Finanzseiten fördert die Bekanntheit des Finanzprodukts.

Zielgruppe sind auch »Friends und Family« sowie institutionelle Investoren

Schließlich bietet es sich auch an, im Rahmen einer so genannten **»Friends-and-Family-Aktion«** auch unternehmensnahe Personen wie Kunden, Lieferanten und auch Mitarbeiter als potenzielle Kapitalgeber anzusprechen und ggf. zu vergünstigten Konditionen ein Engagement anzubieten.

Neben Privatanlegern kann das Emissionsunternehmen selbstverständlich auch **institutionelle Investoren** ansprechen. Bei Interesse an einer Investition bestehen diese üblicherweise auf eine individuelle Vereinbarung der Beteiligungskonditionen und beanspruchen mehr Mitspracherechte als Privatinvestoren. Institutionelle Anleger sollten bereits während der Prospektierungsphase einbezogen werden, da deren Engagement förderlich für die weitere Platzierung der Emission sein kann.

3.5.5.3 Auswahl der geeigneten Vertriebspartner

Am außerbörslichen Kapitalmarkt sind heute über 450.000 Finanzdienstleister, Anlageberater, Versicherungskaufleute, Makler und Vermittler tätig. Hiervon platzieren bereits heute rund 25.000 Finanzvertriebe und Vermittler Finanzprodukte im Rahmen eines Private Placement.

Auch die Auswahl der Vertriebspartner ist ein Akquisitionsprozess

Tipp

> Unternehmen, die nicht über entsprechende Kontakte zum Kapitalmarkt verfügen, können auf die Erfahrung von Emissionsberatern zurückgreifen, die als Intermediär zwischen Emittent und geeigneten Finanzvertrieben agieren.

Inwieweit sich große Vertriebe oder auf den Handel mit außerbörslichen Wertpapieren spezialisierte Wertpapierhandelshäuser für die Platzierung einer Emission interessieren, hängt vor allem vom Emissionsvolumen ab, denn für große Vertriebe ist es vergleichsweise aufwendig und kostspielig, eine Platzierung anzuschieben. Es existieren jedoch genügend einzelne Finanzdienstleister, kleinere Vertriebe oder auch Vertriebsorganisationen mit mehreren hundert Mitarbeitern, die Emissionen in unterschiedlichen Größenordnungen platzieren können.

Das Unternehmen sollte nicht davor zurückscheuen, frühzeitig auch bei Banken anzufragen, ob und falls ja in welcher Form eine Unterstützung bei der Platzierung in Frage kommt. Die Chancen auf eine Unterstützung stehen bei Sparkassen, Genossenschaften und kleineren Privatbanken besser als bei großen Geschäftsbanken.

3.5.5.4 Gewinnung von Vertriebspartnern

Die einfachste Möglichkeit, einen Kontakt zu potenziellen Vertriebspartnern herzustellen, ist ein Mailing, dem ein eigens für die Ansprache von Vertriebspartnern erstellter Emissionsflyer beigefügt wird.

Kleine und größere Veranstaltungen können Vertrieb motivieren

Bei Interesse sollte der potenzielle Vertriebspartner die vollständigen Emissionsunterlagen in Verbindung mit einer Einladung zu einer **Unternehmens- bzw. Emissionspräsentation** in den Geschäftsräumen des Unternehmens oder einem Seminarhotel erhalten. Bei einer solchen »Road Show« kann sich das Unternehmen mit seinem Management, seiner Geschäftsstrategie im operativen Bereich und konkreten Investitionsvorhaben vorstellen sowie die Emission mitsamt Beteiligungs- und Vertriebskonzept detailliert erläutern. Dabei kann das Unternehmen potenzielle Vertriebspartner persönlich kennen lernen. Selbstverständlich können zu solchen Road Shows auch interessierte Privatanleger und – je nach Emissionsvolumen – auch institutionelle Investoren und Journalisten eingeladen werden.

Tipp

> Bei der Planung, Vorbereitung und Durchführung von größeren Road Shows kann sich das Unternehmen der professionellen Hilfe von Vertriebskoordinatoren bzw. Emissionsmanagern bedienen, die mit den Gepflogenheiten des Kapitalmarktes vertraut und kompetente Ansprechpartner für interessierte Vertriebe und Investoren sind.

Bei kleineren Emissionen kann das Unternehmen potenziellen Vertrieben und Kapitalgebern auch in persönlichen Gesprächen **(»One-to-One-Meetings«)** die Möglichkeit geben, sich intensiv über das Unternehmen und die Emission zu informieren. In jedem Fall muss das Unternehmen den interessierten Vertrieben die Qualität des Produkts, den reibungslosen Ablauf der Zeichnung, die pünktliche Provisionszahlung und eine ordentliche Anlegerverwaltung glaubhaft kommunizieren.

Wurde ein Vertriebskontakt erfolgreich geknüpft, werden die entsprechenden Verträge üblicherweise als Maklerverträge abgeschlossen. Die Vermittlungsprovision erfolgt rein erfolgsbezogen, wenn der Kapitalgeber das Geld auf das Konto des Emittenten eingezahlt hat.

Tipp

> Um eine ordnungsgemäße und seriöse Platzierung zu gewährleisten, sollten auch vertragliche Verhaltensregeln im Umgang mit potenziellen Anlegern vereinbart werden und deren Einhaltung überwacht werden, um das Haftungsrisiko des Unternehmens für eine falsche Beratung des Anlegers auf ein Minimum zu begrenzen.

3.5.5.5 Der Vertriebsstart

Vertriebsschulungen stärken die Bindung zum Vertrieb

Nach dem erfolgreichen Aufbau eines Vertriebsnetzes hat das Emissionsunternehmen zur fortlaufenden Unterstützung der Emissionsplatzierung Vertriebsseminare abzuhalten, in denen die Vertriebspartner in die Details des Emissionsprospekts eingewiesen und mit neuen Unternehmensinformationen bzw. weiteren Emissionsunterlagen versorgt werden.

> **Tipp**
>
> Bei größeren Emissionen kann neben der Vertriebsgewinnung auch die Schulung und Führung des Vertriebes von erfahrenen Vertriebskoordinatoren übernommen werden, um die Unternehmensführung zu entlasten, die sich so weiterhin voll und ganz auf das operative Geschäft konzentrieren kann.

3.5.5.6 Pressearbeit während der Platzierung

Regelmäßige Pressearbeit fördert den Platzierungserfolg

Ergänzend zu allen anderen Vertriebsmaßnahmen sollte das Emissionsunternehmen auch die Möglichkeiten einer aktiven Pressearbeit nutzen, um regional bzw. bundesweit den eigenen Bekanntheitsgrad des Unternehmens und der Emission zu steigern. Kontinuierliche Unternehmensberichte, aktuelle Erfolgsmeldungen und Zwischeninformationen im regelmäßigen Turnus fördern den Platzierungserfolg. Umfang und Inhalt der einzelnen Maßnahmen richten sich nach den Besonderheiten der jeweiligen Emission. Auch bei der Pressearbeit kann das Internet als zeitgemäßes, schnelles und kostengünstiges Kommunikationsmedium genutzt werden.

> **Tipp**
>
> Die Werbung darf keine Hinweise darauf enthalten, dass etwa die Prospektprüfung durch die BaFin der Emission eine besondere Bonität verleihe oder dass beim Anleger in irgendeiner Weise der Eindruck »Vom Amt geprüft und deshalb sicher!« entsteht. Unzulässige Werbung kann das die BaFin untersagen.

3.5.5.7 Abwicklung und Anlegerverwaltung

Eine professionelle Anlegerverwaltung sichert den problemlosen Beteiligungsablauf

Der Vertrieb hat die ordnungsgemäß ausgefüllten, vom Anleger und vom Vertriebspartner selbst unterschriebenen Zeichnungsscheine zeitnah (z.B. alle zwei Wochen) dem Emissionsunternehmen zur Gegenzeichnung zu übersenden. Nach Ablauf einer Widerrufsfrist wird sodann der Beteiligungsvertrag wirksam und nach Eingang des Anlegergeldes auf dem Konto des Emittenten die Provision an den Vertrieb ausgezahlt.

Wer als Privatanleger in ein Unternehmen investiert oder als Vertriebspartner für ein Unternehmen tätig ist, erwartet zu Recht eine reibungslose Information und problemlose Abwicklung sämtlicher geschäftlicher Abläufe. Die Anlegerverwaltung stellt angesichts der Möglichkeiten moderner Software auch bei einer Vielzahl von Anlegern kein Problem mehr dar. Mit einer entsprechenden Software können sämtliche Aufgaben wie Vertriebsprovisionsabrechnungen, Erstellung von Platzierungsstatistiken, Serienbriefe, Lastschrifteneinzüge von Anlegergeldern, Gewinnberechnungen und dergleichen mehr schnell und effizient erfüllt werden.

Die Dauer der Platzierung hängt von verschiedenen Faktoren, vor allem natürlich von dem Emissionsvolumen ab. Erfahrungsgemäß liegen zwischen den ersten Vertriebsgesprächen und dem Vertriebsstart drei bis sechs Monate. Insgesamt sollten für die Platzierung sechs Monate bis zwei Jahre angesetzt werden. Abhängig von Emissionsvolumen, Platzierungskraft der Vertriebspartner und natürlich der Produktqualität kann die Platzierung auch wesentlich weniger, aber auch mehr Zeit in Anspruch nehmen.

Tipp

> Was auf den ersten Blick als Nachteil erscheinen mag, entpuppt sich bei genauerer Betrachtung als vorteilhaft für das Unternehmen: Es kann während der gesamten Platzierung auf die äußeren Rahmenbedingungen reagieren und die Beteiligungskonditionen jederzeit den Anforderungen des Marktes anpassen. Auch können – anders als beim Börsengang – jederzeit individuell ausgehandelte Verträge mit einzelnen Investoren geschlossen werden. Das Unternehmen genießt beim Private Placement auch in der Platzierungsphase eine große Unabhängigkeit und Flexibilität.

3.5.5.8 Erfolgsvoraussetzungen bei der Platzierung

Das Emissionskonzept und die Vertriebsstrategie sind die entscheidenden Erfolgsfaktoren

Für einen dauerhaften Platzierungserfolg ist neben einem stimmigen Emissionskonzept und einer professionellen Vertriebsstrategie entscheidend, dass das Unternehmen nur mit seriösen und erfahrenen Partnern zusammenarbeitet. Eine reibungslose Anlegerverwaltung schafft zusätzliches Vertrauen bei den Anlegern.

Hinter jedem Finanzprodukt steht das Unternehmen selbst. Für eine erfolgreiche Emission muss das Management »lernen«, in Zukunft »Emissionsunternehmer« zu sein. Es muss dem Markt kommunizieren können, warum es vorteilhaft ist, gerade in das eigene Unternehmen zu investieren.

3.5.6 Investor Relations – Finanzkommunikation nach der Platzierung

Investor Relations dienen der Bindung der Finanzierungspartner (=Anleger)

Auch das »kleine Going Public« bedeutet für das Unternehmen stets »in die Öffentlichkeit gehen«. Das wichtigste Kriterium für einen nachhaltigen Platzierungserfolg ist jedoch das »Being Public«, also das »In-der-Öffentlichkeit-Stehen«.

Investor Relations

Investor Relations sind alle Maßnahmen zur Beziehungspflege zwischen Unternehmen und Kapitalmarkteilnehmern und somit ein Teilbereich der Public Relations. Im Zentrum stehen dabei der kontinuierliche Informationsfluss zu Anlegern und potenziellen Kapitalgebern sowie Multiplikatoren wie Medien, Kunden und Mitarbeiter und institutionelle Investoren.

Die **Informationspflichten** des Unternehmens am außerbörslichen Markt ergeben sich überwiegend aus der rechtlichen Verbindung zwischen Unternehmen und Kapitalanleger. Anders als am Börsenmarkt gibt es keine über die allgemeinen Rechnungslegungsvorschriften hinausgehenden Verpflichtungen zu vierteljährlichen, Wirtschaftsprüfer testierten Zwischenbilanzen und Jahresabschlüssen. Art, Zeitpunkt und Umfang des Informationsflusses sollten aber nicht von gesetzlichen oder vertraglichen Mindestanforderungen, sondern von dem Informationsbedürfnis des Marktes bestimmt werden.

Anders als am Börsenmarkt gibt es nur wenige normierte Informationspflichten

Zu den **wesentlichen Zielen** der Investor Relations zählen die langfristige Bindung von Kapitalgebern an das Unternehmen sowie die Gewinnung neuer Kapitalgeber. Zu diesem Zweck gilt es, den Bekanntheitsgrad des Unternehmens zu steigern und mit einer transparenten und offenen Informationspolitik das Vertrauen der Marktteilnehmer zu gewinnen, indem Informationslücken zwischen Unternehmen und Finanzmarktteilnehmern durch eine optimale Finanzkommunikation geschlossen werden.

Die wichtigsten Zielgruppen der Investor Relations

Insbesondere Kapitalgeber, die bereits in das Unternehmen investiert haben, sollten regelmäßig über das Unternehmen und dessen Produkte und Dienstleistungen sowie über ihre Geldanlage informiert werden. Auch Anleger sind Kunden für »Dienstleistungen und Produkte« des Unternehmens, nur eben auf der Passivseite der Bilanz. Weitere Zielgruppen sind

- private Investoren,
- Finanzvertriebe, Finanzdienstleister, Vermögensverwalter und Steuerberater,
- Mitarbeiter, Kunden und Lieferanten,
- Presse, Wirtschaftsmagazine und Fachzeitschriften,
- institutionelle Investoren und
- Finanzanalysten.

3.5.6.1 Inhalte der Investor Relations

Alle Informationen von Interesse können Teil der Finanzkommunikation sein

Bei der **Auswahl der Inhalte** bieten sich solche Informationen an, die für die Bewertung des Unternehmens und seiner Produkte sowie für die Entwicklung der Wertpapiere und Vermögensanlagen von Interesse sein können. Problematische Entwicklungen, die Anlegerinteressen berühren können, sollten nicht verschwiegen werden. Je mehr Informationen ein Unternehmen selbst zur Verfügung stellt, desto größer die Akzeptanz und das Vertrauen bei den Marktteilnehmern und desto besser kann der Informationsfluss gesteuert werden. Wichtigste Faktoren für eine erfolgreiche Finanzkommunikation sind Aktualität, Glaubwürdigkeit, Kontinuität, Transparenz und Relevanz der bereitgestellten Informationen.

3.5.6.2 Instrumente der Investor Relations

Es existieren zahlreiche Mittel für Investor Relations

Es existiert eine Reihe von Instrumenten, die eine zielgruppenspezifische und zielgruppenübergreifende Ansprache der verschiedenen Akteure ermöglichen.

Instrumente der Investor Relations	
• Halbjahresberichte • Publikationen - Rundschreiben an Anleger und Vertriebspartner - Kleine Unternehmenszeitschriften - Geschäftsberichte - Imagebroschüren	• Pressearbeit durch Pressekonferenzenund Pressemitteilungen • Teilnahme an Anlegermessen • Sponsoring • Einrichtung einer Investor-Relations-Hotline • Internet

Unabhängig davon, ob der Kapitalanleger ein gesetzliches oder vertragliches Recht auf die Zusendung eines **Jahresabschlusses** hat, handelt es sich hierbei um eine Pflichtübung des Unternehmens, denn mit dem Jahresabschluss legt das Unternehmen umfassend Rechenschaft über das abgelaufene Geschäftsjahr ab. **Rundschreiben an Anleger und Vertriebspartner** und **kleine Unternehmenszeitschriften** sind eine überaus flexible Publikationsform, denn sie informieren kurzfristig, flexibel und aus erster Hand über mögliche Ereignisse oder Veränderungen der Geschäftssituation. Eine **aktive Pressearbeit** ist auch nach der Platzierung ein überaus wirksames und vor allem kostengünstiges Instrument der Finanzkommunikation. **Anlegermessen** bieten Emittenten eine ausgezeichnete Möglichkeit zur Präsentation, da sie ausschließlich von Interessierten, Multiplikatoren und Investoren besucht werden und diese Zielgruppen ohne Streuverluste erreicht werden können.

Tipp

Das **Internet** ist ein ideales Medium für Investor Relations. Kaum ein anderes Medium ermöglicht es den Unternehmen, sich so effizient und zugleich kostengünstig, zeitnah und unmittelbar zu präsentieren. Um interessierte Marktteilnehmer schnell auf die wichtigsten Neuigkeiten, z. B. aktuelle Pressemeldungen, aufmerksam zu machen, empfiehlt sich die Einrichtung eines **Newsletters**. Für die Kommunikation via Internet können neben dem eigenen Internetauftritt auch die Internetangebote professioneller Marktteilnehmer genutzt werden, die über außerbörsliche Emissionen informieren.

3.5.7 Emissionsvolumen und -kosten

Die einmaligen Kosten einer Emission sollten 10 % nicht wesentlich überschreiten

Zu den **direkten Kosten** einer Emission gehören die Konzeptions- und Prospektierungskosten sowie die Vertriebskosten während der Platzierung. Dabei stehen allerdings nur die Kosten für die Konzeption und Prospektierung fest. Die gesamten Platzierungskosten können vertraglich variabel gestaltet und so an die Leistungsfähigkeit des Unternehmens angepasst werden. Zu den Platzierungskosten gehören beim Eigenvertrieb vor allem die Kosten für die Öffentlichkeitsarbeit und Abwicklung, beim Fremdvertrieb zusätzlich die Aufwendungen für Akquisition, Betreuung und Koordination von Vertriebspartnern sowie für die erfolgsabhängigen Platzierungsprovisionen. Zu den **indirekten Kosten** zählen alle nach der Platzierung auftretenden Kosten, z. B. für Anlegerverwaltung und Investor Relations. Ein Teil der Emissionskosten kann mit einem Aufgeld (Agio) gedeckt werden. Wirtschaftlich sind Emissionen ab einem Emissionsvolumen von rund 1,5 Mio. € durchführbar. Andernfalls droht die Gefahr, dass fixe und laufende Kosten die potenziellen Erträge aus den Investitionen aufzehren.

Tipp

Auch kleinere Platzierungsvolumina können sich für das Unternehmen rechnen, wenn sie einem begrenzten Personenkreis angeboten werden. Interessante Platzierungswege sind hier Friends-and-Family-Aktionen und Mitarbeiterkapitalbeteiligungen. Hier besteht grundsätzlich keine Prospektpflicht.

3.5.8 Anforderungen an das Unternehmen

Es bestehen unternehmensseitig grundsätzlich keine Voraussetzungen

Die Frage nach dem **richtigen Zeitpunkt** für die Emission stellt sich bei einem Private Placement im Grunde genommen nicht, denn es ist in jeder Phase der Unternehmensentwicklung ein attraktiver Finanzierungsweg. Es gilt hier jedoch der gleiche Grundsatz wie bei der Kreditfinanzierung: Die besten Chancen auf eine erfolgreiche Finanzierung bestehen dann, wenn das Unternehmen das Geld nicht offensichtlich »zum Überleben« braucht.

Die Unabhängigkeit am außerbörslichen Kapitalmarkt erfordert zudem **Selbstdisziplin, Eigenverantwortung** und **Kapitalverantwortung** gegenüber den Investoren. Hierzu gehören vor allem

- eine transparente Finanzkommunikation,
- ein strenges Kostenmanagement und qualifiziertes Controlling,
- ein sorgfältig durchdachtes strategisches Unternehmenskonzept sowie
- ein transparenter und übersichtlicher Unternehmensaufbau. Wirtschaftliche Verflechtungen, verschachtelte Gesellschaftsbeziehungen und Beherrschungsverhältnisse werden von Marktteilnehmern regelmäßig ebenso negativ bewertet wie über die wirtschaftliche Notwendigkeit hinausgehende Abhängigkeiten von Patenten, Lizenzen und Rechten, die den wirtschaftlichen Fortbestand der Gesellschaft beeinträchtigen können.

Emittenten sollten grundsätzlich eine gewisse **Umsatz-, zumindest aber Ertragsstärke** aufweisen. Allerdings steht es auch Start-Up-Unternehmen in betriebswirtschaftlicher wie in tatsächlicher Hinsicht offen, ihre Finanzierung über ein Private Placement zu realisieren. Die aktuelle Kapitalausstattung und der Cash-flow spielen eine eher untergeordnete Rolle. Genau wie an der Börse und bei Beteiligungsgesellschaften werden in erster Linie die Zukunftsaussichten des Unternehmens honoriert. Eine **überzeugende Unternehmensstrategie** mit nachhaltigen Planzahlen auf einer sicheren Tatsachenbasis (z.B. Marktstellung und Wettbewerbssituation) sind jedoch unerlässlich. Anleger setzen sich durch die Überlassung ihres privaten Kapitals einem Risiko aus und erwarten eine **optimale Kapitalanlage,** die ihnen faire Konditionen sowie gute Erträge bzw. langfristige Wertsteigerungen bietet. Mittel- bis langfristig muss das Unternehmen dem Geldgeber eine risikogerechte Rendite bieten können.

3.5.9 Fazit

Ein Private Placement erfordert einen beachtlichen Aufwand an **Zeit und Arbeit** vor allem beim Management des Unternehmens. Da der größte Kostenfaktor - die Vertriebsprovisionen - variabel gestaltbar und durch den tatsächlichen Platzierungserfolg bestimmt wird, kann ein **Emissionskostenrisiko** für das Unternehmen praktisch ausgeschlossen werden. Gerade für Mittelständler kann es gewöhnungsbedürftig sein, einer interessierten **Öffentlichkeit** Rede und Antwort zu stehen. Eine transparente Kommunikation schafft jedoch das Fundament für den Platzierungserfolg und wirkt sich außerdem positiv auf den Absatz operativer Produkte und Dienstleistungen aus.

Das Risiko einer Eigenemission ist auf die Emissionskosten beschränkt und überschaubar

Anders als bei einem Börsengang oder der Finanzierung durch kommerzielle Beteiligungsgesellschaften ist ein Private Placement unabhängig von der **Unternehmensgröße** möglich. Auch ein Rechtsformwechsel ist nicht erforderlich, denn gerade die rechtsformunabhängigen **mezzaninen Instrumente** wie Genussrechte und stille Beteiligungen lassen sich ausgezeichnet auf die individuellen Bedürfnisse des Unternehmens zuschneiden und sind mittelstandsgerechte Finanzierungsformen. Mezzanine-Kapital schließt bestehende Eigenkapitallücken, ohne dass den Kapitalgebern Stimmrechte eingeräumt werden müssen oder ein einzelner Großinvestor die Geschicke des Unternehmens mitbestimmt.

Mezzanine Instrumente eignen sich wegen ihrer Flexibilität besonders

Ein Private Placement eignet sich nicht für den Ausgleich akuter Liquiditätsengpässe oder zur Bewältigung von Turnaround-Situationen. Sinn und Zweck eines Private Placement ist die Sicherung der **mittel- bis langfristigen Unternehmensfinanzierung** auf einem breiten Fundament. Hierbei müssen sich gerade mittelständische Unternehmen der Erkenntnis öffnen, dass bei der Unternehmensfinanzierung der Weg das eigentliche Ziel ist. In diesem Sinne ist das Private Placement ein Finanzierungsweg, der unabhängig von der Unternehmensphase jederzeit nicht anstelle, sondern ergänzend zu anderen Finanzierungswegen beschritten werden kann. Dabei verbindet es die **Vorteile einer bankenunabhängigen Finanzierung** durch Beteiligungsgesellschaften (flexible Möglichkeiten der Eigenkapitalbeschaffung) mit denen **eines Börsenganges** (Ansprache eines großen Investorenkreis) und vermeidet gleichzeitig deren Nachteile.

3.6 Mitarbeiterkapitalbeteiligungen

Um frisches Kapital für das Unternehmen zu akquirieren, müssen Unternehmen nicht zwangsläufig nach betriebsfremden Kapitalgebern suchen, sondern können sich auch durch eigene Mitarbeiter finanzieren. Solche Mitarbeiterkapitalbeteiligungen sind die vertragliche und dauerhafte Beteiligung von Arbeitnehmern am Produktivvermögen des Unternehmens. Dabei wird den Unternehmen von den Beschäftigten Kapital in unterschiedlichen Formen überlassen. Die Beteiligung kann in Form einer Teilhabe am Eigenkapital,

Eine unterschätzte Alternative: Mitarbeiterbeteiligungen

Bedeutung der Mitarbeiterbeteiligung wird wachsen

am Fremdkapital oder als mezzanine Kapitalbeteiligung erfolgen. Die repräsentativen Befragungen des Betriebspanels des Instituts für Arbeitsmarkt- und Berufsforschung (IAB) zeigen, dass im Jahr 2005 etwa 9% aller Betriebe Systeme der Gewinnbeteiligung und etwa 2% Kapitalbeteiligungen implementiert hatten. Insgesamt hatten rund 3.600 Unternehmen für zwei Millionen Arbeitnehmer Kapitalbeteiligungsmodelle etabliert, wobei sich das Beteiligungskapital auf rund 12 Mrd. € summierte.

Mitarbeiterbeteiligungen sind in größeren Betrieben häufiger anzutreffen als in kleineren. Führend ist in Deutschland das Kredit- und Versicherungsgewerbe. Zudem ist festzustellen: Unternehmen in ausländischem Besitz verfügen wesentlich häufiger als einheimische Firmen über Gewinn- und Kapitalbeteiligungsmodelle – hier macht sich bemerkbar, dass Mitarbeiterbeteiligungen in vielen Ländern eine stärkere Tradition und Verbreitung aufweisen als in Deutschland.

In Zukunft ist nicht zuletzt angesichts der aktuellen Reformbemühungen und der prominenten Befürworter in Politik und Wirtschaft auch in Deutschland mit einer wachsenden Bedeutung von Mitarbeiterbeteiligungen zu rechnen (siehe Kap. 3.6.4.4).

3.6.1 Gründe für eine Mitarbeiterbeteiligung

Die Anlässe der Mitarbeiterbeteiligung sind vielfältig

Es gibt viele Anlässe für eine Mitarbeiterbeteiligung. So fordert die **Gründung eines Unternehmens** neben Kapital auch qualifizierte Mitarbeiter. Hier kann die Bindungswirkung einer Mitarbeiterbeteiligung ideal mit der Kapitalbeschaffung verbunden werden. Auch bei der **Unternehmensnachfolge** bieten Mitarbeiterbeteiligung interessante Möglichkeiten, die Übernahme des Unternehmens zu finanzieren. Vor dem Hintergrund der restriktiven Kreditvergabe der Banken stehen viele Unternehmen vor der Aufgabe, zusätzliche **Kapitalquellen** zu erschließen und ihre Finanzierung auf ein möglichst breites Fundament zu stellen. Hier liegt über die zufließende Liquidität hinaus der Vorteil einer Mitarbeiterbeteiligung darin, dass ohne großen Aufwand das Kapital und damit die Bonität des Unternehmens gestärkt und die ergänzende Fremdfinanzierung erleichtert werden können. Zudem lässt sich eine Mitarbeiterbeteiligung ausgezeichnet in eine Kapitalmarktemission am außerbörslichen Kapitalmarkt (Private Placement) integrieren.

Keine Angst vor Mitarbeitern

Befürchtungen seitens des Unternehmens, dass es zu Veränderungen der gesellschaftsrechtlichen Verhältnisse kommt, dass der Entscheidungsspielraum der Geschäftsführung eingeschränkt wird oder dass eine zu große Transparenz hinsichtlich der internen Vorgänge im Unternehmen erforderlich ist, sind überwiegend psychologisch motiviert. Tatsächlich stehen den Unternehmen eine Reihe von Beteiligungsformen zur Verfügung, die oft einen **weiten Gestaltungsspielraum** bieten. So können bei einer Mitarbeiterbeteiligung in Form von Genussrechten eine gesellschaftsrechtliche Stellung ausgeschlossen und Mitwirkungsrechte auf ein Minimum beschränkt werden.

Wenn selbst eine mezzanine Beteiligung der Mitarbeiter ohne Mitspracherechte noch ein »Zuviel« an Beteiligung bedeutet, besteht die Möglichkeit einer **»indirekten« Mitarbeiterbeteiligung**. Dabei beteiligen sich die Mitarbeiter nicht direkt am operativen Unternehmen, sondern über eine Zweckgesellschaft, die als eine Art »zwischengeschaltetes Sammelbecken« für das Kapital der Mitarbeiter dient (zumeist in der Rechtsform der GmbH) und das Mitarbeiterkapital wiederum dem operativen Unternehmen zur Verfügung stellt.

3.6.2 Vorteile der Mitarbeiterbeteiligung

Neben der Finanzierungswirkung sind die Bindung und die Produktaktivitätssteigerung wesentliche Vorteile von Mitarbeiterbeteiligungen

Das **Unternehmen** kann als Arbeitgeber mit einer Mitarbeiterbeteiligung sowohl personalwirtschaftliche Ziele als auch finanzwirtschaftliche Ziele verwirklichen. Im Vordergrund steht neben der Erhöhung der Kapitalisierung zumeist die Zielsetzung, Mitarbeiter stärker an das Unternehmen zu binden, Motivationsschübe zu geben und letztlich auch die Produktivität des Unternehmens zu steigern. Daneben stehen immaterielle Ziele wie eine verbesserte Kommunikation und stärkere Einbindung der Mitarbeiter in Entscheidungsprozesse und eine daraus resultierende erhöhte Arbeitnehmerzufriedenheit.

Die **Mitarbeiter** können sich durch eine Kapitalbeteiligung am eigenen Unternehmen eine zusätzliche Einkommensquelle erschließen. Zudem steigt ihre Zufriedenheit, weil sie infolge der Mitarbeiterbeteiligung erkennen, dass sie mit ihrer eigenen Leistung die Produktivität des Unternehmens und damit auch ihr eigenes Einkommen aus der Mitarbeiterbeteiligung beeinflussen können. Eine gut durchdachte Mitarbeiterbeteiligung bedeutet für das Unternehmen eine verbesserte Wettbewerbsfähigkeit, mehr Produktivität und Liquidität und damit insgesamt eine größere Arbeitsplatzsicherheit. Darüber hinaus können Arbeitnehmer ihre Kapitalbeteiligung am Unternehmen auch zur Erweiterung ihrer privaten Altersvorsorge nutzen und dabei von steuerfreien Zuschüssen des Arbeitgebers oder von der Arbeitnehmersparzulage im Rahmen von Vermögenswirksamen Leistungen profitieren.

Mitarbeiterbeteiligungen als Finanzierungsweg

Vorteile für das Unternehmen

- Stärkung der Eigenkapitalbasis und Zuführung frischer Liquidität
- Verbesserung der Bonität und des Ratings und damit der Kreditfähigkeit
- Keine Bestellung von Sicherheiten; Schonung von Kreditsicherungsmitteln und Vermeidung von Bürgschaften
- Kostenvorteile gegenüber der Beteiligung institutioneller Investoren
- Erhöhung der qualitativen und quantitativen Arbeitsleistung der Mitarbeiter
- Erweiterung des Investorenkreises und Erschließung neuer Finanzierungsquellen
- Bindung der Mitarbeiter
- Verbesserung des Betriebsklimas/der Unternehmenskultur
- Motivierte und verantwortungsbewusste Mitarbeiter; Verringerung der Fehlzeiten
- Aufgeschlossenheit der Belegschaft für betriebliche Probleme

Vorteile für die Mitarbeiter

- Erschließung einer zusätzlichen Einnahmequelle, ggf. unter Nutzung staatlicher Förderungen
- Verbesserte Informationen über die Unternehmensprozesse
- Erhöhung der Arbeitszufriedenheit
- Erhöhung der Arbeitsplatzsicherheit
- Ausbau der privaten Altersvorsorge

3.6.3 Merkmale und Ausgestaltung einer Mitarbeiterbeteiligung

Mitarbeiterbeteiligungen können von jedem Unternehmen angeboten werden

Eine Beteiligung der Mitarbeiter steht grundsätzlich Unternehmen in allen Rechtsformen offen (AG, GmbH, KG etc.). Je nach Rechtsform des Unternehmens gibt es z. B. die Möglichkeit einer direkten Beteiligung über GmbH-Anteile bzw. Belegschaftsaktien (Eigenkapital), einer Genussrechtsbeteiligung sowie einer stillen Beteiligung oder der Ausgabe eines Mitarbeiterdarlehens (Fremdkapital).

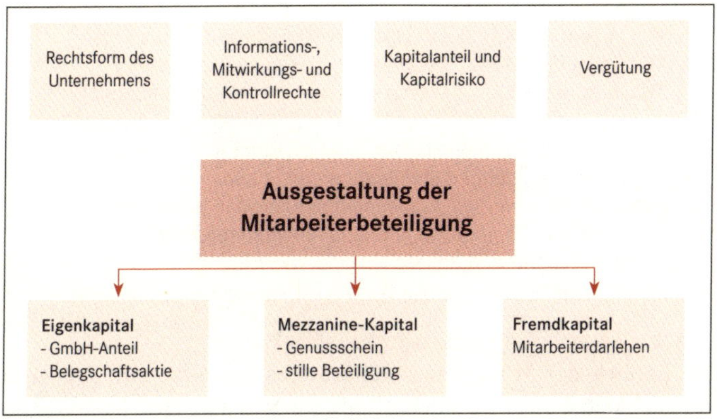

Abb. 6: Ausgestaltung der Mitarbeiterbeteiligung

Die Beteiligung am **Eigenkapital** ist die am weitesten reichende Form der Mitarbeiterbeteiligung. Eigenkapital steht dem Unternehmen dauerhaft zur Verfügung, ist im vollen Umfang am Gewinn, aber auch am Verlust des Unternehmens beteiligt, haftet für Unternehmerverbindlichkeiten bis zur Höhe der Einlage und ist je nach Ausgestaltung mit verschiedenen Gesellschaftsrechten verbunden.

Das Unternehmen kann auch **Fremdkapital** über Darlehensverträge aufnehmen, das grundsätzlich fest zu verzinsen und am Ende der Laufzeit zwingend zurückzuzahlen ist. Als Gläubiger erhalten die Mitarbeiter weder Mitbestimmungs- noch Informationsrechte. Allerdings fallen wegen der ergebnisunabhängigen Vergütung die Bindungswirkung und der Motivationseffekt eher gering aus. Zudem führen Darlehen auf Grund ihrer Fremdkapitaleigenschaft zu einer Verschlechterung der Bilanzstruktur des Unternehmens.

Mezzanine Beteiligungen sind wegen ihrer Flexibilität besonders geeignet

Vorteilhafter ist aus Unternehmens- und Mitarbeitersicht regelmäßig die Ausgabe von **mezzaninen Beteiligungsformen** (z.B. stille Beteiligungen oder Genussrechte). Sie können ohne weiteres als bilanzieller Eigenkapitalersatz konzipiert werden und so genau wie »klassisches« Eigenkapital die Eigenkapitalquote des Unternehmens mit allen Vorteilen für das Unternehmen erhöhen. Genau wie bei der Ausgabe von Mitarbeiterdarlehen bleiben die Altgesellschafter »Herren im eigenen Haus«, da den beteiligten Mitarbeitern nur eingeschränkte Informations- und Kontrollrechte eingeräumt werden können.

Tipp

> Ein positiver Einfluss auf den Unternehmenserfolg und die Produktivität ist nur dann zu gewährleisten, wenn das ausgewählte Beteiligungsmodell den Bedürfnissen aller Beteiligten entspricht, d. h. sowohl die Vorstellungen des Arbeitgebers als auch die der Arbeitnehmer ausreichend berücksichtigt. Nicht jede Beteiligungsform ist geeignet, sämtlichen personal- und finanzwirtschaftlichen Zielen gerecht zu werden. Insbesondere muss das Unternehmen sich fragen, welche Informations- und Mitwirkungsrechte es den Mitarbeitern zuteil werden lassen will.

3.6.4 Staatliche Förderungsmaßnahmen

Mitarbeiterbeteiligungen werden staatlich gefördert, und zwar ...

Im Bereich der Mitarbeiterbeteiligungen bestehen zur Zeit zwei Möglichkeiten einer staatlichen Förderung von Unternehmensbeteiligungen. Einerseits gibt es eine Förderung durch die Arbeitnehmersparzulage für vermögenswirksame Leistungen gemäß dem Fünften Gesetz zur Förderung der Vermögensbildung der Arbeitnehmer (5. VermBG). Zum anderen besteht die Möglichkeit der Inanspruchnahme des Steuerfreibetrags nach § 19a EStG für den vergünstigten Erwerb von Unternehmensbeteiligungen. Diese beiden Förderungsmöglichkeiten können - sofern die entsprechenden Voraussetzungen vorliegen - auch gleichzeitig genutzt werden. Die Förderung durch den Staat ist auch bei einer indirekten Beteiligung der Mitarbeiter möglich.

3.6.4.1 Vermögenswirksame Leistungen nach dem 5. Vermögensbildungsgesetz

... als Arbeitnehmersparzulage ...

Eine Unternehmensbeteiligung, die ein Arbeitnehmer bei seinem Unternehmen eingeht, kann nach dem 5. VermBG in Form einer **Arbeitnehmersparzulage** staatlich gefördert werden. Vermögenswirksame Leistungen sind Geldleistungen, die der Arbeitgeber für den Arbeitnehmer anlegt; sie sind zwingend anzulegen, der Arbeitnehmer kann nicht verlangen, dass sie an ihn ausgezahlt werden. Die Gewährung dieser Leistungen ist entweder tarifvertraglich geregelt oder erfolgt auf freiwilliger Basis. Zahlt der Arbeitgeber keine vermögenswirksamen Leistungen, so kann der Arbeitnehmer aus seinem eigenen versteuerten Einkommen vermögenswirksam sparen.

Förderfähig sind Arbeitnehmer, Beamte, Richter, Soldaten auf Zeit und Berufssoldaten, deren zu versteuerndes Einkommen die Grenze von 17.900 € (für Alleinstehende) bzw. 35.800 € (für zusammenveranlagte Ehegatten) nicht überschreitet.

Eine staatliche Förderungsmöglichkeit besteht bei Mitarbeiterbeteiligungen über **Aktien, GmbH-Anteile, Genossenschaftsguthaben, stille Beteiligungen, Genussrechte** und **Arbeitnehmerdarlehen**. Hingegen ist seit der Einführung des 5. VermBG die

Förderung von Schuldverschreibungen und Rentenschuldverschreibungen entfallen.

Hinsichtlich der **Modalitäten der Mitarbeiterbeteiligung** sind gesetzliche Vorschriften zu beachten. Bei der Ausgabe von Genussrechten und einer gleichzeitigen Nutzung der Sparzulage muss darauf geachtet werden, dass die Genussrechte gewinnabhängig ausgestaltet sind, insbesondere eine feste Mindestverzinsung ist nur begrenzt möglich. Die Rückzahlung zum Nennwert darf im Rahmen einer Genussrechtsbeteiligung nicht garantiert werden, d.h. es ist eine Verlustbeteiligung vorzusehen. Ferner muss jede Mitarbeiterbeteiligung einer gesetzlichen Sperrfrist von sechs Jahren unterliegen, während der eine Verfügung, Beleihung oder Verpfändung durch den Arbeitnehmer nicht zulässig ist. Unschädlich ist eine vorzeitige Beendigung der Beteiligung entsprechend den gesetzlichen Ausnahmen, z.B. im Todesfall oder bei Eintritt einer vollständigen Erwerbsunfähigkeit des Arbeitnehmers oder seines Ehegatten. Schließlich sind die vermögenswirksamen Leistungen, die im Rahmen eines Mitarbeiterdarlehens angelegt werden, gegen Zahlungsunfähigkeit des Arbeitgebers abzusichern (z.B. durch eine Insolvenzversicherung oder Bankbürgschaft). Für alle anderen förderfähigen Anlagearten ist ein konkreter Insolvenzschutz nicht vorgeschrieben, sollte aber im Hinblick auf die Akzeptanz der Beteiligung bei den Mitarbeitern dennoch erfolgen.

Eine Mitarbeiterbeteiligung wird seit dem Jahr 2004 bis zu einem Anlagevermögen von 400 € mit einer Sparzulage von 18 % gefördert. Parallel zu Anlagen in Produktivvermögen sind Anlagen in Bausparverträge bis zu einem Anlagehöchstbetrag von 470 € förderungsfähig, wobei diese jedoch nur mit einer Sparzulage von 9 % gefördert werden. Demnach können vermögenswirksame Leistungen von jährlich bis zu 870 € (470 € für Bausparen und 400 € für Produktivkapitalbeteiligungen) mit einer Sparzulage gefördert werden. Die maximal erreichbare Sparzulage beträgt für das Jahr 2004 somit 114,30 €.

Sparzulage im Rahmen vermögenswirksamer Leistungen

Anlageform	Aktien*, GmbH-Anteile*, Stille Beteiligungen*, Genussscheine*, Arbeinehmerdarlehen	Bausparverträge
Maximal förderfähiger Betrag	400 € p.a.	470 € p.a.
Einkommens-grenzen	Arbeitnehmer mit zu versteuerndem Einkommen von bis zu 19 900 € (Alleinstehende) bzw. 35 800 € (Verheiratete)	
Sperrfrist	6 Jahre	7 Jahre
*im eigenen Unternehmen		

...sowie als steuerfreier geldwerter Vorteil

3.6.4.2 Steuervorteil des § 19a EStG

Grundsätzlich zählen alle Zahlungen und geldwerten Vorteile, die dem Arbeitnehmer vom Arbeitgeber gewährt werden, zum Arbeitsentgelt des Arbeitnehmers und sind somit steuer- und sozialversicherungspflichtig. Dabei ist es unerheblich, ob es sich um laufende oder einmalige Bezüge handelt. Ausnahmen ergeben sich nur bei der steuerbegünstigten Überlassung von Vermögensbeteiligungen gemäß § 19a EStG. Danach kann der Arbeitgeber dem Mitarbeiter einen steuer- und sozialversicherungsfreien Zuschuss beim Erwerb einer betrieblichen Beteiligung gewähren.

Anders als bei der Sparzulage im Rahmen der vermögenswirksamen Leistungen unterliegt der Zuwendungsbetrag keinen Einkommensgrenzen. Er kann einkommensunabhängig für jeden Mitarbeiter genutzt werden. Die Höhe der Steuervergünstigung ist auf den halben Wert der Vermögensbeteiligung (relative Obergrenze) und insgesamt auf 135 € (absolute Obergrenze) begrenzt. Wird die Höchstgrenze des § 19a EStG überschritten, liegen in Bezug auf den überschießenden geldwerten Vorteil Einkünfte aus nichtselbstständiger Arbeit vor, die lohnsteuer- und sozialversicherungspflichtig sind. Ist eine höhere Mitarbeiterbeteiligung vorgesehen, ist deshalb entweder ein Teil der Zuwendungen zu versteuern oder der Arbeitnehmer muss selbst Kapital aufbringen.

Beispiel für Vermögensvorteil nach 19a EStG

Wert der Beteiligung	400 €	400 €	200 €	200 €
Mittelaufbringung durch Arbeitnehmer	200 €	365 €	100 €	65 €
Vermögensvorteil	200 €	135 €	100 €	135 €
davon steuer- und sozialabgabenfrei	135 € (Maximalbetrag)	135 € (Maximalbetrag)	100 € (halber Wert)	100 € halber Wert)
zu versteuernder geldwerter Vorteil	**65 €**	**0 €**	**0 €**	**35 €**

3.6.4.3 Kombination beider Vorteile

Die Fördermöglichkeiten können kombiniert werden

Eine Mitarbeiterbeteiligung kann auch im Wege der Kombination von vermögenswirksamen Leistungen mit dem nach § 19a EStG gewährten Steuervorteil gestaltet werden und dadurch dem Arbeitnehmer den optimalen Nutzen bringen. In diesem Fall bietet der Arbeitgeber eine Beteiligung vergünstigt an und der Arbeitnehmer setzt für seinen Eigenanteil vermögenswirksame Leistungen ein. Während die Sparzulage im Rahmen der vermögenswirksamen Leistungen auf Antrag jedes Jahr nachträglich festgesetzt und nach Ablauf der Sperrfrist ausgezahlt wird, ist die Steuervergünstigung nach § 19a EStG bei der jährlichen Einkommensteuerveranlagung zu berücksichtigen.

Aktuelle Reformbemühungen der Großen Koalition

Nachdem Bundespräsident Horst Köhler bereits mehrfach von der Politik Maßnahmen zur Förderung der Beteiligung von Arbeitnehmern an Unternehmen und deren Gewinnen gefordert hat, möchte auch die Große Koalition für eine stärkere Beteiligung von Arbeitnehmern am Unternehmenskapital sorgen.

Die SPD schlägt in Abstimmung mit Gewerkschaften die Gründung eines sog. »Deutschlandfonds« vor. Danach sollen Mitarbeiter der an dem Fonds beteiligten Unternehmen Anteile erwerben. Die Einlagen stellt der Fonds den Betrieben dann als Mezzanine-Kapital zur Verfügung. Gewinnanteile, Zinsen und Tilgungen sollen an die Mitarbeiter zurückfließen. Das Management des Fonds soll die teilnehmenden Unternehmen bewerten und auf Basis eines Ratings das Pricing und Servicing festlegen. Der Erwerb der Fondsanteile soll mit der Arbeitnehmersparzulage bis zu einer Obergrenze von 400 € künftig mit 20 % (bislang: 18 %) gefördert werden. Zugleich sollen die Einkommensgrenzen für Ledige und Verheiratete angehoben werden, so dass in Zukunft mehr als die Hälfte der Arbeitnehmer einen Anspruch auf staatliche Förderung hat. Gleichzeitig soll der Steuerfreibetrag für unentgeltliche oder vergünstigte Gewährung von Mitarbeiterbeteiligungen nach § 19a EStG von 135 € auf 240 € jährlich angehoben werden.

Demgegenüber setzt die Union ausschließlich auf direkte Formen der Mitarbeiterbeteiligung an den Unternehmen. Sie will aus »abhängig Beschäftigten selbstständige Arbeitnehmer und Mitunternehmer machen«. Das Unionskonzept sieht vor, dass Mitarbeiter künftig bis zu 1.000 € jährlich steuerbegünstigt als Kapitalbeteiligung an Unternehmen erhalten oder erwerben können sollen. 500 € davon, die zusätzlich zum Tariflohn gezahlt werden, sollen frei von Steuern und Sozialabgaben sein. Zudem können Beschäftigte noch einmal eine Beteiligung von 500 € erwerben, für die sie zwar Sozialabgaben zahlen müssen, aber zunächst keine Steuern. Diese werden erst beim Verkauf der Beteiligung fällig.

Wesentlicher Streitpunkt ist die Absicherung des Insolvenzrisikos. Während bei der der indirekten Beteiligung der Schutz der Beschäftigten vor dem Insolvenzrisiko im Vordergrund steht und die Fondsanteile beim Arbeitsplatzwechsel unkompliziert »mitgenommen« werden können, ist das Unionskonzept einer direkten Beteiligung eher geeignet, die Motivation und Produktivität der Beschäftigten sowie ihre Identifikation mit ihrem Betrieb zu steigern. Es steht zu erwarten, dass der Kompromiss zwischen den Koalitionsparteien eine Gestalt annehmen wird, in der sich beide Koalitionspartner wieder finden.

3.6.5 Fazit

Mitarbeiterbeteiligungen bieten Unternehmen wie Mitarbeitern Vorteile

Eine Mitarbeiterbeteiligung ist sowohl für das Unternehmen als auch für die Arbeitnehmer ein vorteilhafter Finanzierungsweg. Die Beteiligung der Mitarbeiter verbessert während der Beteiligungsdauer sukzessive die (Eigen-)Kapitalausstattung des Unternehmens, bedeutet einen stetigen Liquiditätszufluss, stärkt die Motivation und die Eigeninitiative der Belegschaft und damit nicht nur die Produktivität, sondern auch die Wettbewerbs- und damit die Zukunftsfähigkeit des Unternehmens sowie die Arbeitsplatzsicherheit. Die staatlichen Förderungsmöglichkeiten stellen einen nicht zu unterschätzenden Anreiz für die Mitarbeiter dar. Nicht zuletzt angesichts der aktuellen Reformbemühungen des Gesetzgebers ist damit zu rechnen, dass Mitarbeiterkapitalbeteiligungen ein erhebliches Wachstum erfahren werden.

3.7 Öffentliche Förderprogramme

Unter dem Schlagwort »öffentliche Fördermittel« werden alle Programme von Bund, Ländern und der Europäischen Union zusammengefasst, die der Förderung der Wirtschaftsstruktur dienen. Das Spektrum der Förderinstrumente für mittelständische Unternehmen umfasst neben **Kreditprogrammen** auch innovative Programme zur Stärkung der **Eigenkapitalbasis**. Darüber hinaus gibt es steuerpflichtige Investitionszuschüsse, steuerfreie Investitionszulagen sowie indirekte Förderungen (z.B. Steuervorteile), die jedoch nicht detailliert erörtert werden sollen.

Öffentliche Förderprogramme bauen auf Kreditvergaben wie auf Eigenkapitalbeteiligungen auf

3.7.1 Förderzwecke

Förderprogramme werden in ihren verschiedenen Modellen mit dem Ziel der Förderung strukturpolitischer Ziele aufgelegt und dienen der Unterstützung des allgemeinen Strukturwandels bzw. der Förderung strukturschwacher Regionen oder förderungswürdiger Branchen. Öffentliche Hilfen sollen Investitionsanreize zur Schaffung neuer Arbeitsplätze und Investitionen in bestimmten Bereichen (z.B. Umweltschutz) geben. Finanziert werden dabei die unterschiedlichsten Investitionsvorhaben, vom Grundstückserwerb und maschinellen und baulichen Investitionen bis hin zu Investitionen in das Umlaufvermögen und Betriebsmittel. Die Einzelheiten richten sich nach den Anforderungen des jeweiligen Programms. Typische Förderzwecke sind beispielsweise:

Es gibt vielfältige Förderzwecke

- Forschung und Entwicklung sowie Einführung neuer Technologien;
- Umweltschutz (energieeinsparende Maßnahmen, Abwasser, Luftschutz, Lärmvermeidung, Abfallentsorgung/-vermeidung);
- Investitionen in strukturschwachen Regionen;
- Schaffung und Erhaltung von Arbeits- und Ausbildungsplätzen;
- Förderung von strukturschwachen Branchen;
- Finanzierung kleiner und mittlerer Unternehmen, die auf Grund ihrer Größe einen erschwerten Zugang zum institutionellen Kapitalmarkt haben.

3.7.2 Förderbedingungen

Die Voraussetzungen einer Förderung sind ebenfalls abhängig von dem jeweiligen Förderprogramm. Ein Rechtsanspruch auf eine Unterstützung besteht grundsätzlich nicht, Sanierungsfälle werden meist nicht gefördert. Bei regionalen Programmen ist der Sitz des Unternehmens innerhalb des Fördergebiets eine Förderbedingung.

Die Auskehrung von Fördermitteln ist stets an umfängliche Förderbedingungen gekoppelt

Da große Unternehmen in der Regel über ausreichende Finanzierungsmöglichkeiten verfügen, zielen Förderprogramme fast ausschließlich auf kleine und mittlere Unternehmen (KMU) ab. Eine allgemeingültige Definition des Mittelstandes existiert nicht. Maßgeblich für die Einordnung zu dieser Gruppe sind - je nach Förderprogramm - in erster Linie der Jahresumsatz, die Anzahl der Mitarbeiter und die Bilanzsumme.

Mittelstandsdefinitionen

	Beschäftigte	Jahresumsatz	Bilanzsumme
Institut für Mittelstandsforschung	bis 499	bis 50 Mio. €	-
Europäische Union*	bis 249	bis 50 Mio. €	bis 43 Mio. €
KfW Mittelstandsbank	bis 249	bis 40 Mio. €	bis 27 Mio. €
Bundesverband deutscher Banken	bis 499	bis 51 Mio. €	-

* Das Unternehmen darf nicht zu mehr als 25% einem Unternehmen gehören, das diese Kriterien nicht erfüllt.

Häufig lehnen sich Förderprogramme an die Kriterien der Europäischen Union für mittelständische Unternehmen an. Je nach Förderprogramm gibt es auch Abweichungen. So gelten in einigen Programmen der KfW selbst Unternehmen mit einem Höchstumsatz bis zu 500 Mio. € noch als »mittelständisches« Unternehmen.

3.7.3 Kreditprogramme

Die meisten Förderprogramme sind Kreditprogramme

Die meisten Förderprogramme sind nach wie vor als Kreditprogramme konzipiert. Dabei bedienen sich die Förderinstitutionen unterschiedlicher Instrumente:

- **Subventionierung von Zins- und Tilgungsleistungen**, die zu einer Entlastung des Cash-flow des Unternehmens führt,
- Übernahme von Finanzierungsrisiken durch **Haftungsfreistellungen** für Banken mittels Bürgschaften, d.h. die Banken werden von der Rückzahlungshaftung bei Zahlungsunfähigkeit des Kreditnehmers anteilig freigestellt,
- günstige **Refinanzierungsprogramme** für Banken,
- unmittelbare Vergabe zinsgünstiger Kredite an das Unternehmen.

Auf diese Weise ermöglichen Förderprogramme den Unternehmen, an Kredite zu gelangen, die sie ohne die Förderung auf Grund der Chance-Risiko-Anforderungen der Banken nicht erhalten würden. Vorteile von Förderkrediten sind daneben die günstigen Zins- und Tilgungskonditionen und variable Laufzeiten von zum Teil bis zu 30 Jahren.

3.7.4 Stärkung der Eigenkapitalbasis

Die niedrige Eigenkapitalquote vieler Unternehmen rückt zunehmend auch in das Blickfeld der Förderinstitutionen. Um die Eigenkapitalbasis des Mittelstands zu stärken, existiert ein breites Angebot an innovativen Finanzierungsalternativen.

Auch zur Stärkung der Eigenkapitalbasis gibt es zahlreiche Programme

3.7.4.1 Bund, Länder und Europäische Union

Auf **Bundesebene** gibt es die Förderprogramme der rückwirkend zum 1. Januar 2003 zur »KfW Mittelstandsbank« verschmolzenen Förderbanken »Deutsche Ausgleichsbank (DtA)« und »Kreditanstalt für Wiederaufbau (KfW)«. Einerseits sollen diese Förderprogramme Kapitalgebern einen Anreiz zur Bereitstellung von Eigenkapital bzw. Mezzanine-Kapital auch für mittelständische Unternehmen geben. Es werden direkte Unterstützungen für Beteiligungen und Mezzanine-Finanzierungen gewährt und Refinanzierungsprogramme über zinsvergünstigte Darlehen für Unternehmen und Kapitalgeber angeboten. Andererseits können Engagements mittels Garantien teilweise abgesichert werden. Alle diese Programme haben gemeinsam, dass sich jeweils ein Finanzinvestor finden muss, der sich am Zielunternehmen beteiligt.

Daneben stellt die KfW bundesweit Mezzanine-Kapital in Form von Nachrangdarlehen auch den Unternehmen direkt zur Verfügung. Vergeben werden diese im Rahmen der Produktfamilie »Unternehmerkapital« über die Hausbanken, die das Geld von der KfW zur Durchreichung zur Verfügung gestellt bekommen. Im Rahmen dieses Programms werden die Banken vom Bund bzw. der KfW von den Risiken aus einer etwaigen Tilgungsunfähigkeit des Unternehmens entlastet. Zum Teil werden die Zinsen durch Fördermittel vergünstigt.

Auf **Landesebene** finden sich zusätzliche Förderprogramme der Landesförderbanken zur Ergänzung der Programme des Bundes. Schwerpunktmäßig handelt es sich um zinsvergünstigte Darlehen und Bürgschaften, die Beteiligungsgesellschaften gewährt werden. Zum Teil werden Finanzmittel in Form von Darlehen und Mezzanine-Finanzierungen auch direkt an die Unternehmen vergeben.

Im Rahmen des Zusammenwachsens der europäischen Märkte werden auch von der **Europäischen Union** Förderprogramme angeboten. Auch sie können direkt von den Kapital suchenden Unternehmen in Anspruch genommen werden oder unterstützen die Refinanzierung von spezialisierten Beteiligungsinvestoren. Hierzu zählen:

- Strukturförderung (Europäischer Fonds für regionale Entwicklung, z. B. EFRE, ESF, EAGFL);
- Forschungs- und Technologieförderung (Kommunikationstechnologieprogramm BRITE/EURAM oder Umweltprogramm LIFE);

- Finanzierungsförderung (Risikokapitalförderung, Seed Capital, Eurotech Capital, Darlehen und Garantien der Europäischen Investitionsbank, Investitionsförderung aus dem Europäischen Investmentfonds);
- Informationsförderung (Beratung und Information durch das Euro Info Centre).

3.7.4.2 Mittelstandsfonds

Mittelstandsfonds auf Länderebene beteiligen sich regelmäßig mit Beträgen zwischen 1 bis 5 Mio €

Der Kapitalbedarf der meisten Mittelständler liegt zwischen 1 und 5 Mio. €. Förderorientierte Beteiligungsgesellschaften gehen aber bislang selten Engagements oberhalb von 1 Mio. € ein. Kommerzielle Beteiligungsgesellschaften hingegen werden üblicherweise erst ab einem Volumen von 5 bis 10 Mio. € aktiv. Um die bestehende Lücke im Angebot für institutionelles Eigenkapital zu schließen, werden zunehmend Mittelstandsfonds aufgelegt, die von der öffentlichen Hand refinanziert oder durch Garantien von Risiken freigestellt werden.

Im Rahmen der KfW-Initiative »Eigenkapital für den breiten Mittelstand« wurde auf **Landesebene** in Bayern gemeinsam mit der **LfA Förderbank Bayern**, der Bayerischen Garantiegesellschaft mbH und der BayBG Bayerische Beteiligungsgesellschaft mbH ein Mittelstandsfonds realisiert. Auch in Hessen ist unter Beteiligung verschiedener Kreditinstitute und unter Einbindung des Landes Hessen ein Pilotfonds (»**IFD Hessenfonds**«) aufgelegt worden, der mittelständischen Unternehmen den Zugang zu Eigenkapital in Form von Minderheitsbeteiligungen und vor allem mezzanine Beteiligungsformen eröffnen soll. Den **NRW.BANK.Mittelstandsfonds** hat die NRW-Bank im Auftrag des Landes Nordrhein-Westfalen zur Eigenkapitalbeschaffung aufgelegt. Auch dieser Fonds vergibt das Kapital überwiegend im Rahmen von Mezzanine-Finanzierungen. Gespräche zur Entwicklung vergleichbarer Modelle werden inzwischen auch in anderen Bundesländern geführt.

Auf Bundesebene wurde gemeinsam mit Großunternehmen und der KfW ein **Gründerfonds** für junge Technologiefirmen eingerichtet. Der Fonds soll die Umsetzung innovativer Ideen in Deutschland fördern und zu diesem Zweck Mezzanine-Kapital in Form von nachrangigen Darlehen zur Verfügung stellen. Ziel ist es, die Lücke im Angebot von institutionellem Eigenkapital bei Unternehmensgründungen in der Seed-Phase zu schließen.

3.7.5 Identifikation und Auswahl geeigneter Förderprogramme

Den mittelständischen Unternehmen stehen zur Zeit rund 1500 bis 2000 Förderprogramme mit einem Gesamtvolumen von über 100 Mrd. € zur Verfügung. Diese von der EU, vom Bund und den Ländern bereitgestellten Fördermittel werden jedoch nur zu ca. 60% genutzt, obwohl

Das Hauptproblem liegt in der Vielzahl der angebotenen Programme

- ca. 90% aller Investitionen förderungsfähig sind,
- bis zu 24% der Investitionskosten eingespart werden können und
- rund 30% aller Förderungen auch ohne Investitionen vergeben werden.

Da die Nachfrage nach öffentlichen Fördermitteln höher ist denn je, lässt sich feststellen, dass das Hauptproblem für viele Unternehmen der oftmals zitierte »Förderdschungel« darstellt, d.h. eine oft unübersichtliche Vielzahl der einzelnen Programme. Bei der Identifikation geeigneter Programme sollten sich Unternehmen deshalb der Banken oder qualifizierter unabhängiger Berater bedienen. Unterstützung bei der Auswahl geeigneter Förderprogramme bieten auch die Förderinstitute selbst sowie die Wirtschaftsministerien von Bund und Ländern durch eine Beratung sowie über umfangreiche Informationen im Internet. So bietet die Broschüre »Wirtschaftliche Förderung. Hilfen für Investitionen und Arbeitsplätze« des Bundesministeriums für Wirtschaft und Arbeit (BMWA) einen umfassenden Überblick über die Förderprogramme des Bundes. Die Broschüre kann auf der Internetseite des BMWA heruntergeladen werden (www.bundeswirtschaftsministerium.de). Dort findet man auch eine kostenfreie Förderdatenbank des Bundes, die einen vollständigen und aktuellen Überblick über die Förderprogramme des Bundes, der Länder und der Europäischen Union gibt und eine detaillierte Suchfunktion bietet. Ausführliche Informationen über Förderprogramme befinden sich auch auf den Internetauftritten der KfW Mittelstandsbank (www.mittelstandsbank.de) und der Landesförderbanken.

3.7.6 Die Antragsstellung

Die Förderanträge werden in der Regel über Banken eingereicht, die Ansprechpartner für das gesamte Antrags- und Vergabeprozedere sind.

Tipp

Einige Kreditinstitute arbeiten enger mit Förderinstitutionen zusammen als andere. Hier sollte sich das Unternehmen vor Antragstellung über die Geschäftspolitik der Hausbank informieren, denn es kann sich durchaus lohnen, eine Bank einzuschalten, zu der das Unternehmen noch keine Geschäftsverbindung hat. Um die Chancen des Förderantrages zu erhöhen, sollte sich das Management in die Prinzipien und den Aufbau der jeweiligen Förderungen einarbeiten und sich darüber hinaus mit der Bank abstimmen und ggf. externe Berater einschalten.

Neben einem mehr oder weniger umfangreichen Antrag müssen je nach Förderprogramm weitere Unterlagen (kaufmännische und fachliche Qualifikation für das Vorhaben, Marktanalyse mit Umsatzprognose, Darstellung der Betriebsorganisation, Investitions- und Betriebsmittelbedarf sowie eine Finanzierungs-, Kosten-, Rentabilitäts- und Liquiditätsplanung) eingereicht werden.

Wenn das Förderprogramm neben der reinen Investitionsbeschreibung auch bestimmte Kriterien im Hinblick auf die allgemeine volkswirtschaftliche Bedeutung oder Auswirkungen auf die Region und dergleichen mehr verlangt, kommt auch der Beschreibung und Begründung des Vorhabens eine große Bedeutung zu.

Tipp

> Unabhängige Unternehmensberater unterstützen die Unternehmen bei der Erarbeitung entsprechender Darstellungen und Planungen. Die Beratungskosten können durch Zuschüsse des Bundes und der Länder teilfinanziert werden.
>
> Zu beachten ist, dass es bei den meisten Fördermitteln außerordentlich wichtig ist, dass mit dem zu fördernden Vorhaben nicht vor der Antragstellung begonnen wird. Eine nachträgliche Förderung bereits getätigter Investitionen und Projekte ist zumeist ausgeschlossen. Das Unternehmen darf also noch keine Verpflichtungen eingegangen sein (z. B. Kauf- oder Liefervertrag bzw. Bauantrag).

3.7.7 Fazit

Dem Vorteil des relativ günstigen Geldes stehen die Nachteile einer bürokratischen Antragstellung gegenüber

Die Beantragung von Fördermitteln ist nicht selten mit einem längeren und umfangreicheren Antragsverfahren verbunden. Zudem steht nicht jede Bank Förderprogrammen aufgeschlossen gegenüber. Dies ist insoweit verständlich, als sie als durchleitendes Institut zwar das Darlehen abwickelt, an den Margen aber nur in geringem Maß beteiligt ist. Insoweit ist der Weg über ein außenstehendes Kreditinstitut, das allein für die Fördermittelfinanzierung eingeschaltet werden soll, oftmals schwierig. Für schnelle Finanzierungen sind zudem nur die wenigsten Förderprogramme geeignet. Dessen ungeachtet sind Förderkredite und Eigenkapitalprogramme für alle mittelständischen Unternehmen eine interessante Möglichkeit der Unternehmensfinanzierung, die genutzt werden sollte.

3.8 Mezzanine-Verbriefungsprogramme

Mittelstand bezahlt hohe Illiquiditätsprämien für Mezzanine-Kapital. Erforderlich ist Transparenz und Liquidität

Wie bei allen Finanzierungstiteln, die an Märkten aufgenommen werden, für deren Finanztitel kein organisierter Sekundärmarkt existiert, fordern Investoren für direkte Mezzanine-Beteiligungen eine hohe Illiquiditätsprämie für ihre Anlagen ein. Dies führt zu vergleichsweise hohen Kapitalkosten und Mindestvolumina der Transaktionen, die den mittelständischen Unternehmen den unmittelbaren Zugang zum Kapitalmarkt erschweren. Sie müssen den Mezzanine-Investoren auf Grund der Präferenz der Investoren für eine hohe Liquidität ihrer Anlagen eine wesentlich höhere Rendite anbieten als beispielsweise Publikumsaktiengesellschaften ihren Aktionären.

Demgegenüber führen die Transparenz und der Liquiditätsvorteil offener und liquider Märkte naturgemäß zu einer höheren Bewertung von Finanzierungstiteln und damit einhergehend zu niedrigeren Renditeforderungen der Investoren. Der dargestellte Zwiespalt zwischen privater Mezzanine-Finanzierung und Kapitalmarktfinanzierung, gleichsam die Kluft zwischen mittelständischen Unternehmen und (internationalen) Investoren lässt sich also überwinden, indem man eine Verbesserung der Informationsverteilung und Liquidität von mittelständischen Finanzierungstiteln erreicht. Dabei geht es im Kern um die Frage, wie illiquide mezzanine Finanzierungstitel in liquide Kapitalmarkttitel transformiert werden können, um die Transaktionskosten für Mezzanine-Finanzierungen zu senken und so den Markt für mezzanine Mittelstandsfinanzierung dem Kapitalmarkt verfügbar zu machen.

Mezzanine-Verbriefungen sorgen für Liquidität und Kostenvorteile

Wie eine solche Kluft zwischen illiquiden privaten Finanzierungstiteln und dem Kapitalmarkt überwunden werden kann, zeigen anschaulich die sog. Collateralized Debt Obligations (CDOs). Bei diesen werden Asset Backed Securities auf Assetpools von Kundenkreditforderungen (Collateralized Loan Obligations, CLOs) und Unternehmensanleihen (Collateralized Bond Obligations, CBOs) begeben. Diese Pools unterschieden sich gegenüber den klassischen ABS-Pools durch ihre Heterogenität, da sich die eingebrachten Forderungen hinsichtlich ihrer Laufzeit, ihrer Besicherung, ihres Zinssatzes und der Qualität der Schuldner deutlich voneinander unterscheiden können. Mit der Auflegung derartiger CDOs ist es der Finanzbranche gelungen, heterogene Forderungspools, die vornehmlich aus Forderungen gegenüber Unternehmen bestehen, einer ABS-Struktur (siehe Kap. 7.5) zugänglich zu machen. Die ökonomisch überzeugende Idee, welche der Konstruktion dieser CDOs zu Grunde liegt, kann auch auf andere Assets übertragen werden. So lassen sich mit ABS-basierten Modellen der Mezzanine-Finanzierung ohne weiteres auch die privaten Märkte für Mezzanine-Finanzierungen mit den öffentlichen Märkten für Kapitalmarkttitel verbinden.

Der Markt für Mezzanine-Verbriefungen ist ein junger Markt

Durch solche Konstruktionen haben seit dem Jahr 2004 durch standardisierte Mezzanine-Verbriefungsprogramme unter Bezeichnungen wie PREPS (Hypo Vereinsbank/ Capital Efficiency Group) oder equiNotes (Deutsche Bank/IKB) auch Mezzanine-Finanzierungen am deutschen Verbriefungsmarkt Einzug gefunden. Mit derartigen ABS-basierten Modellen der Mezzanine-Finanzierung ist es innovativen Anbietern gelungen, die privaten Märkte für Mittelstandsfinanzierungen mit den öffentlichen Märkten für Kapitalmarkttitel zu verbinden. Zu nennen sind hier neben PREPS und equiNotes auch Mezzanine-Verbriefungsprogramme wie ge|mit (DZ Bank/Buchanan Capital Group), H.E.A.T. (HSBC Trinkaus & Burkhardt), SmartMezzanine (HSH Nordbank, LBBW und Haspa), MezzCap (Commerzbank), STEM (BayernLB), Mittelstands-Mezzanine (NordLB) und S-Mezzanine (WestLB) sowie M Cap Finance (Sachsen LB).

Mezzanine-Verbriefungen führen den deutschen Mittelstand mit internationalen Investoren zusammen

Wie sich zeigen wird, führen diese Mezzanine-Verbriefungen die Nachfrage des deutschen Mittelstands nach eigenkapitalähnlichen Mezzanine-Instrumenten und die Nachfrage der nationalen und internationalen Investoren an direkten Investments in den deutschen Mittelstands zusammen und bringen deren Interessen in idealer Weise in Übereinstimmung. Es überrascht deshalb kaum, dass standardisierte Mezzanine-Verbriefungsprogramme bei mittelständischen Unternehmen wie auch bei den institutionellen Investoren auf reges Interesse stoßen und sich gegenwärtig ein viel versprechendes neues Marktsegment entwickelt.

Im Folgenden wird die Struktur einer solchen Mezzanine-Verbriefung in ihren Grundzügen skizziert werden. Auf die Einzelheiten der Refinanzierung durch die Emission von ABS am Kapitalmarkt wird dort eingegangen, wo sie sich diese auf die zu finanzierenden Unternehmen auswirkt.

3.8.1 Grundstruktur einer Mezzanine-Verbriefung

Eine Zweckgesellschaft erwirbt einen Pool von Finanztiteln und refinanziert sich über die Ausgabe von Anleihen (ABS) in mehreren Tranchen am Kapitalmarkt

Durch eine Verbriefung werden in der Bilanz gebundene, illiquide Aktiva bzw. Assets (Forderungen), die einen regelmäßigen Zahlungsstrom generieren, in Liquidität umgewandelt. Die Forderungen werden an eine Zweckgesellschaft verkauft, die handelbare Wertpapiere am Kapitalmarkt zur Refinanzierung begibt (die Asset Backed Securities).

Im Rahmen einer Mezzanine-Verbriefung wird Mezzanine-Kapital (zumeist in Form von Genussrechten) von einer Zweckgesellschaft (Special Purpose Vehicle, SPV) oder der Sponsoring Bank des Mezzanine-Programms standardisiert an verschiedene Unternehmen ausgereicht. Die Mezzanine-Titel werden zu einem Assetpool gebündelt, der sich typischerweise durch seine geographische und branchenmäßige Diversifizierung auszeichnet.

Das SPV refinanziert sich am Kapitalmarkt über die Emission kapitalmarktfähiger Finanztitel in verschiedenen Tranchen mit unterschiedlichen Ausfallrisiken. Deren Qualität liegt deutlich über der Durchschnittsqualität der im Pool enthaltenen Finanztitel, weil im Pool Diversifikationsvorteile in großem Umfang realisiert werden können. Die Zahlungsansprüche der Investoren (Anspruch auf Rückzahlung des eingesetzten Kapitals und dessen vereinbarter Verzinsung) werden im Wesentlichen aus den Cash-flows der von dem SPV erworbenen Mezzanine-Finanztitel befriedigt bzw. besichert.

Wenn die Cash-flows auf das erworbene Portfolio nicht ausreichen, um die Zahlungsansprüche aller Investoren zu bedienen, müssen die Investoren den Verlust tragen. Derartige Verluste können beispielsweise entstehen, wenn Zahlungsverzögerungen oder Ausfälle auf die Forderungen eintreten.

Die Grundstruktur einer Mezzanine-Securisation ähnelt dabei anderen ABS-Transaktionen. Die ABS werden in unterschiedlichen Tranchen begeben, die in einem Nachrangverhältnis zueinander stehen. Es werden Senior-Notes mit einem Rating von Aaa (Moody's) bzw. AAA (Fitch), sowie Junior Notes, die im Wesentlichen das Ausfallrisiko von Zins und Kapital tragen, emittiert. Die für die jeweils vorrangigen Tranchen bestehenden Rück- und Zinszahlungsansprüche werden als erste aus den bei der Zweckgesellschaft eingehenden Zahlungen bedient (Wasserfallprinzip). Das Risiko der Poolforderungen kann ebenso wie die Risiko der Forderungen auf den Pool durch Ratings einer oder mehrerer anerkannten Ratingagenturen sichtbar gemacht werden, so dass negative Kapitalmarkteffekte weitgehend vermieden werden können. Eine Ausnahme bildet die unterste Tranche, sofern sie den First Loss trägt.

3.8.2 Refinanzierung durch die Emission von Asset Backed Securities

Die ABS-Struktur sorgt für günstige Refinanzierungskonditionen der Zweckgesellschaft

Die Refinanzierung des Pools findet über eine Zweckgesellschaft statt. Die Genussrechte werden verbrieft, der Pool strukturiert und nach einer **Tranchierung** in verschiedene geratete und nicht geratete ABS-Tranchen mit unterschiedlichen Risikoklassen (zumeist risikoarme erstrangige Senior Notes und nachrangige Junior Notes mit höherem Ausfallrisiko) am Kapitalmarkt platziert.

Die Tranchierung ist untrennbar mit dem **Wasserfallprinzip** verbunden, das charakteristisch ist für Verbriefungen. Die eingehenden Zahlungen werden in einer festen Reihenfolge an die ABS-Investoren verteilt. Dabei fließen alle Verluste entsprechend dem Wasserfallprinzip zunächst in eine erste Tranche und erst dann, wenn diese Tranche verbraucht, sprich wertlos ist, laufen die Verluste in eine zweite Tranche über, etc. Inhaber der vorrangigsten Wertpapiere (Senior Tranche) erhalten als erste Zahlungen auf ihre Ansprüche auf Kapital und Zinsen. Sodann werden Schritt für Schritt alle nachrangigen Wertpapiere aus den eingehenden Zahlungsströmen bedient. Der Zahlungsstrom ähnelt insofern einem Wasserfall, als eingehende Zahlungen von »oben nach unten« an die Investoren verteilt werden. Eventuelle Verluste hingegen steigen von »unten nach oben«. Sie werden zuerst der »nachrangigsten« Tranche zugerechnet, bis diese »verbraucht« ist. Die nachrangigste Tranche wird daher auch »Erstverlusttranche« (First Loss Piece) genannt und hat normalerweise kein Rating. Oft behält sie der Originator im eigenen Bestand.

Zusätzliche Sicherungsinstrumente

Durch den Einbau von zusätzlichen Sicherungsinstrumenten (**Credit Enhancements**) ist es möglich, das Rating eines Portfolios über das Durchschnittsrating der Einzeltitel zu heben und die Kapitalmarktreaktion zusätzlich zu begrenzen. Die wichtigsten Zusatzsicherheiten neben der Tranchierung des Portfolios in Erst- und Nachrang-Strukturen bzw. Senior- und Junior-Tranchen sind:

- Eine positive Zinsdifferenz zwischen aus dem Portfolio vereinnahmten Zinsen und an die ABS-Investoren gezahlten Zinsen (Excess Spread) haftet den Investoren ganz oder teilweise.
- Übersicherung (Overcollaterization), d.h. das zu Grunde liegende Portfolio ist größer als das Volumen der Wertpapiere, die es sichert.

Externe Absicherungen, wie z.B. der Erwerb einer externen Versicherungspolice für entstehende Verluste oder eine Garantie. Zur Begrenzung der Kapitalmarktreaktion kann zudem vorgesehen werden, dass der Originator der Mezzanine-Titel die Junior Tranche als First Loss Piece in den eigenen Bestand zurückkauft. Auf diese Weise können Investoren sicher sein, dass der Originator kein Interesse daran haben könnte, besonders risikoreiche Engagements an die Zweckgesellschaft zu übertragen.

Der internationale Kapitalmarkt stellt strenge Anforderungen an Finanztitel. Von Bedeutung für die zu finanzierenden Unternehmen sind die Anforderungen der internationalen ABS-Investoren an das konkrete Mezzanine-Programm. Im Hinblick auf das Portfolio von Mezzanine-Titeln verlangen die Investoren, dass zumindest ein Bonitätsrating – beispielsweise Moody's KMV für deutschen Mittelstand – für die Einzelrisiken eingesetzt wird, das international anerkannt ist bzw. eine Vergleichbarkeit mit anderen Finanztiteln ermöglicht. So hat Moody's für den Mittelstand das Bilanzrating Moody's Risk-

Calc™ entwickelt. Eine interne Ratingeinschätzung der Hausbank bietet zusätzliche Sicherheit. Darüber hinaus muss erkennbar sein, inwieweit aus seiner Sicht im Portfolio mezzanine oder »echte« Eigenkapitalinstrumente verbrieft werden, da davon die eigene Bewertung der möglichen Verlustschwere entscheidend abhängt. Der Instrumenttyp entscheidet oftmals auch darüber, welche Investoren angesprochen werden können und damit letztlich auch über die in der Verbriefung zu zahlenden Risikoprämien.

Darüber hinaus müssen Interessenkonflikte unter den an der Transaktion Beteiligten ausgeschlossen sein. So besteht Konfliktpotenzial, wenn in einer Transaktion eine Partei sowohl Fremdkapital- als auch Mezzanine-Kapitalgeber ist und damit zentral im Falle einer drohenden Insolvenz eines der Unternehmen agieren muss. Von wesentlicher Relevanz ist vor diesem Hintergrund auch, wer die Erstverluste aus dem verbrieften Portfolio übernimmt und welcher Einfluss sich daraus auf die Performance der Transaktion ergeben könnte. Darüber hinaus verlangt der Kapitalmarkt auch die Einsetzung eines kompetenten und bankenunabhängigen Portfolio-Managers bzw. Recovery Managers für den Fall einer Underperformance.

3.8.3 Ausreichung des Mezzanine-Kapitals an die Unternehmen

Die Konditionen der einzelnen Verbriefungs-Programme unterscheiden sich voneinander

Wie bei jeder Mezzanine-Finanzierung erfolgt die Bereitstellung von Mezzanine-Kapital im Rahmen eines Mezzanine-Programmes nicht gegen Sicherheiten, sondern auf der Grundlage zukünftiger Cashflows. Die unternehmensseitigen Voraussetzungen, um an einer Mezzanine-Verbriefung teilzunehmen, sind überschaubar.

3.8.3.1 Umsatz

Alle am Markt befindlichen Mezzanine-Programme stellen zunächst bestimmte Anforderungen an den Mindestumsatz. Während sich beispielsweise die PREPS, equiNotes, ge|mit, SmartMezzanine, MezzCap und STEM auf größere Unternehmen mit einem Jahresumsatz zwischen 20 und 50 Mio. € konzentrieren, richten sich Mittelstands-Mezzanine (NordLB) und S-Mezzanine (WestLB) an kleinere Unternehmen mit 5 bis 10 Mio. € Umsatz.

3.8.3.2 Bonität

Die teilnehmenden Unternehmen müssen eine bestimmte Bonität aufweisen und sich dem externen Rating einer anerkannten Ratingagentur unterziehen. Die Bonität der kapitalsuchenden Unternehmen lassen sich im Rahmen von standardisierten Prozessen schnell einfach ermitteln. So hat Moody's für den Mittelstand das Bilanzrating Moody's RiskCalc™ entwickelt. Mit diesem Instrument lässt sich auf Basis der letzten drei Jahresabschlüsse die Bonität eines Unternehmens ermitteln. Die erforderliche Kreditqualität bewegt sich üblicherweise im Bereich der Investmentgrade (AAA bis BBB- nach Standard & Poor's bzw. Aaa bis Baa3 nach Moody's). Inzwischen sind bereits Mezzanine-Programme am Markt, an denen auch Unternehmen mit einem Non-Investmentgrade-Rating teilnehmen können. (BB/BB+ nach Standard & Poor's bzw. Ba1/Ba2/Ba3 nach Moody's). Um den Investoren ein hohes Maß an Sicherheit zu gewähren, wird bei einigen Programmen auch ein internes Rating herangezogen.

3.8.3.3 Finanzierungsvolumen

Die an die Unternehmen ausgereichten Mezzanine-Tranchen korrelieren in ihrer Größenordnung mit den Anforderungen an den Mindestumsatz für die Teilnahme eines Unternehmens an einem Mezzanine-Programm und bewegen sich bei am Markt befindlichen Verbriefungen zwischen 0,5 und 40 Mio. €.

3.8.3.4 Sonstige Voraussetzungen

Darüber hinaus beschränken sich einige Mezzanine-Programme auf Unternehmen aus bestimmten Staaten respektive wirtschaftlich starken Regionen bzw. Branchen oder lassen nur Unternehmen zu, die sich mindestens seit einigen Jahren am Markt befinden, bestimmte Mindestkennzahlen (z.B. im Hinblick auf die Eigenkapitalquote) oder stabile Cash-flows aufweisen bzw. eine gewisse Anzahl von Verlustjahren in einem bestimmten Betrachtungszeitraum nicht überschreiten.

3.8.4 Die standardisierte Genussrechte und ihre Konditionen

Die Standardisierung der Genussrechtsbedingungen senkt die Transaktionskosten

Neben den Grundanforderungen ist ein zweiter wichtiger Bestandteil im Rahmen eines Mezzanine-Programms die standardisierte Mezzanine-Ausreichung, die ganz überwiegend über Genussrechte erfolgt. Eine Standardisierung der Mezzanine-Gewährung wie auch der der vertraglichen Dokumentation ist zur Erzielung der gewünschten positiven Effekte auf die Transaktionskosten erforderlich, von denen die zu finanzierenden Unternehmen über günstige Vergütungen für das Mezzanine-Kapital profitieren. Standardisierung bedeutet, dass eine Individualisierung des Mezzanine-Vertrages praktisch nicht möglich ist, dass jedes Unternehmen ein einheitliches Prüfungsverfahren durchlaufen muss und dass die Betreuung, insbesondere im Falle der Underperformance, einem gleichem Schema folgt.

3.8.4.1 Eigenkapitalqualität

Genussrechte werden als Equity und Debt Mezzanine gestaltet

Eine entscheidende Motivation für mittelständische Unternehmen an der Teilnahme an einem Mezzanine-Programm ist die Stärkung des Eigenkapitals bzw. der Bonität, um eine Erhöhung des Fremdfinanzierungspotenzials zu erreichen und die Fremdfinanzierungskosten zu senken. Mezzanine-Programme lassen sich so strukturieren, dass den Unternehmen handelsrechtlich bilanzielles Eigenkapital (Equity Mezzanine) bereitgestellt wird oder Fremdkapital (Debt Mezzanine). Die Bereitstellung von Genussrechten, die auch nach IFRS als Eigenkapitaltitel passiviert werden, stellt in der bisherigen Verbriefungspraxis hingegen die absolute Ausnahme dar.

3.8.4.2 Vergütung

Günstige Finanzierungskonditionen für die Unternehmen

Die Verszinsung setzt sich normalerweise zusammen aus einem Festzins und einen variablen Anteil, der nur anfällt, wenn gewisse Gewinnschwellen überschritten werden. Bei der Gestaltung der Konditionen besteht eine große Flexibilität. Die fixe Verzinsung bewegt sich bei den am Markt befindlichen Mezzanine-Programmen zwischen 6 % und 10,75 % p.a. Die in ihrer Höhe erfolgsabhängige Vergütung beträgt bei den meisten Anbietern 2 % p.a. Sowohl der Festzins als auch der variable Zins müssen erfolgsabhängig gestaltet sein, wenn das Genusskapital handelsrechtlich als Eigenkapital passiviert werden soll.

Die Kapitalvergütung im Rahmen von standardisierten Mezzanine-Programmen, die sich effektiv zwischen 8 % und 10 % p.a. bewegt, liegt wesentlich unter der Renditeerwartung von bis zu 20 % p.a., die institutionelle Mezzanine-Investoren im Rahmen von mezzaninen Einzeltransaktionen an ein Engagement haben (wobei bei diesen ein Teil der Renditeerwartung allerdings durch einen Equity-Kicker dargestellt wird). Neben der Vereinbarung von Nachzahlungsklauseln für gewinnschwache Jahre und etwaigen Abschlagszahlungen finden sich in der Genussrechtsvereinbarung typischerweise sehr detaillierte Regelungen über die Bemessungsgrundlage, auf deren Basis die nach den dargestellten Grundsätzen zu bemessende Vergütung ermittelt wird.

Ein vereinbartes Disagio, Abschlussprovisionen, Pauschalbeträge für die Due Diligence und das Erst- und Folgeratings sowie vorab fällige Abschlagszahlungen auf die jährliche Verzinsung führen zu einer Erhöhung des Effektivzinses.

3.8.4.3 Nachrangigkeit und Verlustbeteiligung

Nachrangiges Mezzanine-Kapital

Die in allen Programmen vorgesehene Nachrangigkeit des Genussrechtskapitals ist wesentliches Kriterium für eine Klassifizierung des Kapitals als wirtschaftliches bzw. handelsrechtliches Eigenkapital. Eine Verlustbeteiligung wird im Rahmen von solchen Mezzanine-Programmen vereinbart, bei denen die bereitgestellten Mittel bei dem teilnehmenden Unternehmen in der Handelsbilanz als Eigenkapital ausgewiesen werden sollen.

3.8.4.4 Laufzeit, Kündigung und Rückzahlung

Informations- und Kontrollrechte sichern Interessen des Kapitalgebers

Die Laufzeit im Rahmen eines Mezzanine-Programmes ist zumeist befristet (in der Regel auf sieben Jahre), wobei ein ordentliches Kündigungsrecht für beide Parteien ausgeschlossen wird. Üblicherweise wird vereinbart, dass die Rückzahlung grundsätzlich nach Ende der Laufzeit in Höhe des Nennbetrages am Fälligkeitstag zuzüglich etwaiger aufgelaufener aber noch nicht geleisteter Verzinsungen für vorangegangene Geschäftsjahre. Die übliche Vereinbarung bestimmter außerordentlichen Kündigungsrechte steht der Qualifikation des Genusskapitals als handelsrechtliches Eigenkapital nicht entgegen.

3.8.4.4 Informations- und Kontrollrechte

Da es sich bei Mezzanine-Kapital um unbesichertes und nachrangiges Kapital handelt und angesichts der hohen Anforderungen des Kapitalmarktes an die Transparenz einer Transaktion werden dem Genussrechtsgläubiger vergleichsweise umfassende Informations- und Kontrollrechte eingeräumt. Auf diese Weise soll gewährleistet werden, dass der Genussrechtsgläubiger über wesentliche bzw. etwaige nachteilige Entwicklungen frühzeitig informiert wird und angemessene Maßnahmen zur Wahrung seiner Interessen einleiten kann.

Das Eskalationsmanagement erfordert eine genaue Definition des Begriffes der »Verschlechterung der wirtschaftlichen Situation« im Genussrechtsvertrag. Insoweit wird üblicherweise auf eine »wesentliche Bonitätsverschlechterung« abgestellt, die vorliegt, wenn das Unternehmen bei einem Re-Rating unterhalb eines bestimmten Mindestratings sinkt. Die Kosten für Maßnahmen im Falle einer solchen Underperformance werden üblicherweise bis zu einer gewissen Höhe dem Unternehmen auferlegt. Nachdem es seit dem Sommer 2006 zu ersten Unternehmensinsolvenzen gekommen ist, sind bei künftigen Verbriefungsprogrammen strengere Informationspflichten der Unternehmen zu erwarten.

3.8.4.5 Sonstige Pflichten des Unternehmens

Der Markt für Mezzanine-Verbriefungen ist ein Wachstumsmarkt

Daneben werden die Unternehmen üblicherweise verpflichtet, ihr Vermögen und ihren Geschäftsbetrieb in branchenüblicher und angemessener Weise zu versichern, mit ihren Organen nur Geschäfte abzuschließen, die einem Fremdvergleich standhalten (sog. »arm's-length-Konditionen) und sich regelmäßig einem Re-Rating zu unterziehen. Weitere Pflichten des Unternehmens zur Wahrung der Interessen des Genussrechtsgläubigers können ohne weitere vereinbart werden.

3.8.5 Der Markt für Mezzanine-Verbriefungen

Zu den Pionieren, die den Markt für Mezzanine-Kapital für den (internationalen) Kapitalmarkt erschlossen haben, gehören die Hypo Vereinsbank und die Capital Efficiency Group. Seit der ersten Mezzanine-Verbriefung im Herbst 2004 haben sie in mittlerweile vier Verbriefungstransaktionen (genannt »PREPS«) ein Volumen von insgesamt über 1,5 Mrd. € platziert und damit 214 mittelständische Unternehmen mit Genussrechtskapital versorgt. Als Reaktion auf diese erfolgreichen Verbriefungstransaktion haben eine Reihe weiterer Banken vergleichbare »Collateralized Mezzanine Obligations« (»CMOs«) aufgelegt. Zu nennen sind in diesem Zusammenhang insbesondere equiNotes (Deutsche Bank/IKB), ge|mit (DZ Bank/ Buchanan Capital Group), H.E.A.T. (HSBC Trinkaus & Burkhardt), SmartMezzanine (HSH Nordbank, LBBW und Haspa), MezzCap (Commerzbank), STEM (BayernLB), Mittelstands-Mezzanine (NordLB) und S-Mezzanine (WestLB) sowie M Cap Finance (Sachsen LB). Seit dem Herbst 2004 haben die Banken über 700 mittelständischen Unternehmen allein auf diesem Weg über 6 Mrd. € an Mezzanine-Kapital bereitgestellt. Das Marktvolumen im Mezzanine-Bereich wird sich in den nächsten Jahren weiter erhöhen.

3.8.6 Fazit

Mezzanine-Verbriefungen sind eine attraktive und günstige Quelle für Mezzanine-Kapital

Durch die Teilnahme an einem Mezzanine-Programm erhalten die Unternehmen eine Mezzanine-Finanzierung mit allen ihren Vorteilen. Dabei bieten Mezzanine-Programme mittelständischen Unternehmen den Zugang zum Kapitalmarkt, ohne dass sie den Investoren wesentliche Mitspracherechte gewähren müssen. Sie stellen eine echte Alternative zu Bankprodukten dar, diversifizieren die Finanzierungsstruktur der Unternehmen und reduzieren grundsätzlich die Abhängigkeit von den Hausbanken, da die Finanzmittel direkt vom Kapitalmarkt stammen. Darüber hinaus dokumentiert die Teilnahme an einer Kapitalmarkttransaktion eine positive Bonitätseinstufung durch unabhängige Dritte sowie eine hohe Innovationskraft des Unternehmens und entfaltet so eine positive Publizitätswirkung.

Die nachrangigen Finanzmittel, die dem Unternehmen im Rahmen eines Mezzanine-Programms zufließen, können in der Regel bilanziell oder zumindest wirtschaftlich als Eigenkapital qualifiziert werden und stärken den Kreditspielraum des Unternehmens. Durch die Verbriefungsstruktur wird es möglich, den teilnehmenden Unternehmen Mezzanine-Kapital zu attraktiven Konditionen anzubieten, die zu vergleichsweise niedrigen Mehrkosten gegenüber einem nicht nachrangigen Bankdarlehen führt. Die Kapitalvergütung ist auch im Rahmen einer Verbriefung zumindest grob auf die Unternehmensentwicklung konditioniert. So sind beispielsweise Zinszahlungen an den Mezzanine-Gläubiger typischerweise abhängig davon, dass das Unternehmen keinen Verlustausweis zu verzeichnen hat. Dabei sorgt die steuerliche Abzugsfähigkeit der Kapitalkosten gegenüber einer Equity-Finanzierung zu erheblichen positiven Steuereffekten.

Für die Zukunft ist mit einer Ausweitung des Angebots auf kleinere Unternehmen zu rechnen

Die zur Zeit am Markt befindlichen Mezzanine-Programme stehen bislang überwiegend solchen Unternehmen zur Verfügung, die eine bestimmte Umsatzgröße erreichen und ein Investmentgrade-Rating aufweisen. Es sind jedoch auch standardisierte Angebote im Bereich mittlerer Mezzanine-Finanzierungen am Markt, die auf mittlere Unternehmen mit einem Jahresumsatz von 5 bis 10 Mio. € und einem Non-Investmentgrade-Rating ausgerichtet sind. Darüber hinaus entwickelt sich das Angebot an Mezzanine-Kapital stetig weiter, so dass damit zu rechnen ist, dass sich über eine Angebotsausweitung auch für kleinere Unternehmen die Zugangsmöglichkeiten zu Mezzanine-Finanzierungen verbessern werden.

3.9 Zusammenfassung

Der **Bankkredit** wird auch weiterhin seine herausragende Position in der Unternehmensfinanzierung behalten. Die Fremdfinanzierungsfähigkeit vieler Unternehmen hängt davon ab, ob es ihnen gelingt, eine **Eigenkapitalstärkung** zu realisieren. Da die **Innenfinanzierungskraft** der Unternehmen häufig nicht ausreicht, stehen die Mittelständler vor der ungewohnten Aufgabe, externes Eigenkapital einzuwerben.

Angesichts der Tatsache, dass die große Mehrzahl der Unternehmen in Deutschland einen Jahresumsatz von weniger als 5 Mio. € ausweist, ist den meisten Unternehmen ein **Börsengang** schon aus Gründen der Unternehmensgröße verstellt.

Demgegenüber sind die Grundvoraussetzungen im Bereich des außerbörslichen Eigenkapitals - **Private Equity** - eigentlich ideal: Auf der einen Seite suchen viele Mittelständler nach Eigenkapital. Auf der anderen Seite gibt es in Deutschland immer mehr **kommerzielle Beteiligungsgesellschaften**, die auf der Suche nach Investments sind. Eine Analyse der außerbörslichen Märkte für Beteiligungskapital zeigt aber: Eine enge operative Zusammenarbeit sowie die Gewährung substanzieller Minderheitsbeteiligungen sind für sonst frei agierende Unternehmen äußerst gewöhnungsbedürftig und oft nicht erwünscht. Umgekehrt sind Beteiligungen an traditionellen Unternehmen für kommerzielle Beteiligungsgesellschaften meist nicht lukrativ genug, da die Renditeerwartung von 20 bis 40 Prozent oft unerfüllt bleiben muss. Wegen der hohen Fixkosten und des Aufwands für Betreuung und Begleitung beteiligen sie sich zudem erst ab 5 bis 10 Mio. €. Unter den institutionellen Kapitalgebern bieten sich für mittelständische Unternehmen deshalb vor allem die **förderorientierten Beteiligungsgesellschaften** an. Da deren Eigenkapitalangebote sich nur selten über 1 Mio. € bewegen, sollten auch die Möglichkeiten **öffentlicher Eigenkapitalprogramme** zur Schließung vorhandener Eigenkapitallücken geprüft werden. Ein großes, vielfach ungenutztes Potenzial der (Eigenkapital-)Finanzierung liegt in der Finanzierung über private Investoren und Kapitalanleger.

Wenn es gelingt, die notwendige Standardisierung zu erreichen, werden sich **Mezzanine-Verbriefungen** zu einem eigenständigen und attraktiven Kapitalmarktsegment entwickeln und in der Zukunft einen festen Platz einnehmen im Produktangebot der Banken und im Finanzierungsmix auch von kleineren mittelständischen Unternehmen. Ein **Private Placement** bietet Unternehmen in allen Rechtsformen die Möglichkeit, sich ergänzend oder anstelle der Inanspruchnahme von anderen Finanzierungsquellen am außerbörslichen Kapitalmarkt zu finanzieren.

4 Formen der Fremdkapitalfinanzierung

Fremdkapital ist die klassische Finanzierungsform

Die Finanzierung mit Fremdkapital – besonders in der Form von Bankkrediten – ist für die meisten Unternehmen nach wie vor die klassische Form der Außenfinanzierung. Im Gegensatz zum Eigenkapital wird Fremdkapital dem Unternehmen zu fest vereinbarten Konditionen nur für einen begrenzten Zeitraum zur Verfügung gestellt. Es ist grundsätzlich nicht an dem wirtschaftlichen Erfolg des Unternehmens beteiligt, sondern unabhängig vom unternehmerischen Erfolg zu verzinsen und tilgen und dient im Insolvenzfalle auch nicht als Haftungskapital. Der Kapitalgeber erlangt typischerweise keine mitgliedschaftlichen Rechte an dem Unternehmen, sondern ist Gläubiger des Unternehmens. Auf der Passivseite erscheint das Kapital als Verbindlichkeiten, d.h. als Schulden des Unternehmens.

Die einzelnen Arten der Fremdkapitalfinanzierung lassen hinsichtlich des **Zeitraums der Kapitalüberlassung** in kurz- und mittelfristige sowie in langfristige Finanzierungen klassifizieren.

Fremdfinanzierung nach Laufzeiten		
Kurz- und mittelfristig	Handelskredite Bankkredite	Lieferantenkredite Kundenkredite Kontokorrentkredite Sonstige Kreditformen
Langfristig	Langfristige Darlehen Anleihen Fremdkapitalnahes Mezzanine-Kapital	Investitions-/Hypotheken-/Grundschulddarlehen Schuldscheindarlehen Klassische Schuldverschreibungen Sonderformen der Schuldverschreibungen Nachrangdarlehen Typisch stille Beteiligungen

Sonder-formen	Kurz- und mittelfristig	Factoring, Forfaitierung
	Langfristig	Leasing, Sale-and-lease-back, Asset backed Securities

Die einzelnen Fremdkapitalinstrumente unterscheiden sich nicht nur im Hinblick auf den Zeitraum der Kapitalüberlassung, sondern vor allem auch hinsichtlich des **Verwendungszwecks**. Langfristige Fremdfinanzierungen dienen zumeist der Finanzierung größerer Investitionen in Gegenstände des Anlagevermögens in Form von Erweiterungs-, Rationalisierungs- und Ersatzinvestitionen sowie der Finanzierung von Akquisitionen und Umschuldungen. Kurzfristige Instrumente dienen eher der Finanzierung des Umlaufvermögens bzw. des laufenden Geschäfts, z.B. der Lagerhaltung, der Produktions- und Absatzprozesse sowie der Deckung kurzfristiger Liquiditätsengpässe durch saisonale Schwankungen in den Zahlungsströmen.

Die Fristenkongruenz ist bei vielen Mittelständlern mangelhaft

Tipp

In der Praxis ist die Finanzierungsstruktur hinsichtlich der Fristenkongruenz gerade bei mittelständischen Unternehmen falsch aufgebaut. Insbesondere werden eine Vielzahl von langfristigen Investitionen »über die Linie« gezogen, also mit dem kurzfristigen (und sehr teuren) Kontokorrentkredit finanziert. Nicht wenige Unternehmen mussten in der jüngeren Vergangenheit genau aus diesem Grund – nämlich der zu hohen Zinsbelastung auf Grund falscher Finanzierungsstrukturen – Insolvenz anmelden.

Um den Besonderheiten der unterschiedlichen Finanzierungsformen Rechnung tragen zu können, erfolgt die Darstellung der verschiedenen Fremdkapitalinstrumente anhand der Einteilung nach den unterschiedlichen Kapitalgebern bzw. Finanzierungswegen. Selbstverständlich können auch Privatpersonen einem Unternehmen ein Darlehen gewähren, Anleihen auch bei institutionellen Investoren platziert werden, Kreditinstitute im Rahmen eines Schuldscheindarlehens Fremdkapital zur Verfügung stellen oder Versicherungsunternehmen ein Hypothekendarlehen gewähren. Aus Gründen der Übersichtlichkeit erfolgt die Darstellung jedoch anhand einer typisierenden Betrachtung der Kapitalgeber.

Fremdfinanzierung nach Kapitalgebern

Kapitalgeber	Kurz- und mittelfristig	Langfristig
Banken	• Kontokorrentkredite • Sonstige Kreditformen	• Investitions-/ Hypotheken-/ Grundschulddarlehen
Handelspartner	• Lieferantenkredite • Kundenkredite	–
Kapitalsammelstellen/ Institutionelle Investoren	–	Schuldscheindarlehen
Publikum	–	• Anleihen • Typisch stille Beteiligungen

4.1 Bankkredite

Die traditionell häufigste Form des Fremdkapitals ist die Aufnahme eines Kredits bei einem Kreditinstitut.

4.1.1 Rechtliche Grundzüge

Kreditfinanzierungen werden mittels eines Darlehensvertrags gewährt

Bei der Kreditfinanzierung werden dem Unternehmen die Finanzmittel nur für einen exakt begrenzten (wenn auch verlängerbaren) Zeitraum und für ein fest (wenn auch ggf. den Marktverhältnissen anzupassendes) vereinbartes Entgelt (Zinsen) zur Verfügung gestellt. Rechtliche Grundlage eines Bankkredites ist ein Darlehensvertrag (§ 488 BGB). Durch diesen wird der Darlehensgeber verpflichtet, dem Darlehensnehmer einen Geldbetrag in der vereinbarten Höhe zur Verfügung zu stellen. Im Gegenzug ist der Darlehensnehmer verpflichtet, den vereinbarten Zins zu zahlen und bei Fälligkeit das zur Verfügung gestellte Darlehen zu tilgen. Der Kreditgeber besitzt als Gläubiger keine unternehmerischen Mitspracherechte und hat nur einen Anspruch auf den Kreditzins und Rückzahlung zum vereinbarten Termin. Im Insolvenzfall hat der Kreditgläubiger einen Quotenanspruch auf die Insolvenzmasse.

4.1.2 Kurz- und mittelfristige Bankkredite

Kurz- und mittelfristige Bankkredite dienen vor allem zur Sicherung der Zahlungsbereitschaft des Unternehmens, z.B. zur Schaffung ausreichender Liquidität für die Finanzierung von Spitzenbelastungen oder den Ausgleich von Schwankungen im Zahlungsverkehr. Im Hinblick auf die Form der Bereitstellung ist zu unterscheiden zwischen der **Geldleihe,** d.h. der Bereitstellung liquider Mittel, und der **Kreditleihe,** bei der sich das Unternehmen nur »den guten Namen« des Kreditinstitutes zu Nutzen macht, ein unmittelbarer Liquiditätszufluss jedoch nicht stattfindet.

Kurz- und mittelfristige Bankkredite sind liquiditätsorientiert

Formen der Kreditvergabe

Geldleihe	Kreditleihe
• Kontokorrentkredit • Betriebs-, Saison- und Zwischenkredit • Lombardkredit • Diskontkredit (= Wechselkredit)	• Akzeptkredit (= Wechselkredit) • Avalkredit (im Sinne Bürgschaft oder Garantie)

4.1.2.1 Kontokorrentkredit

Die klassische Form des kurzfristigen Bankkredits ist der Kontokorrent. Hier räumt das Kreditinstitut dem Kreditnehmer in der Regel auf dem Geschäftskonto einen Betriebsmittelkredit ein, den der Kreditnehmer bis zu der vereinbarten Kreditlinie in Anspruch nehmen kann. Im Rahmen des ihm zur Verfügung gestellten Limits passt sich der Kontokorrentkredit täglich dem Liquiditätsbedarf des Unternehmens an und bildet somit eine Liquiditätsreserve.

Kontokorrentkredite sind täglich fällig und bilden eine Liquiditätsreserve

Kontokorrentkredit	
Laufzeit	Kontokorrentzusage bis auf weiteres oder i.d.R. sechs bis zwölf Monate, wobei laufende Verlängerung üblich ist. Langfristige Bereitstellung (vier bis acht Jahre) möglich, dann erhöhte Bereitstellungsprovision.
Konditionen	Vergleichsweise teure Form der kurzfristigen Finanzierung. Gebühren werden für unterschiedliche Posten in Rechnung gestellt:

	• Sollzinsen: variabel nach aktuellem Geldmarktniveau oder fix (gegen Gebühr) • Bereitstellungsprovision (meist erst ab vereinbarter Bereitstellung von über einem Jahr) • Überziehungsprovision • Kontoführungsgebühren, Spesen, Auslagen, etc.
Tilgung	Je nach Vereinbarung endfällige Tilgung oder automatische Prolongation
Verwendungszweck	Sicherung der kurzfristigen Liquidität
Bonitätsprüfung	Bankinternes Rating und ständige Überwachung der Kontoführung
Sicherung	Je nach Bonität unbesichert (blanko) oder mit Sicherheiten (Grundpfandrechte, Sicherungsübereignung, etc.)

Vorteile	**Nachteile**
• freie Verfügbarkeit innerhalb Kreditlinie • Sicherung der Zahlungsfähigkeit • Ausnutzung von Skontos möglich • Geringe Sicherheiten	• vergleichsweise teure Kreditart • Gefahr der Abhängigkeit

Zur Vermeidung von Abhängigkeiten und um den Wettbewerb der Banken auszunutzen, sollten Kreditlinien bei mehreren Instituten eingerichtet werden. Gerade in Zeiten, in denen kein aktueller Bedarf besteht, sollte der Aufbau langfristiger Kreditlinien in Erwägung gezogen werden, um aus einer Position der Stärke über die Konditionen verhandeln zu können und frühzeitig eine Liquiditätsvorsorge zu schaffen.

4.1.2.2 Betriebs-, Saison- und Zwischenkredite

Zur Finanzierung so genannter Spitzen stehen gesonderte Betriebs-, Saison- und Zwischenkredite zur Verfügung

Unternehmen, deren kurzfristiger Finanzierungsbedarf nach Höhe und Laufzeit bereits von vornherein feststeht, weil sie z.B. zu einem bestimmten Zeitpunkt den Eingang eines konkreten Betrages erwarten, können neben dem Kontokorrent auch kurzfristige Bankkredite abschließen. Anders als beim Kontokorrentkredit werden die Konditionen (Höhe, Zinssatz, Laufzeit und ggf. zu bestellende Sicherheiten) in einem bestimmten Darlehensvertrag fest vereinbart. Vorteil für das Unternehmen ist die sichere Grundlage für ihre Kalkulation und die Wahrung der Kontokorrentkreditlinie.

4.1.2.3 Lombardkredit

Der Lombardkredit ist ein kurzfristiger Realkredit, der durch Pfandrecht an einer beweglichen Sache oder einem verbrieften Recht (z.B. Wertpapiere, Wechsel) gesichert ist. Der Kreditnehmer erhält als Kredit nicht den vollen Wert seines Pfandes, sondern nur einen bestimmten Prozentsatz davon (Beleihungswert). Der Zinssatz beim Lombardkredit wird Lombardsatz genannt. Man unterscheidet zwischen echten (Darlehensgewährung mit Sicherung durch Pfandrecht) und unechten Lombardkrediten (Kontokorrentkredit mit Sicherung durch Pfandrecht). In der Praxis spielt nur der unechte Lombardkredit unter Beleihung von Wertpapieren eine wichtige Rolle. Die Laufzeit beträgt bis zu einem Jahr, die Konditionen sind abhängig von den verpfändeten Sicherheiten.

Beim Lombardkredit werden üblicherweise Wertpapiere als Sicherheit verpfändet

4.1.2.4 Wechsel-, Akzept- und Diskontkredit

Der Wechsel ist ein Wertpapier, das eine abstrakte Verbindlichkeit verbrieft. In einem Wechsel weist der **Aussteller** (in der Regel der Gläubiger einer Verbindlichkeit) seinen Schuldner an, den im Wechsel genannten Geldbetrag zu einem bestimmten Tag an einem bestimmten Ort zu zahlen. Hat der Schuldner die Anweisung durch die Unterschrift akzeptiert, nennt man ihn auch **Akzeptant bzw. Bezogener**.

V.a. Warengeschäfte werden über kurzfristige Wechsel- und Diskontkredite finanziert

Der Wechsel als Zahlungsmittel

Als **Zahlungsmittel** dient der Wechsel vor allem bei Warengeschäften. Der Verkäufer stellt den Wechsel im Einvernehmen mit dem Kunden auf dessen Namen aus, der sich dann als Akzeptant zur Zahlung einer bestimmten Geldsumme verpflichtet. Der Inhaber eines solchen Warenwechsels kann den Wechsel an Dritte weitergeben und ihn somit seinerseits als Zahlungsmittel verwenden. Eine solche Weitergabe kann beliebig oft erfolgen.

Ein Wechsel kann auch als **Kreditmittel** bei einer Bank eingesetzt werden. Solche Wechselkredite gibt es als Diskont- oder als Akzeptkredit. Eine echte Geldleihe findet nur beim **Diskontkredit** statt. Dem Diskontkredit liegt ein Wechsel zu Grunde, der z.B. von einem Kunden des Unternehmens akzeptiert wurde. Das Unternehmen kann den Wechsel bereits vor Fälligkeit an eine Bank zum Diskont einreichen (diskontieren) und sich damit einen mit der Wechsellaufzeit identischen Diskontkredit verschaffen, der gegen einen Zinsabschlag (Diskont) ausgezahlt wird. Der Diskont orientiert sich am Geldmarkt. Banken gewähren Diskontkredite bei guten Wechseln, soweit sie die Titel zur Refinanzierung an ihre Notenbank verpfänden können. Die wichtigsten Kriterien für diese sog. Notenbankfähigkeit eines Wechsels sind:

- Geldsumme in Euro,
- Restlaufzeit von mindestens einem Monat und höchstens sechs Monaten,
- Akzeptant ist wirtschaftlich Selbstständiger oder ein Wirtschaftsunternehmen mit Sitz im Inland und mit einwandfreier Bonität,
- das Wechselformular entspricht DIN 5004.

Im Gegensatz zum **Diskontkredit** stellt die Bank bei einem Akzeptkredit keine liquiden Mittel, sondern nur ihre eigene »Kreditwürdigkeit« zur Verfügung. Der Akzeptkredit ist somit eine Kreditleihe, bei dem sich ein Kreditinstitut für einen Kreditkunden durch Akzeptierung (Wechselakzept) gegenüber einem Dritten verpflichtet. Zwischen dem Unternehmen und der Bank wird meist vereinbart, dass der Wechselbetrag einen Tag vor Fälligkeit vom Aussteller der Bank zur Verfügung gestellt wird. Das Unternehmen kann den Wechsel als Zahlungs mittel bei Lieferanten verwenden oder durch Diskontierung auch in einen echten Finanzkredit umwandeln. Die akzeptierende Bank bedingt sich aber gewöhnlich aus, dass der Wechsel bei ihr diskontiert wird, damit sie den Diskont selbst verdient. Das Unternehmen erhält mit dem Bankakzept folglich ein vorzügliches und leicht verwertbares Kredit- und Zahlungsmittel.

Rembourskredit

Für ausländische Geschäftspartner ist es oft schwer, die Kreditwürdigkeit des Handelspartners einzuschätzen. Eine wichtige Bedeutung hat der Akzeptkredit deshalb im Außenhandel in seiner Sonderform als Rembourskredit. Eine Bank im Land des Verkäufers akzeptiert dann für Rechnung im Auftrag einer Bank des Käufers einen gezogenen Wechsel, den der Käufer dann diskontieren kann.

4.1.2.5 Avalkredit

Avalkredite dienen der Absicherung von Forderungen und anderen Ansprüchen

Bei einem **Avalkredit** gibt ein Kreditinstitut für den Kunden gegenüber einem Dritten ein Zahlungsversprechen ab. Auch der Avalkredit ist somit keine Geld , sondern eine Kreditleihe. Avalkredite werden hauptsächlich von Behörden, aber auch von privaten Unternehmungen verlangt. Es gibt Avalkredite

- in Form von selbstschuldnerischen Bankbürgschaften für Zahlungsverpflichtungen des Kreditnehmers z. B. aus Frachten, Steuern und Zöllen,
- in Form von Garantien für vereinbarte Vertragsstrafen bei nicht rechtzeitiger Erbringung einer Leistung,

- in Mischform für Anzahlungen, Lieferungen und Leistungen oder Gewähr leistungen.

Als Gegenleistung für den Avalkredit zahlt der Schuldner an das Kreditinstitut die so genannte Avalprovision, die regelmäßig bei 1 bis 2,5% p.a. liegt. Der Avalkredit hat bei der Sicherheitsleistung für den Schuldner den Vorteil, dass er keine Geldbeträge hinterlegen muss und so die eigene Liquidität schont.

4.1.3 Langfristige (Bank-) Darlehen

Langfristige Darlehen dienen der Investitionsfinanzierung

Zu den wichtigsten Formen der Investitionsfinanzierung kleiner und mittelständischer Unternehmen gehören **langfristige (Bank-) Darlehen**. In der Praxis spricht man von langfristigen Krediten, wenn die Ursprungslaufzeit mindestens vier Jahre beträgt. Langfristige Darlehen dienen hauptsächlich der Investitions- und Akquisitionsfinanzierung. Daneben können langfristige Kredite für den Abbau kurz- und mittelfristiger Kredite benötigt werden. Kreditinstitute vergeben langfristige Darlehen entweder aus eigenen Mitteln oder aus fremden Mitteln, z.B. subventionierte Förderkredite der KfW Mittelstandsbank. Vergibt das Kreditinstitut das Darlehen mit Grundpfandrechten als Sicherheit, ist von **Hypothekendarlehen** bzw. **Grundschulddarlehen** die Rede. Es folgt eine Übersicht über die wichtigsten Merkmale des langfristigen Darlehens.

Mit langfristigen Darlehen kann auch die Fristenstruktur bereinigt werden

Langfristiges Bankdarlehen	
Kreditgeber	Kreditinstitute (Genossenschaftsbanken, Geschäftsbanken, Sparkassen), Förderbanken
Laufzeit	Mindestens fünf Jahre, maximal 30 Jahre. Mit wachsender Risikoorientierung der Banken ist eine Tendenz zu kürzeren Laufzeiten festzustellen. Kündigungsrecht des Kreditnehmers oft erst nach Ablauf der Zinsbindungsfrist. Kündigungsrecht des Kreditgebers meist nur bei nicht vertragsgemäßen Verhalten.
Konditionen	Regelmäßig Zinsfestsetzung für einen bestimmten Zeitraum, anschließend Neuverhandlung
Tilgung	• Annuitätendarlehen • Tilgungsdarlehen • Endfälliges Darlehen

Verwendungszweck	• Anschaffung von Gegenständen des Anlagevermögens • Akquisitionen • Forschung und Entwicklung
Bonitätsprüfung	• Eingehende Kreditwürdigkeitsprüfung, bankinternes Rating • Ständige Kreditüberwachung
Sicherung	• Meist Grundpfandrechte (Hypotheken- bzw. Grundschulddarlehen)

Vorteile	Nachteile
• Hohe Planungssicherheit durch langfristige Kalkulation und ggf. Zinsbindung • Keine Mitspracherechte der Bank • Zinsen sind steuerlich Betriebsaufwand • Ggf. Ausnutzung des Leverage-Effektes	• Strenge Bonitätsanforderungen gemäß Basel II • Gefahr der wirtschaftlichen Abhängigkeit • Reduzierung der Eigenkapitalquote • Zins und Tilgung belasten auch in Verlustjahren die Liquidität

Die Konditionen für einen Bankkredit hängen von der Art des Darlehens ab und werden individuell im Darlehensvertrag ausgehandelt.

4.1.3.1 Kreditwürdigkeit – Bonität, Basel II und Rating

Die Bonität ist eines der wichtigsten Elemente der Kreditprüfung

Kredit ist – das Wort deutet es bereits an – Vertrauenssache. Getreu dem Motto »Vertrauen ist gut, Kontrolle ist besser« ist eine vorausgehende Kreditwürdigkeitsprüfung durch das Kreditinstitut eine Grundvoraussetzung für jede Kreditvergabe. Als Folge von Basel II und einer veränderten Kreditvergabepraxis werden die Kreditinstitute bei einer Kreditentscheidung künftig weniger nach den Sicherheiten, sondern weitaus stärker nach der Bonität des Kreditnehmers differenzieren. Grundlage des »Vertrauens« ist deshalb die Prüfung der Bonität des Unternehmens anhand eines bankinternen Ratings. Durch Basel II fließen verstärkt qualitative Merkmale wie Marktstellung des Unternehmens und Managementqualität in das Rating ein (siehe Kap. 3.1.1). Zu den wichtigsten Kriterien für eine gute Bonitätsbeurteilung gehört neben einer positiven Ertragskraft und einer geordneten Bilanzstruktur vor allem eine ausreichende Eigenkapitalausstattung des Unternehmens.

4.1.3.2 Kreditkosten

Der Kreditzins ist die Vergütung für die Überlassung des Kapitals

Für die Bereitstellung des Kapitals erwartet der Kreditgeber als Vergütung einen angemessenen Kreditzins. Der Zinssatz richtet sich vor allem nach:

- den Kosten der **Refinanzierung** über den Geld- oder Kapitalmarkt,
- dem **Risiko** der Kreditvergabe (abhängig von der **Bonität** des Unternehmens und ggf. vorhandenen Sicherheiten),
- der Menge an **Eigenkapital**, mit dem das Kreditinstitut den Kredit aus bankaufsichtsrechtlichen Gründen unterlegen muss,
- den Kosten der **Kreditbearbeitung**,
- einer ggf. vereinbarter **Zinsbindungsfrist**,
- den **Renditezielen** der Bank.

Der Zinssatz kann für die gesamte oder einen Teil der Laufzeit festgesetzt oder variabel vereinbart werden, wobei die Kreditkosten steigen, je länger die Zinsen festgeschrieben sind. Wichtiger Kostenfaktor ist in Zeiten von Basel II die **Bonität** des Unternehmens, denn diese bestimmt nicht nur das Risiko, das die Bank mit einer Kreditgewährung eingeht, sondern bestimmt künftig auch, mit wie viel Eigenkapital die Bank das Darlehen unterlegen muss. Unternehmen mit guter Bonitätsbeurteilung bekommen somit künftig zinsgünstigere Kredite, während Unternehmen mit einem schlechteren Rating – falls sie überhaupt ein Darlehen erhalten – in Zukunft mehr bezahlen müssen.

Einfluss von Basel II auf die Kreditkosten

Risikokosten	abhängig von Bonität und Rating des Unternehmens
Eigenkapitalkosten	abhängig von Bonität und Rating des Unternehmens und Renditezielen der Bank
Bearbeitungskosten	Anstieg infolge von Basel II
Refinanzierungskosten	abhängig von Laufzeit, Rating der Bank und Kapitalmarktsatz

4.1.3.3 Absicherung des Kredit- und Zinsrisikos

Je nach Bonität sind Darlehen zu besichern

Um die Rückzahlung des Darlehens durch den Kreditnehmer abzusichern, ist je nach Rating auch die Bestellung von **Sicherheiten** erforderlich, deren Wert einem wesentlichen Teil oder auch der ganzen Kreditsumme entsprechen muss. Typische Kreditsicherheiten sind:

- **Sicherungsübereignung** (z. B. Fuhrpark),
- **Forderungsabtretung** (z.B. Forderungen aus dem Geschäftsbetrieb, Ansprüche aus Kapitallebensversicherungen),

- **Grundpfandrechte** (Hypothek, Grundschuld oder Rentenschuld auf Grundstücke, Betriebsanlagen oder Bauwerke),
- **Verpfändung** von beweglichen Sachen und Rechten (z.B. Wertpapiere und Festgelder),
- **Bürgschaften** und **Garantien** (z.B. von Gesellschaftern, Bürgschaftsbanken oder sonstigen Dritten)
- oder durch sonstige Vereinbarungen.

Ungeachtet der verfügbaren Sicherheiten verlangen Banken bei der Kreditvergabe eine ausreichende Eigenkapitalbasis. Die Bestellung von Sicherheiten allein gewährleistet heute nicht mehr eine positive Kreditentscheidung. Der Grund: Sicherheiten sind kein Bestandteil des Ratings, da sie zwar die Verlustquote bei Zahlungsunfähigkeit des Unternehmens, nicht aber die Ausfallwahrscheinlichkeit beeinflussen. Weist das Unternehmen eine Eigenkapitalquote nahe Null oder darunter auf, ist es faktisch nicht kreditfähig.

4.1.3.4 Laufzeit und Tilgung

Hinsichtlicher der Beendigung der Darlehen unterscheidet man zwischen Fälligkeits- und Kündigungsdarlehen

Das Vertragsverhältnis zwischen Darlehensgeber und Darlehensnehmer ist ein Dauerschuldverhältnis. Wenn für die Rückerstattung kein Zeitpunkt vereinbart wird, hängt die Fälligkeit der Rückzahlung von der Kündigung ab. Die Kündigungsfrist beträgt bei entgeltlichen Darlehen regelmäßig drei Monate. Wird der Zeitpunkt der Rückzahlung - wie üblich - vereinbart, sind verschiedene Gestaltungen möglich:

- Bei dem **Annuitätendarlehen** bleibt der jährliche Kapitaldienst aus Zins und Tilgung konstant. Während der Laufzeit sinkt jedoch der Zinsanteil ab und der Tilgungsanteil steigt. Das Unternehmen kann während der gesamten Dauer der Tilgungsphase mit konstanter Liquiditätsbelastung kalkulieren.
- Bei dem **Tilgungsdarlehen** sind nur die jährlichen Tilgungsraten konstant, während die Zinsen mit fortschreitender Tilgung allmählich sinken. Wegen der höheren Zinszahlungen ist die Liquiditätsbelastung anfangs am höchsten und nimmt während der Laufzeit sukzessive ab.
- Bei dem **endfälligen Darlehen** werden während der Darlehenslaufzeit nur die Zinsen bezahlt. Die Tilgung der Darlehenssumme erfolgt am Ende der Laufzeit in einer Summe.

Wird eine Laufzeit vereinbart, können die Parteien den Darlehensvertrag vorzeitig einseitig nur in den gesetzlich geregelten oder vereinbarten Fällen kündigen oder einvernehmlich aufheben. Je nach Laufzeit lassen sich kurzfristige (bis zu einem Jahr), mittelfristige (zwei bis vier Jahre) und langfristige (mindestens vier Jahre) Darlehen unterscheiden.

4.1.4 Bilanzielle Behandlung und steuerliche Auswirkungen

Bilanziell stellen Kredite und Darlehen Verbindlichkeiten dar

Kredite stellen sowohl handels- und steuerrechtlich als auch nach IFRS und US-GAAP bilanzielles Fremdkapital dar. Sie sind grundsätzlich als Verbindlichkeiten zu passivieren und mit dem zum Rückzahlungsbetrag bzw. Erfüllungsbetrag anzusetzen, nach IFRS bzw. US-GAAP nach den fortgeführten Anschaffungs kosten respektive dem Marktwert. Kredite erhöhen somit den Verschuldungsgrad und wirken sich negativ auf die Eigenkapitalquote aus. Die Kapitalkosten mindern als Betriebsaufwand das bilanzielle bzw. steuerliche Jahresergebnis.

Tipp

Wenn die privaten Mittel für eine weitere Finanzierung des Unternehmens aus dem Gesellschafterkreis nicht ausreichen, führen die Gesellschafter dem Unternehmen zusätzliches Kapital oft durch ein langfristiges Bankdarlehen zu, für das sie sich mit ihrem Privatvermögen verbürgen. Eine interessante Alternative ist die persönliche Aufnahme eines Privatdarlehens und die Zuführung der privat zugeflossenen Mittel in das Unternehmen über eine Kapitalerhöhung oder als rückzahlbarer mezzaniner Eigenkapitalersatz. Steuerliche Nachteile ergeben sich bei dieser Gestaltung grundsätzlich nicht.

4.1.5 Fazit

Kreditinstitute stellen eine Reihe von kurzfristigen Kreditformen zur Verfügung, die von den Unternehmen zum Ausgleich von Liquiditätsschwankungen sinnvoll genutzt werden können. Der langfristige Bankkredit wird auch weiterhin seine herausragende Position in der Unternehmensfinanzierung behalten. Allerdings werden Basel II und eine generell risiko- und renditeorientierte Kredit vergabepraxis der Banken die langfristige Kreditfinanzierung für viele Unternehmen erschweren, kostspieliger oder sogar unmöglich machen. Für die langfristige Investitionsfinanzierung müssen deshalb in Zukunft neben anderen Formen der Fremdkapitalfinanzierung auch Sonderformen der Investitionsfinanzierung (z.B. Leasing) und alternative Finanzierungsformen wie Mezzanine-Kapital stärker genutzt werden.

4.2 Handelskredite

Handelskredite werden in der Beziehung Lieferant/ Kunde gewährt

Jedem Handelskredit liegt ein Handelsgeschäft zu Grunde. Handelskredite sind eine klassische Form der kurzfristigen Finanzierung des Warenumschlages. Hierbei kann zwischen dem **Lieferantenkredit** und dem **Kundenkredit** unterschieden werden. Ein Kreditinstitut wird bei dieser Art von Krediten nicht einbezogen.

4.2.1 Lieferantenkredit

Der **Lieferantenkredit** ist ein kurzfristiger Kredit im Rahmen eines Liefer- und Leistungsgeschäfts, bei dem der Kunde dem Lieferanten nicht sofort bei Erhalt der Leistung die Rechnung bezahlt, sondern bei dem der Lieferant dem Kunden ein Zahlungsziel von üblicherweise ein bis drei Monaten einräumt. Die Kreditbeziehung wird nicht in einem Darlehensvertrag, sondern in dem der Leistungsbeziehung zu Grunde liegenden Vertrag geregelt. Zahlt der Kunde ohne Nutzung des Zahlungsziels, so kann er ein nach Zeitspannen gestaffeltes Skonto abziehen. Nimmt der Käufer das Zahlungsziel in Anspruch, entstehen so genannte Opportunitätskosten durch den Verzicht auf den Skontoabzug. Die Kosten für Kreditgewährung und Kreditrisiko sind somit im Preis inbegriffen. Obwohl eine systematische Kreditwürdigkeitsprüfung nicht stattfindet, holt der Lieferant bei höheren Krediten regelmäßig eine Kundenauskunft bei Auskunfteien wie z.B. der Creditreform ein. Zur Kreditsicherung wird vom Gläubiger meist der Eigentumsvorbehalt gewählt.

Für den **Kunden**, der den Kredit in Anspruch nimmt, bedeutet ein solcher Kredit abhängig vom Verhältnis seiner durchschnittlichen Lagerumschlagszeit und der Kreditzeit eine volle oder teilweise Finanzierung der Lagerhaltung und unter Umständen seiner eigenen Lieferungskreditgewährung. Darüber hinaus ist diese Form des Kredits schnell und bequem und schont die Kreditlinie bei der Hausbank. Aus Gründen der Wirtschaftlichkeit und um Abhängigkeiten vom Lieferanten zu vermeiden, kann es aber sinnvoller sein, einen Kontokorrentkredit aufzunehmen und die Rechnung innerhalb der Skontofrist zu bezahlen.

Beispiel:
Ein Lieferant führt folgende Zahlungsziele ein: Zahlung innerhalb von zehn Tagen abzüglich 2 % Skonto oder Zahlung innerhalb von 30 Tagen netto. Wenn das Unternehmen auf das Skontoangebot des Lieferanten verzichtet, zahlt er 2 % für ein Zahlungsziel von 20 Tagen, d.h. auf das ganze Jahr hochgerechnet 36 % per anno.

Für den **Lieferanten** ist der Lieferantenkredit ein Instrument in der Preispolitik, da günstige Ziel- und Skontokonditionen absatzfördernd und kundenbindend wirken können. Der Nachteil sind die erhöhte Kapitalbindung und die damit verbundenen Risiken, da zur Absicherung der Kredite meist nur Eigentumsvorbehalte in Frage kommen. Eine zusätzliche Absicherung ist durch Ausstellung eines Warenwechsel mit dem Kunden als Bezogenen möglich, den der Lieferant bei seiner Hausbank diskontieren kann (siehe Kap. 4.1.2.4).

Handelskredite erzeugen Bindungswirkungen, schaffen aber auch Abhängigkeiten

4.2.2 Kundenkredit

Bei größeren Projekten oder Handelsgeschäften wird zwischen Lieferanten und Kunden oft eine An- oder Zwischenzahlung vereinbart. Damit überlässt der Kunde dem Lieferanten zinslos Mittel, die dieser für den betrieblichen Leistungsprozess verwenden kann. Zudem bedeutet der Kundenkredit eine größere Bindung an den Lieferanten. Ob Kundenkredite durchgesetzt werden können, hängt von dem jeweiligen Geschäft und von der Marktposition des Lieferanten ab. Bei größeren Anzahlungen fordern Kunden zum Teil eine Anzahlungsgarantie einer Bank (siehe Avalkredit, Kap. 4.1.2.5).

	Lieferantenkredit	Kundenkredit
Kreditgeber	Lieferant	Käufer
Kreditnehmer	Kunde	Lieferant
Geldzufluss	Nein	Ja

4.3 Schuldscheindarlehen

Das **Schuldscheindarlehen** ist ein Fremdkapitalinstrument, das traditionell von Kreditinstituten zur eigenen Refinanzierung eingesetzt wurde und mittlerweile auch von großen mittelständischen Unternehmen als Alternative zum langfristigen Bankdarlehen eingesetzt wird.

Großkredite werden auch als Schuldscheindarlehen gewährt

4.3.1 Rechtliche Grundzüge

Schuldscheindarlehen sind **mittel- bis langfristiges Großdarlehen**, die ein Unternehmen direkt oder indirekt über ein Kreditinstitut bei großen **Kapitalsammelstellen** aufnimmt und über die ein so genannter Schuldschein ausgestellt wird. Dabei ist der Schuldschein kein **verbrieftes Darlehen, keine Schuldverschreibung und kein börsenfähiges Wertpapier**, sondern eine Urkunde, in welcher der Schuldner zur Beweiserleichterung das Bestehen einer Schuld bestätigt. Kapitalgeber sind insbesondere private und öffentliche Versicherungen, Spezialkreditinstitute, Bausparkassen, Pensionskassen und Investmentgesellschaften.

4.3.2 Volumina, Laufzeit und Tilgung

Schuldscheindarlehen sind regelmäßig langfristiger Natur

Da Schuldscheindarlehen meist von größeren Unternehmen begeben werden, sind Finanzierungsvolumina zwischen 10 und 100 Mio. € die Regel. Die marktübliche Laufzeit beträgt zwischen vier und fünfzehn Jahren, wobei flexible Gestaltungsvarianten möglich sind. Die Tilgung erfolgt entsprechend der Vertragsgestaltung entweder endfällig oder nach drei bis fünf tilgungsfreien Jahren ratenweise. Die Zinszahlung erfolgt meist jährlich. Die Zinskonditionen liegen leicht über den Renditen und Risikomargen für Unternehmensanleihen vergleichbarer Größenordnung.

Auch hinsichtlich der Bereitstellung des Darlehens lassen sich flexible Vereinbarungen treffen. Neben einer laufzeitkonformen Platzierung, bei der sich die Dauer der Kapitalbereitstellung mit dem Bedarf des Kapitalnehmers deckt, können Schuldscheindarlehen auch so gestaltet werden, dass die Darlehensgeber ihre Mittel jeweils am Ende der Laufzeit verlängern (Prolongation) oder neue Kapitalgeber die nicht prolongierten Beträge ersetzen (Substitution).

Als **Sicherheiten** dienen unter anderem eine Negativerklärung und erstrangige Grundpfandrechte. Daneben werden so genannte **Covenants** vereinbart - fest definierte Schuldnerpflichten. Zu den Legal Covenants gehören Aufsichts- und Informationspflichten und Veräußerungsbeschränkungen, zu den Financial Covenants die Pflicht zur Einhaltung bestimmter Bilanzrelationen (Verschuldungsbegrenzung, Mindesteigenkapitalquote) oder Ergebniskennzahlen (z.B. Mindesteigenkapitalrentabilität).

Soweit auf die Bestellung von Sicherheiten teilweise oder ganz verzichtet wird bzw. die Vergütung des Darlehens nicht fix ist oder ein Nachrang der Gläubiger vereinbart wird, kann einem Schuldscheindarlehen auch mezzaniner Finanzierungscharakter zukommen.

4.3.3 Anforderungen an den Darlehensnehmer

An die Bonität des Kreditnehmers werden strenge Anforderungen gestellt. Üblicherweise wird ein erstklassiges bankinternes Rating des Unternehmens verlangt (s. Kap. 3.1.1).

Tipp

Der Kreis der potenziellen Investoren lässt sich vergrößern, wenn das Darlehen die strengen Bonitätsanforderungen an die versicherungswirtschaftliche **Sicherungsvermögens- bzw. ehemals Deckungsstockfähigkeit** von Kapitalanlagen erfüllt, d.h. die vertraglich vereinbarte Verzinsung und Rückzahlung des Darlehens als gewährleistet erscheint. Das Darlehen darf eine Laufzeit von 15 Jahre nicht überschreiten, das Unternehmen muss eine Gesamtkapitalrendite von mindestens 6% und eine Eigenkapitalquote von mindestens 30% aufweisen. Die Erfüllung dieser und weiterer Kennzahlen vereinfacht die Platzierbarkeit im Markt.

Schuldscheindarlehen werden nur erstklassigen Bonitäten gewährt

Die **Sicherung** von Schuldscheindarlehen erfolgt regelmäßig über die Stellung von erstrangigen Grundpfandrechten. Ferner muss sich der Darlehens nehmer verpflichten, den Kapitalgeber nicht schlechter zu stellen als andere Gläubiger. Die Vereinbarung von **Covenants** richtet sich nach der Bonität des Unternehmens. Die Einhaltung der Covenants wird durch das jährliche Testat eines Wirtschaftsprüfers nachgewiesen und die Nichteinhaltung kann höhere Zinsen oder sogar ein Kündigungsrecht des Gläubigers nach sich ziehen.

4.3.4 Platzierung bei Kapitalsammelstellen

Schuldscheindarlehen werden meist anonymisiert über den Kapitalmarkt bei institutionellen Investoren refinanziert

Das Darlehen kommt nur in Ausnahmefällen direkt zwischen Unternehmen und Kapitalgeber zustande (sog. **»direktes Schuldscheindarlehen«**, auch **»Einzelschuldscheindarlehen«** genannt). In der Praxis wird meist noch ein Kreditinstitut zwischengeschaltet, das die Rolle eines reinen Maklers übernimmt (sog. **»indirektes Darlehen«** oder auch **»Konsortialschuldscheindarlehen«**). Die Teilbeträge des Gesamtdarlehens werden bei verschiedenen Kapitalsammelstellen platziert und für die Kapitalgeber die gestellten Sicherheiten von dem Kreditinstitut treuhänderisch verwaltet.

Vor der Emission des Schuldscheindarlehens stellt die zu beauftragende Bank interessierten Kapitalsammelstellen in anonymisierter Form bestimmte Eckdaten des Schuldscheindarlehens vor, um die Platzierungsaussicht zu evaluieren. Anschließend erstellt die Bank ein **Informationsmemorandum** über den Darlehensnehmer, das sowohl vergangenheitsbezogene Daten als auch Prognosen über die wirtschaftliche Situation der Emittentin sowie Daten über Branche, Markt, Wettbewerber und die Unternehmensstrategie enthält. Auf dieser Grundlage wird ein bankinternes Rating ermittelt, das erheblichen Einfluss auf die Konditionen des Schuldscheindarlehens hat. Im Anschluss folgt die Platzierung bei interessierten Investoren.

4.3.5 Bilanzielle Behandlung und steuerliche Auswirkungen

Bei einem Schuldscheindarlehen handelt es sich um ein herkömmliches Darlehen, so dass sich weder in bilanzieller noch in steuerlicher Hinsicht Abweichungen gegenüber einem banküblichen Kredit ergeben.

4.3.6 Fazit

Das Schuldscheindarlehen ist keine Innovation im eigentlichen Sinne. Neu ist jedoch die Nutzung als Alternative für die langfristige Bankenfinanzierung. Der **Vorteil** eines Schuldscheindarlehens gegenüber einer Anleihe liegt vor allem in der vergleichsweise leichten Handhabung. So muss der Darlehensnehmer beispielsweise keinen genehmigungspflichtigen Emissionsprospekt erstellen lassen. Die Darlehensvergabe ist mit geringem Dokumentationsaufwand innerhalb von wenigen Tagen (in der Regel bis zu zwei Wochen) möglich. Ein Schuldscheindarlehen ermöglicht die Finanzierung von großen Investitionen über den Kapitalmarkt bei verhältnismäßig geringer Publizität.

Als Verbindlichkeiten generieren Schuldscheindarlehen keine positiven Bilanzeffekte

Der **Nachteil** eines Schuldscheindarlehens liegt zunächst in der im Vergleich zum Bankkredit höheren Komplexität. Darüber hinaus ist es genau wie ein normales Bankdarlehen typischerweise unabhängig vom Jahresergebnis auch in Verlustjahren zu bedienen. Die Stellung von Sicherheiten und die Verpflichtung zur Einhaltung von Covenants sind markterforderlich, und durch die hohen Darlehensvolumina entsteht eine möglicherweise nicht unerhebliche wirtschaftliche Abhängigkeit von den Kapitalgebern. Außerordentliche Kündigungsrechte der Darlehensgeber – z. B. bei Liquiditätsengpässen des Unternehmens – können sogar zur Insolvenz führen. Wesentlicher Nachteil eines Schuldscheindarlehens ist aber, dass es nur Unternehmen mit erstklassiger Bonität und hohem Finanzmittelbedarf offen steht, bei denen ein herkömmlicher Bankkredit einzig deshalb nicht in Betracht kommt, weil ein derart hoher Kapitalbedarf zu decken ist, das ein einzelnes Kreditinstitut die Finanzierung aus risikopolitischen Erwägungen nicht alleine tragen kann. Ein Schuldscheindarlehen als Finanzierungsform eignet sich damit nur für Unternehmen des gehobenen Mittelstands zur Finanzierung großer Investitionen.

4.4 Schuldverschreibungen als Instrument der Publikumsfinanzierung

Eine **Schuldverschreibung** (= **Anleihe** oder **Obligation**) ist ein Wertpapier, das ein Forderungsrecht verbrieft. Schuldverschreibungen sind klassische Instrumente der langfristigen Kapitalbeschaffung. Bei der Emission von Schuldverschreibungen wird Fremdkapital direkt über den Kapitalmarkt aufgenommen, d.h. Schuldverschreibungen sind eine Form der Außen- und Fremdfinanzierung. In Zeiten einer restriktiveren Kreditvergabepolitik der Banken entscheiden sich zunehmend auch mittelständische Unternehmen für die Emission einer Anleihe. Anleihen können im Hinblick auf die Konditionen in unterschiedlichsten Varianten begeben werden.

Schuldverschreibungen (=Anleihen) können als Wertpapiere auch von mittelständischen Unternehmen gestreut und öffentlich am Markt angeboten werden

4.4.1 Rechtliche Grundzüge

Schuldverschreibungen sind **Wertpapiere**, in denen das Unternehmen als Schuldner dem Berechtigten eine bestimmte Leistung verspricht. Der Emittent verspricht die Leistung üblicherweise als Gegenleistung für einen vom Erwerber als Darlehen zur Verfügung gestellten Geldbetrag. Schuldverschreibungen verbriefen Forderungsrechte und gewähren dem Kapitalgeber somit **keinerlei Mitgliedschaftsrechte** am Unternehmen.

Der Inhalt von Schuldverschreibungen bzw. Anleihen ist in den **§§ 793 ff. BGB** nur in den Grundzügen gesetzlich näher definiert. Die Schuldverschreibung kann wie jedes Wertpapier als Inhaber- oder Namenspapier ausgestaltet sein. Die **Inhaberschuldverschreibung** ist in den §§ 793 ff. BGB geregelt, die **Namensschuldverschreibung** zumindest in § 806 BGB ausdrücklich erwähnt.

Inhaberschuldverschreibung

Die häufigste Form der Schuldverschreibung ist die so genannte Inhaberschuldverschreibung. Hierbei handelt es sich um eine Schuldverschreibung, bei der das Unternehmen als Schuldner die Leistung dem jeweiligen Inhaber des Wertpapiers verspricht. Inhaberschuldverschreibungen sind üblicherweise frei handelbar und können auch an einer Börse notiert werden

Um eine Schuldverschreibung bei einer Vielzahl von Anlegern zu platzieren, wird ihr Gesamtvolumen meist in kleinere Teilbeträge »gestückelt«, die sog. **Teilschuldverschreibungen**.

4.4.2 Arten von Schuldverschreibungen bzw. Anleihen

Es bieten sich einem Unternehmen vielfältige Möglichkeiten, bei der Emission von Schuldverschreibungen die jeweiligen Anleihebedingungen individuell zu gestalten, da sich der Inhalt des Gläubigeranspruchs grundsätzlich aus den Anleihebedingungen ergibt und diese im Wesentlichen frei ausgestaltet werden können. Die Konditionen einer Anleihe setzen sich insbesondere zusammen aus Emissions- und Rückzahlungskurs, Nominalzinssatz und Laufzeit.

4.4.2.1 Klassische Unternehmensanleihen

Bei klassischen Unternehmensanleihen werden Konditionen ähnlich wie bei Darlehen festgesetzt

Der Anleihegläubiger stellt dem Unternehmen Kapital in Form eines Darlehens zur Verfügung. Dementsprechend handelt es sich bei der vom Emittenten versprochenen Leistung meist um die Rückzahlung dieses Geldbetrages zuzüglich eines ebenfalls in Geld geschuldeten Zinses.

Genau wie bei einem einfachen Darlehen können die **Kapitalbindung**, Kündigung, Verzinsung und Rückzahlung sehr flexibel gestaltet werden. Die Kapitalbindung kann befristet oder unbefristet sein. Es können verschiedenen **Kündigungsrechte** vereinbart werden und die **Verzinsung** kann fest oder variabel sein, und darüber hinaus ist die Vereinbarung eines **ergebnisabhängigen Gewinnanteils** (Gewinnschuldverschreibung) oder auch eine Kombination verschiedener Renditeformen möglich. Auch hinsichtlich der **Rückzahlung** existieren verschiedene Tilgungsformen. Häufig erfolgt eine Gesamttilgung nach Kündigung durch den Emittenten oder am Ende der Laufzeit. Auch eine gestaffelte Rückzahlung in Raten ist möglich. Bei gutem Geschäftsverlauf kann das Unternehmen die Anleihen auch früher als vorgesehen »zurückkaufen«, indem es den Anlegern die vorzeitige Rückgabe mit einer Art »Entschädigung« schmackhaft macht. Im Hinblick auf die Haftung können Anleihen auch mit einem **Nachrang** gegenüber Forderungen von Dritten ausgestattet werden und somit einen mezzaninen Charakter erlangen.

Zur Bezeichnung der einzelnen Verzinsungsvarianten haben sich unterschiedliche Bezeichnungen durchgesetzt:

Bei einer **festverzinslichen Anleihe** (auch **Rentenwerte** bzw. **Fixed Rate Notes**) hat der Anleihegläubiger einen Anspruch auf Zahlung von festen Nominalzinsen, die an bestimmten Terminen fällig sind. Bei **variabel verzinslichen Anleihen (Floating Rate Notes)** wird meist ein fester Zinsbestandteil (Mindestverzinsung) mit einem Referenzzinssatz (z.B. EURIBOR oder LIBOR) verknüpft. Parameter eines variablen Zinssatzes können auch die Bonitätseinstufung des Emittenten oder ein bestimmter Inflationsindex sein.

Gewinnschuldverschreibungen gewähren neben zins- auch gewinnabhängige Ansprüche

Gewinnschuldverschreibungen sind Anleihen mit zusätzlichen Zinszahlungen, die an die Gewinnausschüttungen einer Kapitalgesellschaft gebunden sind, d.h. der Inhaber der Anleihe wird zusätzlich am Gewinn des Unternehmens beteiligt.

In den vergangenen Monaten werden verstärkt so genannte **Nullkuponanleihen (Zero-Bonds)** emittiert. Bei diesen Zero-Bonds erfolgt die Zinszahlung nicht laufend, sondern endfällig über eine Auszahlung am Ende der Laufzeit der Anleihe. Die Rendite für den Gläubiger besteht damit ausschließlich in der Differenz zwischen dem Erwerbskurs und dem Rückzahlungspreis. Zwei Formen sind üblich:

1. Nullkuponanleihe im klassischen Sinn: hier wird am Ende der Laufzeit der Nennwert der Anleihe ausbezahlt. Der Ausgabekurs der Anleihe hat dann ein dementsprechend großes Disagio.
2. Zinssammler: die Anleihe wird zum Nennwert ausgegeben und sammelt dann die (festen oder variablen) Zinsen bis zum Laufzeitende an.

4.4.2.2 Wandelschuldverschreibungen (Wandelanleihen und Optionsanleihen)

Wandel- und Optionsanleihen zielen auf die Möglichkeiten der Eigenkapitalbeteiligung

Eine Anleihe wird als **Wandelschuldverschreibung** (Wandelanleihe oder Convertible Bond) bezeichnet, wenn sie mit einem Umtausch- oder Wandlungsrecht auf Aktien des emittierenden Unternehmens verbunden ist. Dies ist der Fall, wenn der Gläubiger der Schuldverschreibung seinen Anspruch auf Rückzahlung des Darlehens zu einem vorher festgelegten Wandlungsverhältnis in Aktien des ausgebenden Unternehmens umwandeln kann und eine Rückzahlung des Darlehens bei Ausübung des Wandlungsrechts entfällt. Der vormalige Anleihegläubiger tritt im Falle der Wandlung als Gesellschafter in die Gesellschaft ein. Neben der klassischen Form der Wandelanleihe, bei der der Anleihegläubiger erst nach Ablauf der Laufzeit sein Wahlrecht ausüben kann, besteht mit der Ausgabe einer sog. **Pflichtwandelanleihe** die Möglichkeit, den Anleihegläubiger bereits bei Zeichnung der Anleihe zu verpflichten, die Rückzahlung der Anleihe in Vollgesellschaftsanteile zu akzeptieren. Formal betrachtet erbringt der Anleihegläubiger in diesem Fall seine Einlage bzw. den Kaufpreis für den Vollgesellschaftsanteil bereits bei Zahlung der Zeichnungssumme, ohne aber die Rechte aus dieser Mitgliedschaft ausüben zu können. Zwar sind Wandelschuldverschreibungen gesetzlich nur im Aktienrecht geregelt, doch können sie mit etwas mehr Aufwand auch von **GmbH** oder **Kommanditgesellschaften** emittiert werden.

Der einzige Unterschied der **Optionsanleihe** zur Wandelanleihe liegt darin, dass dem Anleihegläubiger nicht ein Umtauschrecht **anstelle** der Kapitalrückzahlung, sondern ein Bezugsrecht auf Vollgesellschaftsanteile **neben** dem Rückzahlungsanspruch eingeräumt wird. Dieses Bezugsrecht bzw. diese Option berechtigt ihn dann, zusätzlich zur Rückzahlung des Darlehens zu den vorher festgelegten Modalitäten wie Bezugsrechtsausübung, Ausübungsfrist und Bezugsverhältnis gegen Barzahlung Vollgesellschaftsanteile zu erwerben. Die Gesellschafterstellung tritt bei Ausübung des Optionsrechtes neben die Gläubigerstellung. Optionsrechte werden üblicherweise in so genannten Optionsscheinen verbrieft, die von der Optionsanleihe getrennt übertragen werden können.

4.4.2.3 Hypotheken-Anleihen (Mortgage Backed Securities)

Hypothekenanleihen werden durch Grundpfandrechte gesichert

Die **Hypotheken-Anleihe** ist eine besondere Form der Inhaberschuldverschreibung, genauer gesagt eine Inhaberschuldverschreibung mit erstrangiger und erststelliger grundpfandrechtlicher Absicherung der Anleihegläubiger. Die Besonderheit gegenüber »gewöhnlichen« Anleihen besteht darin, dass der Emittent zu Gunsten der Gesamtheit der Anleihegläubiger Grundpfandrechte bestellt. Der Vorteil für die Anleihegläubiger liegt darin, dass der Anspruch auf Rückzahlung der auf die Hypotheken-Anleihe eingezahlten Gelder dinglich durch Grundbucheintragung gesichert ist und somit gegebenenfalls aus der Verwertung der mit dem Grundpfandrecht belegten Immobilien realisiert werden kann. Im Übrigen handelt es sich bei einer Hypotheken-Anleihe um eine »normale« Schuldverschreibung.

4.4.3 Besondere Anforderungen bei Wandelschuldverschreibungen

Beim Vorliegen von Wandelanleihen müssen in den Anleihebedingungen neben dem genauen **Wandlungsverhältnis** auch die **Modalitäten** für die Ausübung des Wandlungsrechts sowie für die **Bedienung der Wandlungsansprüche** festgelegt werden. Bei der Gewährung eines Wandlungsrechtes steht das Unternehmen zunächst vor der Frage, ob zur **Bedienung der Wandlungsoption** Anteile der eigenen Gesellschaft oder einer anderen Gesellschaft verwendet werden sollen. Da Wandelanleihen – anders als klassische Unternehmensanleihen – hauptsächlich zur langfristigen Stärkung der Eigenkapitalbasis eingesetzt werden, sollte die Wandlungsoption auf eigene Anteile des Unternehmens gerichtet sein. Insoweit können bereits vor Auflage der Anleihe die rechtlichen Voraussetzungen für die Bedienung der Option geschaffen werden, wobei bei Aktiengesellschaften auf Bedingtes Kapital bzw. Genehmigtes Kapital zurückgegriffen werden kann. Neben der Kapitalerhöhung können auch Anteile aus dem Bestand von Altgesellschaftern zur Bedienung der Option eingesetzt werden.

Bei Wandelanleihen müssen die Wandelungsbedingungen klar definiert werden

Tipp

> Bei GmbH oder KG empfiehlt es sich, im Gesellschaftsvertrag eine Klausel aufzunehmen, wonach bei Ausübung der Wandlungsoption zwingend ein entsprechender Geschäftsanteil im Wege der Kapitalerhöhung zu bilden ist und die Gläubiger der Wandelanleihe zur Übernahme der Anteile zugelassen werden.

Soweit die rechtlichen Voraussetzungen für die Bedienung der Option geschaffen worden sind, können die Einzelheiten des **Wandlungsverhältnisses** geregelt werden. Hierzu wird festgelegt, wie viele Vollgesellschaftsanteile der Gesellschaft pro Stück der Anleihe bei der Ausübung des Wandlungsrechts gewährt werden. Auch ein Aufgeld kann vereinbart werden, dessen genaue Höhe bereits von vornherein festgelegt werden sollte. Im Falle der Wandlung würde dem Unternehmen auf diese Weise weitere Liquidität zugeführt.

Im Hinblick auf die **Wandlungsmodalitäten** sollte geregelt werden, wie und in welchem Zeitraum das Wandlungsrecht ausgeübt werden kann. Bei Optionsanleihen ist in den Anleihebedingungen auch zu regeln, ob das Optionsrecht untrennbar mit der Anleihe verbunden ist oder als selbständiges Recht gehandelt werden kann.

Anpassungsklauseln

Um die Werthaltigkeit der Wandlungsoption nicht durch Kapitalmaßnahmen der Anleiheschuldnerin zu verwässern, werden in die Anleihebedingungen üblicherweise auch Anpassungsklauseln aufgenommen, in denen festgelegt werden kann, wie sich etwaige, während der Laufzeit vorgenommene Kapitalerhöhungen auf das Wandlungsverhältnis auswirken.

4.4.4 Bilanzielle Behandlung von Schuldverschreibungen

Die Bewertung von klassischen Schuldverschreibungen bzw. Anleihen als Verbindlichkeiten ist grundsätzlich in § 253 Abs. 1 S. 2 HGB geregelt, wonach Verbindlichkeiten zum Rückzahlungsbetrag bzw. Erfüllungsbetrag anzusetzen sind. Darüber hinaus sind die allgemeinen Bewertungsgrundsätze des § 252 Abs. 1 HGB zu beachten. Auch nach IFRS bzw. US-GAAP sind klassische Anleihen als (langfristige) Verbindlichkeiten zu bilanzieren und zu den fortgeführten Anschaffungskosten bzw. zum Marktwert zu bewerten. Die Kapitalkosten sind in allen Fällen in der Gewinnermittlung als Betriebsaufwand zu erfassen.

Als Wertpapier verbriefte Darlehen sind Anleihen grundsätzlich als Verbindlichkeiten zu bilanzieren

Nullkuponanleihen

Bei der bilanziellen Behandlung einer Nullkupon-Anleihe ist zu beachten, dass die Anleihe nicht zum Rückzahlungsbetrag, sondern zunächst nur zu dem Ausgabebetrag zzgl. der anlaufenden Zinsen als Verbindlichkeit passiviert wird.

Besonderheiten ergeben sich bei den Wandel- und Optionsanleihen, wobei zwischen den verschiedenen Bilanzierungsarten differenziert wird:

4.4.4.1 Bilanzausweis von Wandelschuldverschreibungen nach HGB

Anleihewert und Aufgeld sind bilanziell zu differenzieren

In der Handelsbilanz des Emissionsunternehmens sind Wandel bzw. Optionsanleihe in zwei Posten aufzuteilen, und zwar in die **Anleihe** einerseits und das **Aufgeld für die Option** andererseits. Bei der Aufteilung ist wie folgt vorzugehen:

Zunächst ist danach zu fragen, ob es ein **verdecktes** oder **offenes Aufgeld** für die Option vorliegt. Ein **offenes Aufgeld** liegt vor, wenn der Ausgabekurs über dem Rückzahlungskurs liegt. In diesem Fall ist der Differenzbetrag zwischen Ausgabe- und Rückzahlungswert nach § 272 Abs. 2 Nr. 2 HGB in die Kapitalrücklage und der Rückzahlungsbetrag wie bei einem Darlehen als Verbindlichkeit zu passivieren. Wenn der Ausgabeaufschlag für die Option durch eine geringere laufende als die marktübliche Verzinsung dargestellt wird, spricht man von einem **verdeckten Aufgeld**. Dann bemisst sich der in die Kapitalrücklage einzustellende Anteil anhand der Differenz zwischen den während der Laufzeit entstehenden marktüblichen Zinszahlungen und dem auf die Anleihe zu zahlenden Gesamtzins, wobei der einzustellende Differenzbetrag auf den Emissionszeitpunkt abzuzinsen ist.

Die **Anleihe** wird zu dem Rückzahlungsbetrag passiviert. Im Gegenzug wird ein Aktivposten »Disagio« gebildet, denn die Optionsprämie hat Zinscharakter und kann entsprechend aktiviert werden. Die Höhe dieses Postens entspricht dabei dem Unterschied zwischen Rückzahlungsbetrag und Optionsprämie. Durch die Abschreibung des Disagios und die laufende Bedienung der anfallenden Zinsbelastung resultiert der gleiche Zinsaufwand wie bei einer Anleihe mit marktüblichen Zinsen. Sollte bei der Ausübung des Wandlungsrechts bzw. der Option ein weiterer Ausgabeaufschlag zu entrichten sein, wird dieser ebenfalls in die Kapitalrücklage eingestellt.

4.4.4.2 Bilanzausweis von Wandelschuldverschreibungen nach IFRS

Auch nach IFRS ist zwischen Optionsprämie und Anleihenanteil zu unterscheiden

Bei der Bilanzierung von Wandel- bzw. Optionsanleihen nach IAS/IFRS wird ebenfalls zwischen dem Eigenkapitalanteil als **Optionsprämie** und dem **Anleiheanteil** und damit zwischen dem Ausweis als Eigenkapital und als Fremdkapital unterschieden. Ein Ausweis der kompletten Wandel- bzw. Optionsanleihe als Eigenkapital kommt nur dann in Betracht, wenn allein das Unternehmen darüber entscheiden kann, ob es die Rückzahlungsverpflichtung durch Tilgung oder Ausgabe eigener Eigenkapitaltitel ablösen kann bzw. eine

Pflichtwandelanleihe aufgelegt wurde und die Anleihegläubigerin Risiken vergleichbar denen eines Eigenkapitalgebers trägt. Dies ist nur dann der Fall, wenn bereits in den Anleihebedingungen das genaue Wandlungsverhältnis einschließlich des Wandlungspreises geregelt ist und Wertschwankungen bei den Vollgesellschaftsanteilen nicht durch Risikokompensationsklauseln aufgefangen werden, womit sie immer auch zu Lasten der Anleihegläubigerin gehen können. Soweit die Anleihe in einen Fremd- und einen Eigenkapitalanteil aufzugliedern ist, sind die Zinszahlungen bei der Anleiheschuldnerin als Aufwand zu erfassen. In dem Fall, dass der Ausweis der Wandel- bzw. Optionsanleihe als Eigenkapital erfolgt, wirken sich die Zinszahlungen direkt auf den Eigenkapitalausweis aus.

4.4.4.3 Bilanzausweis von Wandelschuldverschreibungen nach US-GAAP

Die Bilanzierung von Wandelanleihen nach US-GAAP entspricht IFRS

Bei der Bilanzierung von Wandel- und Optionsanleihe nach US-GAAP gelten die Ausführungen zur Rechnungslegung nach IAS/IFRS entsprechend. Die Optionsprämie ist in die Kapitalrücklage einzustellen und der Anleiheteil als Verbindlichkeit auszuweisen. Soweit allein die Anleihegläubigerin über die Ausübung des Wandlungsrechts entscheidet und damit die Bedingungen und Voraussetzungen für die Rückzahlung beherrscht, ist ein Ausweis als Eigenkapital möglich. In diesen Fällen ist es empfehlenswert, bei dem Ausweis des Eigenkapitals zwischen nicht rückzahlbarem Eigenkapital und rückzahlbarem Eigenkapital zu unterscheiden, wobei Wandelanleihen unter letzterem Posten auszuweisen sind.

4.4.5 Steuerliche Behandlung

Steuerlich ergeben sich keine Besonderheiten

In steuerlicher Hinsicht ergeben sich keine Besonderheiten gegenüber dem handelsbilanziellen Ausweis, ebenso wenig beim Ausweis des Anleiheteils bei der Behandlung der Wandel- und Optionsanleihen. Die Optionsprämie ist nach vorwiegender Auffassung zunächst steuerlich erfolgsneutral zu behandeln. Soweit das Wandlungsrecht bzw. die Option nicht ausgeübt wird, wird ein Ertrag generiert. Auf Seiten des Anlegers gehören Zinserträge aus Anleihen zu den Einkünften aus Kapitalerträgen und unterliegen als solche der Kapitalertragsteuer. Im Hinblick auf Zinszahlungen an Gesellschafter des Unternehmens sind die steuerlichen Besonderheiten des § 8a KStG zu beachten.

4.4.6 Fazit

Die Emission von Anleihen macht das Unternehmen bei der Aufnahme von Fremdkapital unabhängiger von der Kreditvergabepolitik der Banken. Andererseits bieten Kreditverträge die Möglichkeit zu einer flexiblen Vertragsanpassung im Zeitablauf, während Änderungen der Anleihebedingungen nach einer Emission praktisch ausgeschlossen sind.

Auch Anleihen eignen sich als Instrumente einer Eigenemission

Die Emission von Unternehmensanleihen kann über die Börsen und über ein Private Placement erfolgen. Eine **Börsenemission** von Anleihen ist erst bei einem Emissionsvolumen von mehr als 100 Mio. € wirtschaftlich sinnvoll.

Die außerbörsliche Emission von Anleihen im Rahmen eines **Private Placement** kann bereits im einstelligen Millionenbereich wirtschaftlich erfolgen und steht jedem Unternehmen unabhängig von seiner Größe offen. Daher haben Finanzierungen über den außerbörslichen Kapitalmarkt in Form von Anleihen in den vergangenen Jahren auch für mittelständische Unternehmen erheblich an Bedeutung gewonnen.

Tipp

Vor der Emission einer Anleihe sollten die Kapitalstruktur des Unternehmens und die Auswirkungen einer Fremdkapitalaufnahme auf das Rating und die weitere Fremdfinanzierung sorgfältig analysiert werden. Würde der Verschuldungsgrad des Unternehmens durch eine Anleiheemission zu sehr ansteigen, sollte das Unternehmen eher mezzanine Titel wie Genussrechte oder stille Beteiligungen emittieren, die als Eigenkapitalersatz bilanziert werden können.

4.5 Fremdkapitalnahes Mezzanine-Kapital

Zu den Fremdkapitalinstrumenten gehören auch die fremdkapitalnahen Formen der Mezzanine-Finanzierung, also Nachrangdarlehen sowie Genussrechte und typisch stille Beteiligungen, sofern diese nicht als Eigenkapitalersatz konzipiert sind (so genanntes Debt Mezzanine).

4.6 Zusammenfassung

Bankdarlehen bleiben ein wichtiger Finanzierungsbaustein

Das **langfristige Bankdarlehen** wird seine große Bedeutung bei der Unternehmensfinanzierung behalten. Daneben stehen mit Schuldscheindarlehen und Unternehmensanleihen weitere Formen der Fremdkapitalfinanzierung offen. Auf Grund der besonderen Anforderungen dieser Finanzierungsformen sind das Schuldscheindarlehen und die Börsenemission von Anleihen nur großen Unternehmen vorbehalten. Die außerbörsliche Emission von Unternehmensanleihen ist auch für kleine und mittlere Unternehmen eine Alternative zum klassischen Bankdarlehen.

Neben dem langfristigen Bankkredit werden als Finanzierungsinstrumente künftig zunehmend auch alternative Formen der Fremdfinanzierung wie z.B. das Leasing treten. Die **kurzfristige Fremdfinanzierung** zur Liquiditätsbeschaffung wird durch die Möglichkeiten der kurzfristigen Forderungsfinanzierung (Factoring) auch für mittelständische Unternehmen einen größeren Stellenwert erlangen.

5 Formen der Eigenkapitalfinanzierung

Vollgesellschafter stellen dem Unternehmen Eigenkapital zur Verfügung

Die Herausforderungen, denen viele Unternehmen gegenüberstehen, lassen sich nur mit einer angemessenen Eigenkapitalausstattung bewältigen. Eine Form der Eigenkapitalfinanzierung ist die Beteiligung externer Investoren am Unternehmen als **Vollgesellschafter**. Gemeinsam mit den Altgesellschaftern bilden diese eine echte Wagnisgemeinschaft, denn sie tragen das volle unternehmerische Risiko und profitieren gleichermaßen gemeinsam vom Erfolg und Wachstum des Unternehmens.

Vollgesellschafter stellen den Unternehmen bilanzielles Eigenkapital zur Verfügung, das den Anspruch der Gesellschafter am Vermögen des Unternehmens sowie andere Mitgliedschaftsrechte beziffert. Solches »klassisches Eigenkapital« wird Unternehmen grundsätzlich **unbefristet** und **nicht rückzahlbar** zur Verfügung gestellt. Es ist **zins- und tilgungsfrei** und wegen seiner »bloßen« Beteiligung am unternehmerischen Erfolg, am erwirtschafteten Jahresüberschuss - zumindest bilanziell gesehen - kein Kostenfaktor für das Unternehmen. Wirtschaftlich betrachtet handelt es sich bei den Ausschüttungen an Gesellschafter für das Unternehmen gleichwohl um Kosten. Anders als bei der Fremdfinanzierung steht das Unternehmen aber nicht unter dem Zwang, unabhängig von seiner wirtschaftlichen Situation fest vereinbarte Zinsen aufzubringen und Verbindlichkeiten tilgen zu müssen. In Phasen unzureichender Ertragsentwicklung können Ausschüttungen geringer ausfallen oder sogar ganz unterbleiben. Im Unterschied zu Fremdkapitalzinsen sind Ausschüttungen an Gesellschafter **keine Betriebsausgaben** und mindern den ausgewiesenen und steuerpflichtigen Gewinn nicht.

Eigenkapital wird ohne zusätzliche Sicherheiten zur Verfügung gestellt

Während Fremdmittel grundsätzlich besichert werden müssen, wird Eigenkapital völlig **ohne Sicherheiten** bereitgestellt. Im Gegenteil, Eigenkapital stellt für Gläubiger und Fremdkapitalgeber des Unternehmens eine der wichtigsten Haftungsgrundlagen für ihre Forderungen dar. So wird Eigenkapital im Insolvenzfall des Unternehmens, soweit noch vorhanden, nur letztrangig, also erst nach Befriedigung aller Massegläubiger, an die Eigenkapitalgeber ausgekehrt und nimmt somit eine **Haftungsfunktion** ein. Eine Beteiligung mit Vollgesellschaftsanteilen ist insbesondere über **Kommanditanteile, Aktien** und **GmbH-Geschäftsanteile** möglich.

5.1 Kommanditanteile

Bei der Ausgabe von **Kommanditanteilen** treten die Investoren mit ihrem Kapital einer Kommanditgesellschaft als Kommanditisten bei und sind gemäß den handelsrechtlichen Bestimmungen und den steuerlichen Grundsätzen an dem Unternehmen beteiligt. Kommanditanteile können von traditionellen Kommanditgesellschaften und den hybriden Sonderformen OHG/GmbH/AG & Co. KG angeboten werden.

5.1.1 Gesellschaftsrechtliche Grundzüge

Die gesetzlichen Regelungen über das Verhältnis der Gesellschafter einer KG finden sich im Handelsgesetzbuch. Wo dieses keine besonderen Regeln enthält, gelten die Regelungen zur Gesellschaft des bürgerlichen Rechts aus dem Bürgerlichen Gesetzbuch.

5.1.1.1 Der Kommanditist als Gesellschafter

Die KG ist eine Personengesellschaft

Die Kommanditgesellschaft (KG) ist eine **echte Personengesellschaft**, deren Zweck auf den Betrieb eines Handelsgeschäftes unter einer gemeinschaftlichen Firma gerichtet ist. Sie hat zwei Arten von Gesellschaftern: den oder die persönlich haftenden Gesellschafter **(Komplementäre)**, die unbeschränkt mit ihrem ganzen Vermögen für die Verbindlichkeiten der Gesellschaft haften, und den oder die **Kommanditisten**, die nur für den Betrag einer bestimmten Geldsumme - der Kommanditeinlage - haften.

Der Kommanditist ist ein echter **Gesellschafter** und als solcher am Vermögen der KG beteiligt. Der Anteil am Vermögen der KG hängt von der Höhe der jeweiligen Kommanditbeteiligung ab. Aus dem gesellschaftsrechtlichen Verhältnis entsteht für den Kommanditisten die Pflicht zur Erbringung der Einlage, mit der er gewisse Gesellschafterrechte, d.h. Vermögens-, Informations- und Kontrollrechte erwirbt.

5.1.1.2 Entstehung der Kommanditbeteiligung

Ein Kommanditist wird in eine bestehende KG durch Abschluss eines Gesellschaftsvertrages in Form eines **Aufnahmevertrages** aufgenommen, aus dem sich die einzelnen Rechte und Pflichten des Kommanditisten ergeben.

5.1.1.3 Formale Anforderungen

Der KG-Vertrag ist grundsätzlich formfrei

Der Gesellschaftsvertrag bedarf keiner besonderen Form, sollte aber möglichst schriftlich geschlossen werden. Formbedürftig kann der Gesellschaftsvertrag ausnahmsweise aus den allgemeinen Gesetzen sein, z.B. wenn der Kommanditist ein Grundstück als Einlage erbringt. Die KG selbst, ihre Gesellschafter sowie die Geschäftsführung müssen in das Handelsregister eingetragen werden. Die Eintragung des Kommanditisten ist notwendig, um die Haftung auf seine Einlage zu beschränken. Der Gesellschaftsvertrag ist der Öffentlichkeit nicht zur Einsichtnahme zugänglich.

Tipp

Werden Kommanditanteile öffentlich einem breiten Investorenkreis angeboten, empfiehlt es sich, einen Treuhänder einzuschalten, der alle emittierten Kommanditanteile zeichnet und im Namen der Investoren verwaltet. Auf diese Weise werden die mit der Eintragung der einzelnen Kommanditisten verbundenen Kosten gespart. Zugleich wird durch Einschaltung eines Treuhänders eine geringe Publizität der Anleger bewirkt. Die direkte Zeichnung von Kommanditanteilen – z.B. für größere Beteiligungssummen – bleibt natürlich weiterhin möglich.

5.1.2 Merkmale und Ausgestaltung der Kommanditbeteiligung

Die einzelnen Merkmale einer Kommanditbeteiligung ergeben sich aus dem Gesellschaftsvertrag bzw. sind gesetzlich geregelt.

5.1.2.1 Einlage

Der Kommanditist erbringt seine Einlagen regelmäßig in Geld

Der Kommanditist muss eine Kommanditeinlage in das gemeinschaftliche Vermögen der KG leisten. Als Einlage kommen Geldleistungen, aber auch vermögenswerte Rechte oder Sachen in Betracht. Darüber hinausgehende Verpflichtungen, z.B. Nachschussverpflichtungen, können vertraglich begründet werden. Die Einlage stellt aus der Sicht des Unternehmens den Finanzierungsanteil dar, der über die Beteiligung von Kommanditisten aufgenommen werden soll.

5.1.2.2 Haftung des Kommanditisten

Soweit der Kommanditist seine Einlage erbracht hat, haftet er nicht (mehr) für die Verbindlichkeiten der KG

Aus Verträgen des Unternehmens mit Dritten wird gemäß §§ 161 Abs. 2, 124 HGB primär die KG selbst verpflichtet. Genau wie Komplementäre haften Kommanditisten für diese Gesellschaftsverbindlichkeiten mit ihrem Privatvermögen. Die Kommanditisten aber haften ab Eintragung der Kommanditistenstellung in das Handelsregister nur bis zur Höhe der im Gesellschaftsvertrag bestimmten und in das Handelsregister einzutragenden **Haftsumme**. Dabei ist die für die Haftung im Außenverhältnis maßgebliche Haftsumme von der im Innenverhältnis zu den Gesellschaftern zu leistenden Einlage zu unterscheiden. Die Haftsumme und die Einlage können betragsmäßig voneinander abweichen, wenn dies im Gesellschaftsvertrag entsprechend geregelt ist. Sobald die Einlage geleistet worden ist, ist eine persönliche Haftung des Kommanditisten ausgeschlossen. In diesem Fall steht den Gesellschaftsgläubigern lediglich das Gesellschaftsvermögen der GmbH & Co. KG selbst bzw. das Vermögen des Komplementärs als Haftungsmasse zur Verfügung.

Die beschränkte Haftung lebt wieder auf, wenn die Einlage an einen Kommanditisten zurückgezahlt wird. Dies ist beispielsweise der Fall, wenn ein Kommanditist Gewinnanteile entnimmt, während sein Kapitalanteil durch Verlust unter den Betrag der geleisteten Einlage herabgemindert ist oder wenn durch die Ausschüttung der Kapitalanteil unter den bezeichneten Betrag herabgemindert wird. In diesem Fall haftet der Kommanditist für die Differenz bis zu seiner eingetragenen Kommanditeinlage.

Tipp

Bis zur Eintragung der Kommanditistenstellung haftet ein Kommanditist für Gesellschaftsverbindlichkeiten mit seinem gesamten Privatvermögen, selbst wenn er seine Einlage bereits erbracht hat. Dies gilt nicht, wenn dem Gesellschaftsgläubiger bei Vertragsschluss die Kommanditistenstellung bekannt ist.

5.1.2.3 Beteiligung am Jahresgewinn

Der Kommanditist ist anteilig am Vermögen der KG beteiligt. Im Verhältnis der Gesellschafter untereinander wird deren jeweiliger Anteil durch den Kapitalanteil (= **Kapitalkonto**) dargestellt. Auf dem Kapitalkonto werden geleistete Einlagen, gutgeschriebene Gewinne (soweit nicht ausbezahlt) und vom Kommanditisten getätigte Entnahmen sowie ihm eventuell zugewiesene Verluste (soweit nicht schon mit späteren Gewinnen verrechnet) saldiert.

Der Kommanditist ist am Gewinn und am Verlust beteiligt

Zu den wichtigsten Vermögensrechten der Kommanditisten gehört ihre Teilnahme am **Gewinn und Verlust** der KG sowie bei Beendigung der Gesellschaft der Anspruch auf Abfindung entsprechend der Beteiligungsquote an dem **Unternehmenswert**. In der Praxis empfiehlt es sich, die Gewinnbeteiligung im Gesellschaftsvertrag an die Bedürfnisse des Einzelfalls anzupassen. Nach dem Leitbild des Gesetzes ergibt sich die Gewinn- und Verlustrechnung für den Kommanditisten aus § 167 HGB. Grundlage der Berechnung des Gewinns bzw. Verlustes für die KG und den jeweiligen Kommanditanteil ist die Handelsbilanz. Treffen die Beteiligten keine vertragliche Regelung, sind die Kapitalanteile der Kommanditisten zunächst mit 4 % p.a. am Gewinn beteiligt, während der Rest des Gewinns »angemessen« unter allen Gesellschaftern verteilt wird. Der einem Kommanditisten zukommende Gewinn wird seinem Kapitalanteil zugeschrieben. Der auszuschüttende Gewinn stellt aus der Sicht des Unternehmens bei wirtschaftlicher Betrachtung letztlich den Kostenanteil dar, den das Unternehmen auf die Kommanditeinlage, d.h. die Eigenkapitalfinanzierung zu leisten hat.

5.1.2.4 Beteiligung am Jahresverlust

Am Verlust der Gesellschaft ist der Kommanditist grundsätzlich nur bis zu seiner Haftsumme beteiligt. Ein etwaiger Verlust wird vom Kapitalanteil des Kommanditisten abgeschrieben, der dadurch sogar negativ werden kann (negatives Kapitalkonto). Dieser Saldo ist dann mit späteren Gewinnen auszugleichen, bevor Auszahlungen (die aus Sicht des Kommanditisten auch Entnahmen genannt werden) an den Kommanditisten erfolgen können. Ein Kommanditist ist gesetzlich nicht zur Auffüllung seiner Einlage verpflichtet (auch nicht bei Auflösung der Gesellschaft, da er seine Einlage immer nur einmal zu leisten hat). Durch Vereinbarung einer vertraglich (begrenzten) Nachschusspflicht kann aber verhindert werden, dass die Kapitaleinlage »aufgezehrt« wird. Es empfiehlt sich, eine interessengerechte Verlustbeteiligung im Gesellschaftsvertrag zu regeln.

5.1.2.5 Verwaltungsrechte

Der Kommanditist führt nicht die Geschäfte der KG

Die Geschäftsführung obliegt bei der KG allein dem Komplementär. Die Kommanditisten sind von der Geschäftsführung ausgeschlossen und können die KG auch nicht organschaftlich vertreten. Sie verfolgen somit nach dem gesetzlichen Leitbild wie auch in der Praxis hauptsächlich ein Renditeinteresse und beanspruchen keine Mitspracherechte im Hinblick auf das Tagesgeschäft. Allerdings haben sie ein Widerspruchsrecht bei allen außergewöhnlichen Maßnahmen, d.h. bei Maßnahmen, welche die Zusammensetzung und Organisation der Gesellschaft betreffen (z.B. Änderung des Gesellschaftszwecks, Wechsel im Gesellschafterbestand, v.a. Zustimmung zur Aufnahme weiterer Kommanditisten im Rahmen eines öffentlichen Angebotes, Regelung der Geschäftsführungs- und Vertretungsbefugnis, Feststellung der Bilanz, etc.).

5.1.2.6 Informations- und Kontrollrechte des Kommanditisten

Neben dem allgemeinen **gesellschaftsrechtlichen Informations- und Auskunftsrecht** stehen den Kommanditisten von Gesetzes wegen weitere Kontroll- und Informationsrechte zu. So kann der Kommanditist eine **Abschrift des geprüften Jahresabschlusses** verlangen und zum Zwecke der Prüfung des Jahresabschlusses alle

Bücher und Papiere einsehen, die Auskunft über die Geschäftsvorgänge der Gesellschaft geben und für den Jahresabschluss relevant sind. Darüber hinaus steht den Kommanditisten ein **außerordentliches Informationsrecht** bei Vorliegen eines wichtigen Grundes zu, welches nicht durch gesellschaftsvertragliche Regelung eingeschränkt werden kann.

Der Kommanditist hat Informations- und Bucheinsichtsrechte sowie Stimmrechte in der Gesellschafterversammlung

5.1.2.7 Beendigung der Kommanditbeteiligung

Wird die **Kommanditbeteiligung** vertraglich nicht auf eine bestimmte Dauer eingegangen, so gilt sie als auf unbestimmte Zeit geschlossen. Die Kommanditbeteiligung kann dann mit einer Frist von sechs Monaten zum Ende eines Geschäftsjahres gekündigt werden. Um eine gewisse Planungssicherheit für die Beteiligten zu erzielen, empfiehlt es sich, hiervon abweichend eine bestimmte Mindestbeteiligungsdauer zu vereinbaren, nach deren Ablauf das Gesellschaftsverhältnis sich auf unbestimmte Zeit verlängert. Die **Gesellschaft** endet u.a. bei **Eröffnung der Insolvenz** über ihr Vermögen. Die KG bleibt in diesem Fall zunächst zwecks Liquidation bestehen. Ein nach Abwicklung verbleibendes Gesellschaftsvermögen wird unter den vorhandenen Gesellschaftern nach dem Verhältnis der Kapitalanteile entsprechend einer Schlussbilanz verteilt. Der Kommanditist steht mit seinen Ansprüchen hinter den Gläubigern der Gesellschaft zurück.

5.1.2.8 Auseinandersetzung bei Beendigung der Kommanditbeteiligung

Bei Beendigung der Kommanditbeteiligung kommt es zur **Auseinandersetzung,** d. h. der Kommanditist erlangt einen schuldrechtlichen Anspruch gegen die KG auf Auszahlung eines etwaigen Auseinandersetzungsguthabens. Ob und in welcher Höhe ein solcher Anspruch besteht, bestimmt sich zunächst nach dem **Saldo des Kapitalkontos** des Kommanditisten. Darüber hinaus ist der Kommanditist an den stillen Reserven (d. h. an **Wertzuwächsen des Gesellschaftsvermögen** während der Beteiligungsdauer) beteiligt, die durch Aufstellung einer Auseinandersetzungsbilanz ermittelt werden.

Bei Beendigung der KG-Beteiligung findet eine Auseinandersetzung zwischen der KG und den Kommanditisten statt

5.1.2.9 Veräußerbarkeit, Handelbarkeit, Zirkulationsfähigkeit

Die Übertragung des Kommanditanteils ist nur möglich, wenn der Gesellschaftsvertrag die Übertragung zulässt oder alle anderen Gesellschafter zustimmen. Der Übergang der Beteiligung wird durch die Änderung des Handelsregisters oder im Rahmen eines Treuhandmodells durch Änderung des Beteiligungsbuches dokumentiert. Es existiert nur ein eingeschränkter Sekundärmarkt für Kommanditanteile. Die KG selbst ist als Personengesellschaft nicht börsenfähig.

5.1.3 Bilanzielle Behandlung der Kommanditanteile

Der KG-Anteil wird im Posten Eigenkapital bilanziert (HGB)

Für die KG als Personengesellschaft gilt der Grundsatz, dass Anlage- und Umlaufvermögen, Eigenkapital, Schulden und Rechnungsabgrenzungsposten gesondert ausgewiesen und hinreichend aufgegliedert sein müssen (§ 247 Abs. 1 HGB). Die Einlagen der am Unternehmen beteiligten Kommanditisten sind in den Passiva unter dem Posten Eigenkapital gemeinsam oder separat in der Position »Kommanditkapital« darzustellen.

5.1.3.1 Bilanzausweis der Kommanditanteile nach IAS/IFRS

Bereits durch EU-Verordnung sind börsennotierte Unternehmen Konzernmutterunternehmen verpflichtet, ihre Konzernabschlüsse ab dem 1. Januar 2005 nach IFRS aufzustellen.

IFRS/IAS

IFRS sind die »International Financial Reporting Standards« des International Accounting Standards Board (IASB), die bis zum April 2001 International Accounting Standards« (IAS) genannt wurden. Bislang veröffentlichte Standards behalten bis auf weiteres ihre Gültigkeit und werden weiterhin mit »IAS« zitiert.

Der deutsche Gesetzgeber hat auch für **nicht börsennotierte Unternehmen** die Möglichkeit geschaffen, Konzernabschlüsse zu Informationszwecken nach den IFRS aufzustellen. Auch für Einzelabschlüsse wird künftig für bestimmte Gesellschaften ein Wahlrecht bestehen, allerdings ebenfalls beschränkt auf Informationszwecke. Die Fortentwicklung und Internationalisierung der Rechnungslegung in Deutschland werden künftig aber auch für mittelständische deutsche Unternehmen zu einer wachsenden Bedeutung internationaler Rechnungslegungsstandards führen.

Nach dem Wortlaut des IAS 32 stellt Kommanditkapitel nicht ohne weiteres »Equity« (=Eigenkapital) dar

In der internationalen Bilanzierungspraxis nach IFRS sind Kommanditanteile nicht bekannt. Maßgeblicher Standard für die **bilanzielle Abgrenzung von Eigen- und Fremdkapital** ist IAS 32 (»Finanzinstrumente: Angaben und Darstellungen«). Eigenkapital ist in den IFRS ausschließlich negativ definiert: Nach IAS 32.18 ff. ist ein Finanzinstrument dann als Eigenkapital auszuweisen, wenn es für den Emittenten keine vertragliche Verpflichtung bedeutet, also keine Verbindlichkeit darstellt. Eine Verbindlichkeit und damit zwingend Fremdkapital liegt nach IFRS stets dann vor, wenn das Finanzinstrument für den Emittenten eine vertragliche Verpflichtung zur Leistung von Bargeld oder sonstiger finanzieller Vermögenswerte mit sich bringt. Anders ausgedrückt: Nach IFRS zieht somit jede vertragliche Rückzahlungsverpflichtung des Unternehmens die Qualifizierung eines Finanzinstruments als Fremdkapital nach sich.

Ein Finanzinstrument ist demnach nur dann als Eigenkapital zu bilanzieren, wenn es dem Emittenten **zeitlich unbegrenzt** zur Verfügung steht oder wenn auf Seiten des Emittenten die Möglichkeit besteht, das Finanzinstrument **nach seiner Wahl** von einem bestimmten Zeitpunkt an zurückzunehmen oder aber in Vollgesellschaftsanteile umzuwandeln. Im letzteren Fall würde eine Verbindlichkeit erst dann entstehen, wenn sich der Emittent für eine Rückzahlung entscheidet und dies nach außen dokumentiert.

Harmonisierung der Bilanzierungsregeln

Diese Ausführungen zeigen, dass internationalen Rechnungslegungsstandards die Besonderheiten des Personengesellschaftsrechts weitgehend unbekannt sind. So lässt sich z. B. das gesetzliche Kündigungsrecht eines Gesellschafters bei einer Personenhandelsgesellschaft niemals vollständig ausschließen.

Demnach wäre selbst die Einlage eines OHG-Gesellschafters (und vorliegend erst recht die eines Kommanditisten) nach IFRS als Fremdkapital auszuweisen, obgleich handelsrechtlich zweifellos Eigenkapital vorliegt. Eine Personengesellschaft hätte demnach zwar Gesellschafter, aber nie Eigenkapital. Die eigentliche Funktion von Eigenkapital - die Haftungsfunktion für Gläubiger - wird von den IFRS nicht berücksichtigt. Mit der Dauerhaftigkeit der Kapitalüberlassung knüpfen diese primär an die Informationsinteressen potenzieller Investoren an. Das IASB hat diese Schwäche der IFRS erkannt und ist mit dem Problem befasst. Es bleibt abzuwarten, ob künftig eine Harmonisierung erreicht wird.

Zum gegenwärtigen Zeitpunkt wären Kommanditanteile nach IFRS somit als Fremdkapital auszuweisen, und zwar unabhängig ihrer jeweiligen Ausgestaltung als Equity oder Debt Mezzanine.

Die **Bewertung** von Finanzinstrumenten richtet sich nach IAS 39. Demnach sind finanzielle Verbindlichkeiten mit den Anschaffungskosten anzusetzen, die in der Folge fortgeführt werden.

Der Ausweis des Kommanditkapitals als gesonderte Position vor den Verbindlichkeiten ist nach IAS/IFRS möglich

Die IFRS enthalten keine detaillierte Vorschrift zur **Gliederung der Bilanz**. Grundsatz ist die Vermittlung eines den tatsächlichen Verhältnissen entsprechenden Bildes des Unternehmens (**»true and fair view«**) und eine angemessene Präsentation (**»fair presentation«**). Nach IAS 1.13 besteht insoweit die Möglichkeit nach abweichenden oder ergänzenden bilanziellen Darstellungen. Darüber hinaus ist nach IAS 1.67 die Bildung zusätzlicher Posten und Überschriften zur entsprechenden Darstellung der Vermögenslage zulässig. Da eine für klassisches Fremdkapital typische unbedingte Rückzahlungsverpflichtung bei Kommanditanteilen nicht besteht, halten die Verfasser es für vertretbar, Kommanditeinlagen im Fremdkapital in einem gesonderten Posten vor den übrigen Verbindlichkeiten darzustellen. Auf diese Weise wird zumindest der Charakter des Kommanditkapitals als haftendes Kapital für das Unternehmen und dessen Gläubiger deutlich.

Ausschüttungen auf Kommanditanteile sind in der Gewinn- und Verlustrechnung nach IFRS als Aufwand, vom Kommanditisten ggf. zu übernehmende Verlustanteile als Ertragsposten innerhalb des Zinsergebnisses oder innerhalb eines gesonderten Postens zu verbuchen.

5.1.3.2 Bilanzausweis der Kommanditanteile nach US-GAAP

In den Vereinigten Staaten richtet sich die Erstellung einer Bilanz nach den sog. Generally Accepted Accounting Principles (US-GAAP). Wesentlicher Bestandteil der US-GAAP sind die sieben »Statements of Financial Accounting Concepts« (SFAC). Da eine der deutschen Kommanditgesellschaft vergleichbare Konstruktion im amerikanischen Recht nicht existiert, erfolgt die bilanzielle **Abgrenzung von Eigen- und Fremdkapital** auch hier anhand allgemeiner Bilanzierungsgrundsätze der US-GAAP.

Auch in den US-GAAP sucht man eine Definition des Begriffs Eigenkapital (»equity«) vergebens. Statt dessen werden diejenigen Vermögensgegenstände dem Eigenkapital zugeordnet, bei denen es sich nicht um Verbindlichkeiten **(»liabilities«)** handelt. Nach SFAC No. 6 Par. 36 sind Verbindlichkeiten gegenwärtige Verpflichtungen gegenüber Dritten, die bei Eintritt eines bestimmten Ereignisses oder bei Geltendmachung eines Anspruchs zu erfüllen sind und bei denen dem Unternehmen kein Ermessen bleibt, sich der Vermögensminderung zu entziehen. Entscheidendes Kriterium ist hier – genau wie bei den IFRS – die **zeitlich unbegrenzte Kapitalüberlassung** bzw. die **Rückzahlbarkeit allein nach dem Ermessen des Emittenten.** Ein Kommanditanteil, der seiner Natur nach zeitlich befristet, zumindest aber kündbar ist, müsste somit auch nach US-GAAP als Fremdkapital ausgewiesen werden.

Die Bilanzierung nach US-GAAP ist der nach IFRS vergleichbar

Die **Bewertung** von **liabilities** hat nach US-GAAP mit dem **fair value** zu erfolgen, der sich primär aus dem Marktwert ableitet. Existiert wie bei dem Kommanditanteil kein Marktpreis, wird auf den present value zurückgegriffen, der als Barwert der künftigen Zahlungen an den Titelinhaber bestimmt wird.

Bei der **Gliederung des Fremdkapitals** besitzt das Unternehmen nach US-GAAP jedoch einen relativ großen Spielraum und kann die Stellung des Postens des Kommanditkapitals nahezu frei wählen. Dabei kann auch die Haftungsqualität des Kommanditkapitals berücksichtigt werden, so dass es ggf. als erste Position des Fremdkapitals aufzuführen wäre.

5.1.4 Steuerliche Behandlung der Kommanditgesellschaft

Die **Kommanditgesellschaft** ist auf den Gebieten der Gewerbe-, Umsatz-, Grunderwerbs- und den Verbrauchssteuern selbst steuerpflichtig. Auf den Gebieten der Einkommen- bzw. Körperschaftsteuer besitzt die Kommanditgesellschaft keine eigene Steuerrechtsfähigkeit. Dementsprechend ist der an die Kommanditisten ausgeschüttete **Gewinn** für die Kommanditgesellschaft reine Ergebnisverwendung. Der Gewinn und das Vermögen der KG werden einheitlich und gesondert festgestellt, auf die Gesellschafter verteilt und zur Besteuerung erfasst Kommanditisten sind steuerlich Mitunternehmer und erzielen in der Regel Einkünfte aus Gewebebetrieb gemäß § 15 Abs. 1 Nr. 2 EStG.

Der Gewinn wird einheitlich und gesondert festgestellt

In verfahrensrechtlicher Hinsicht erteilt das Betriebsfinanzamt der Kommanditgesellschaft einen Gewinnfeststellungsbescheid und stellt die Gewinnanteile der einzelnen Gesellschafter fest. Der Gewinnfeststellungsbescheid gilt als Grundlagenbescheid für den Einkommensteuerbescheid des Kommanditisten. Maßstab für die steuerliche Gewinnermittlung des einzelnen Kommanditisten sind grundsätzlich die handelsrechtliche Gewinnermittlung und der gesellschaftsrechtlich vereinbarte Gewinn- und Verlustverteilungsschlüssel. Zum Schluss des Geschäftsjahres wird das Jahresergebnis ermittelt und nach dem vereinbarten Verteilungsschlüssel auf die Gesellschafter verteilt. Eventuell entstehende Verluste können seitens des Kommanditisten grundsätzlich mit Einkünften aus derselben Einkunftsart oder aus anderen Einkunftsarten ausgeglichen werden, wobei gewisse gesetzliche Einschränkungen zu beachten sind.

5.1.5 Die GmbH & Co. KG als Publikumsgesellschaft

Die GmbH & Co. KG ist eine klassische Gesellschaftsform für Publikumsfinanzierungen (geschlossene Fonds)

Kommanditgesellschaften, die über eine **Kapitalmarktemission** Eigenkapital einwerben wollen, sind üblicherweise als GmbH & Co. KG aufgestellt. Die GmbH & Co. KG ist eine Sonderform der KG, an der als Komplementärin eine Kapitalgesellschaft beteiligt ist. Diese Form der KG ist somit eine Personengesellschaft, bei der keine natürliche Person für die Verbindlichkeiten der Gesellschaft persönlich haftet.

Bei der GmbH & Co. KG obliegen Geschäftsführung und Vertretung der persönlich haftenden Gesellschafterin, die ihrerseits durch ihre Geschäftsführer vertreten wird. Bei der GmbH können – anders als bei der typischen KG – auch Nichtgesellschafter die organschaftliche Geschäftsführung übernehmen und somit eine Trennung von

Geschäftsführung und Gesellschafterstellung genau wie bei einer Kapitalgesellschaft erreicht werden.

Diese Verbindung der gesellschafts- und steuerrechtlichen Vorzüge von Personengesellschaften und der haftungs und organisationsrechtlichen Vorzüge von Kapitalgesellschaften zeichnen das besondere Gestaltungspotenzial der GmbH & Co. KG - insbesondere für mittelständische Unternehmen und Familiengesellschaften - aus.

Eine GmbH & Co. KG eignet sich auf Grund ihrer Kapitalflexibilität ohnehin ausgezeichnet zur Finanzierung über eine Kapitalmarktemission. Neben mezzaninen Finanzierungsformen (z. B. stillen Beteiligungen und Genussrechte) kann sie auch Kommanditanteile und alle Arten von Anleihen - z. B. auch Wandelanleihen - anbieten und so unterschiedlichste Investorenkreise ansprechen.

Steuerliche Behandlung der GmbH & Co. KG

Bei der GmbH & Co. KG ist steuerlich zwischen der Personengesellschaft und der Kapitalgesellschaft zu unterscheiden. Der Gewinn und das Vermögen bei der Kommanditgesellschaft werden unverändert einheitlich und gesondert festgestellt, auf die Gesellschafter verteilt und nur bei ihnen zur Einkommen- bzw. Körperschaftsteuer erfasst. Zudem ist die Kommanditgesellschaft auf den Gebieten der Gewerbe-, Umsatz-, Grunderwerbs- und den Verbrauchssteuern steuerpflichtig.

Die GmbH ist vollumfänglich steuerpflichtig (Körperschaftsteuer, Gewerbe-, Umsatz-, Grunderwerb- und Verbrauchssteuern). Zur Klärung steuerlicher Detailfragen sollte vor einem etwaigen Rechtsformwechsel unbedingt ein Steuerberater zu Rate gezogen werden.

5.1.6 Fazit

Wirtschaftlich und steuerlich lassen sich mit einer atypisch stillen Beteiligung die gleichen Effekte wie bei einer KG-Beteiligung erzielen

Mit der Ausgabe von Kommanditanteilen lässt sich die Eigenkapitalbasis des Unternehmens stärken, ohne dass dem Kapitalgeber wesentliche Mitspracherechte beim Tagesgeschäft eingeräumt werden müssen. Im Hinblick auf den Gesellschaftsvertrag besteht ein vergleichsweise großer Gestaltungsspielraum. Allerdings ist diese Form der Eigenkapitalaufnahme den Unternehmen in der Rechtsform der KG vorbehalten. Im Rahmen einer Kapitalmarktemission sollte aus den genannten Gründen und wegen der Marktüblichkeit die Gestaltung als GmbH & Co. KG genutzt werden.

Als echte Vollgesellschafter besitzen Kommanditisten das Recht, an der Gesellschafterversammlung teilzunehmen. Sie können in diesem Zusammenhang auch weit reichende **Informationsrechte** und ggf. auch **Kontroll- und Stimmrechte** wahrnehmen. Ungeachtet der begrenzten Kommanditistenhaftung bestehen gewisse **Haftungsrisiken**. Da sich mit einer atypisch stillen Beteiligung dieselben steuerlichen Effekte erzielen lassen, stellt diese eine unkomplizierte und attraktive Alternative zu dem Angebot von Kommanditanteilen dar.

5.2 Aktien

Die Aktiengesellschaft ist eine Kapitalgesellschaft

Die **Aktie** ist ein Wertpapier, welches das wirtschaftliche Miteigentum des Aktionärs verbrieft. Aktien können von Aktiengesellschaften sowie von Kommanditgesellschaften auf Aktien ausgeben werden. Dabei ist die Aktiengesellschaft (AG) die typische Rechtsform für Großunternehmen und nur wenige mittelständische Unternehmen firmieren in dieser Rechtsform. Die Verbreitung der **Kommanditgesellschaft auf Aktien (KGaA)** ist sogar noch wesentlich geringer. Um die Rechtsform der AG auch für mittelständische Unternehmen attraktiver zu machen, wurden 1994 unter dem Arbeitstitel »Kleine AG« verschiedene Vereinfachungen (Zulässigkeit der Einpersonengründung, Aufhebung von Formalien im Rahmen der Hauptversammlung, etc.) in Kraft gesetzt.

5.2.1 Gesellschaftsrechtliche Grundzüge

Das Recht der AG ist weitgehend im Aktiengesetz (AktG) geregelt und wird durch die Satzung (den Gesellschaftsvertrag) modifiziert. Das Grundkapital der AG muss mindestens 50.000 € betragen. Bei den Aktien kann es sich entweder um **Nennbetragsaktien** oder um **Stückaktien** handeln. Nennbetragsaktien müssen auf mindestens 1 € lauten. Stückaktien lauten auf keinen Nennbetrag, sondern repräsentieren einen anteiligen Betrag des Grundkapitals, welcher 1 € je Aktie nicht unterschreiten darf. Der Betrag des Grundkapitals muss mit dem Gesamtbetrag aller auszugebenden Nennbetragsaktien oder den gesamten auf die einzelnen Stückaktien entfallenden anteiligen Beträgen identisch sein.

5.2.1.1 Der Aktionär als Gesellschafter

Der Aktionär ist regelmäßig voll stimmberechtigter Mitinhaber der AG

Der Aktionär ist nicht Gläubiger des Unternehmens, sondern als **Gesellschafter** am Grundkapital der Gesellschaft ziffernmäßig beteiligt. Aus dem gesellschaftsrechtlichen Verhältnis zwischen AG und Aktionär erwächst letzterem die Pflicht zur Erbringung der Einlage, mit der er gewisse Vermögens-, Informations- und Verwaltungsrechte erlangt.

5.2.1.2 Entstehung einer Aktienbeteiligung

Der Eintritt eines neuen Aktionärs geschieht über die Zeichnung von Aktien im Rahmen einer **Kapitalerhöhung**, die grundsätzlich einen entsprechenden Beschluss der Hauptversammlung voraussetzt. Eine

Kapitalerhöhung, deren Durchführung gesetzlich genau geregelt ist, kann mit einem öffentlichen Angebot zur Ausgabe von Aktien (Kapitalmarktemission) verbunden werden, ist aber auch für einzelne Investoren durchführbar.

5.2.1.3 Formale Anforderungen

Um Aktien zu erwerben, genügt die Unterschrift des Kapitalgebers auf dem Zeichnungsschein sowie die Annahme dieser Zeichnung durch die AG und die anschließende Eintragung der Durchführung der Kapitalerhöhung in das Handelsregister.

5.2.2 Merkmale und Ausgestaltung von Aktien

Der Umfang der Rechte und Pflichten des Aktionärs ergeben sich aus dem Aktiengesetz bzw. der Satzung der Gesellschaft.

5.2.2.1 Einlage des Aktionärs

Die Einlage des Aktionärs wird üblicherweise in Geld erbracht

Mit der Zeichnung der jungen Aktien entsteht für den Aktionär die Pflicht zur vollen Leistung des Ausgabebetrages der gezeichneten Aktien, der sich aus seiner Einlage sowie ggf. einem Aufgeld (Agio) zusammensetzt. Die Aktionärsstellung entsteht erst, wenn wenigstens ein Teil der Einlage erbracht worden ist.

Tipp

> Die Ausgabe der Aktien für einen geringeren Betrag als den Nennbetrag oder den auf die einzelne Stückaktie entfallenden anteiligen Betrag des Grundkapitals ist nicht zulässig.

5.2.2.2 Haftung des Aktionärs

Die Haftung für Verbindlichkeiten ist auf das Vermögen der AG beschränkt. Aus Verträgen zwischen der AG und Dritten können die Dritten nur die Gesellschaft und deren Vermögen in Anspruch nehmen. Die Haftung des Aktionärs ist auf die Höhe seiner Einlage beschränkt und erlischt mit deren Erbringung.

5.2.2.3 Vermögensrechte

Der Aktionär hat Anspruch auf Dividende

Die Aktien sind am Vermögen der AG beteiligt. Die Höhe der mit einer Aktie verbundenen Beteiligung am Gesamtvermögen hängt von der Gesamtzahl der Aktien ab, die von einer Gesellschaft ausgegeben wurden.

Aus der Überlassung des Kapitals für unbestimmte Dauer fließt dem Aktionär ein Entgelt zurück, wenn das Unternehmen einen Jahresüberschuss erwirtschaftet - die Gewinnausschüttung auf die Aktien in Form einer **Dividende**. Die Dividende ist kein Zins, sondern abhängig von dem ausgewiesenen Bilanzgewinn, d.h. vom unternehmerischen Erfolg der Gesellschaft. Gegenüber **Stammaktien** besitzen so genannte **Vorzugsaktien** in der Regel eine höhere Dividendenberechtigung.

Neben der Dividendenberechtigung steht den Aktionären bei einer Kapitalerhöhung ein so genanntes **Bezugsrecht** zu. Das bedeutet, dass die neuen Aktien zunächst den bisherigen Aktionären im Verhältnis zu ihrer Beteiligung am Kapital anzubieten sind. Übt der Aktionär sein Bezugsrecht nicht aus, kann er es selbständig veräußern und an einen Dritten abtreten oder übertragen, sofern dies vorher ausdrücklich für zulässig erklärt worden ist.

5.2.2.4 Verwaltungsrechte

Dem Aktionär steht ein Stimmrecht in der Hauptversammlung zu

Zu den Verwaltungsrechten der Aktionäre gehören das Recht auf **Teilnahme an der Hauptversammlung** und das **Stimmrecht**, über das sie an den Beschlussfassungen der Hauptversammlung mitwirken. Den Aktionären stehen keinerlei Geschäftsführungsbefugnisse zu, denn die operative Leitung einer AG obliegt allein dem Vorstand, der von dem Aufsichtsrat bestellt und abberufen wird. Der Vorstand ist nicht weisungsgebunden, wird aber in der grundsätzlichen Ausrichtung seiner Arbeit von dem Aufsichtsrat kontrolliert, der wiederum von den Aktionären in der Hauptversammlung gewählt wird.

Die Hauptversammlung ist das grundlegende Willensbildungsorgan der AG. Sie beschließt neben der Wahl des Aufsichtsrates u.a. auch über die Verwendung des Bilanzgewinns, Kapitalerhöhungen, Satzungsänderungen und die Entlastung von Vorstand und Aufsichtsrat. Über die Ausübung des Stimmrechts in der Hauptversammlung können die Aktionäre somit mittelbar auch die Geschicke des Unternehmens mitbestimmen. Stimmberechtigt sind grundsätzlich nur Inhaber von so genannten **Stammaktien**. Den Inhabern von **Vorzugsaktien** steht dagegen nur in Ausnahmefällen ein Stimmrecht zu.

5.2.2.5 Informations- und Kontrollrechte

Das Recht der Aktionäre auf Teilnahme an der Hauptversammlung wird durch ein Auskunftsrecht ergänzt. So ist der Vorstand beispielsweise über alle rechtlichen und geschäftlichen Angelegenheiten rechenschaftspflichtig, sofern die Auskunft zur sachgemäßen Beurteilung eines Tagesordnungspunktes der Hauptversammlung erforderlich ist.

5.2.2.6 Beendigung der Beteiligung

Die Rückgewähr der Aktieneinlage ist nicht möglich

Das Aktienrecht verbietet die Rückgewähr des Kapitals an die Aktionäre. Bei dem Kapital von Aktionären handelt es sich um nicht zurückzahlbare Mittel, so dass die Verbindung zwischen Unternehmen und Aktionär auf Dauer angelegt ist. Es besteht allerdings im Rahmen des § 71 AktG die Möglichkeit des Rückerwerbs eigener Aktien durch die Gesellschaft, die aber auf wenige gesetzlich geregelte Fälle begrenzt ist. Ein Ausstieg des Investors ist somit nur durch Veräußerung der Aktien an andere Investoren oder an die übrigen Aktionäre möglich.

5.2.2.7 Veräußerbarkeit, Handelbarkeit, Zirkulationsfähigkeit

Als Wertpapiere sind Aktien regelmäßig handelbar

Die Übertragbarkeit von Aktien ist abhängig von der Aktiengattung. Bei den so genannten **Inhaberaktien**, bei denen der Inhaber der Aktie nicht namentlich genannt ist, ist ein Eigentumswechsel ohne die Einhaltung besonderer Formalitäten möglich. Lauten die Aktien dagegen auf den Namen des Aktionärs (so genannte **Namensaktien**), ist für eine wirksame Übertragung der Aktie eine schriftliche Erklärung des bisherigen Aktionärs auf der Rückseite des Wertpapiers und die Eintragung des Eigentumsübergangs in das Aktienregister der Gesellschaft erforderlich. **Vinkulierte Namensaktien** werden üblicherweise begeben, um unerwünschte Aktionäre (z. B. Wettbewerber) vom Erwerb der Aktien auszuschließen. Bei ihnen ist Veräußerung der Aktien regelmäßig an die Zustimmung der Gesellschaft gebunden.

Für die Veräußerbarkeit von Aktien ist nicht nur die Zugehörigkeit zu einer bestimmten Aktiengattung, sondern auch die Größe des Käufermarktes ausschlaggebend. Nicht börsennotierte Aktien können auf Grund des fehlenden Marktes schwer und teilweise sogar unverkäuflich sein. Die Veräußerbarkeit von börsennotierten Aktien ist hingegen nur bei marktengen Papieren selten eingeschränkt.

5.2.3 Bilanzielle Behandlung der Aktien

Die Einlagen auf Aktien werden in der Position Eigenkapital bilanziert (HGB)

Die Einlage des Aktionärs wird auf der Passivseite als Gezeichnetes Kapital ausgewiesen und kennzeichnet das Kapital, auf das die Haftung der Gesellschafter für die Verbindlichkeiten des Unternehmens beschränkt ist (§ 272 Abs. 1 HGB). Der Ausgabeaufschlag (das Agio) wird auf der Passivseite in die Kapitalrücklage eingestellt. Ausstehende Einlagen werden in der Regel als erste Position auf der Aktivseite bilanziert. Aktienkapital stellt bilanzielles Eigenkapital dar. Da das Grundkapital der Gesellschaft unbefristet und unkündbar zur Verfügung gestellt wird, ist es auch nach IFRS und US-GAAP als bilanzielles Eigenkapital zu passivieren. Bilanziell sind Dividendenzahlungen stets Bestandteil der Gewinnverwendung, nicht der Gewinnermittlung.

5.2.4 Steuerliche Behandlung der Aktien

Die steuerliche Veranlagung der Aktienbeteiligung erfolgt in zwei Schritten: durch die Besteuerung auf Unternehmensseite und der Besteuerung auf Aktionärsseite.

5.2.4.1 Die steuerliche Behandlung bei dem Unternehmen

Als Kapitalgesellschaft hat die AG auf ihre jährlich erwirtschafteten Gewinne Körperschaftsteuer zzgl. Solidaritätszuschlag zu entrichten und unterliegt zugleich der Gewerbesteuer. Das zu versteuernde Einkommen der AG unterliegt derzeit einem definitiven Körperschaftsteuersatz von 25 % (ab 2008: 15 %) zuzüglich Solidaritätszuschlag auf die Körperschaftsteuer in Höhe von 5,5 %. Nach dem seit 2001 angewendeten **Halbeinkünfteverfahren** wird die AG unabhängig von ihrem Ausschüttungsverhalten mit dem Körperschaftsteuersatz belastet. **Dividendenzahlungen** stellen sich somit als **reine Gewinnverwendung** dar, welche den zu versteuernden Jahresgewinn **nicht mindern**.

5.2.4.2 Die steuerliche Behandlung bei dem Aktionär

Steuerlich gilt für Dividenden das Halbeinkünfteverfahren

Entschließt sich das Unternehmen dazu, die versteuerten Gewinnanteile an seine Aktionäre auszuschütten, wird der ausgeschüttete Gewinn auf der Ebene des Anteilseigners bei natürlichen Personen unter Anwendung des Halbeinkünfteverfahrens erneut versteuert.

Der ausgeschüttete Gewinn (sog. Nettodividende) unterliegt zunächst der Kapitalertragsteuer in Höhe von 20 % zuzüglich des Solidaritätszuschlags von 5,5 %. Dieser Betrag wird grundsätzlich vom Unternehmen für den Aktionär an das Finanzamt abgeführt. Der Aktionär erhält von der AG nur den Auszahlungsbetrag in Höhe von 78,9 % der Nettodividende (sog. Bardividende).

Bei der **Besteuerung der Dividenden auf Anlegerseite** ist zu beachten, dass der Anleger die Nettodividende und nicht den Auszahlungsbetrag versteuern muss. Allerdings ist die Nettodividende für den Anleger im Rahmen des Halbeinkünfteverfahrens zur Hälfte einkommensteuerfrei. Die andere Hälfte der Nettodividende gehört bei einem Privatanleger zu den Einkünften aus Kapitalvermögen und ist von diesem mit seinem persönlichen Steuersatz zu versteuern. Die bereits durch das Unternehmen abgeführte Kapitalertragsteuer wird bei der Einkommensteuerveranlagung des Anlegers vollständig auf die persönliche Einkommensteuerschuld angerechnet. Auf Grund des Halbeinkünfteverfahrens dürfen Werbungskosten bei der Ermittlung der Einkünfte nur zur Hälfte abgezogen werden. Die Gewinnanteile des Aktionärs bleiben steuerfrei, soweit sie zusammen mit sonstigen Kapitalerträgen den Sparerfreibetrag zzgl. Werbungskosten-Pauschbetrag nicht übersteigen. Sofern die Aktien im Betriebsvermögen des

Investors liegen, werden die Ausschüttungen als Betriebseinnahmen steuerlich erfasst.

Hält der Anleger die Aktien im Privatvermögen, unterliegt ein etwaiger Veräußerungsgewinn der Einkommensteuer, wenn zwischen der Anschaffung und der Veräußerung der Aktien nicht mehr als ein Jahr liegt. Für Gewinne aus privaten Veräußerungsgeschäften gilt eine Freigrenze von derzeit 512 € pro Jahr. Das Halbeinkünfteverfahren ist auch für die Besteuerung von **Veräußerungsgewinnen** anzuwenden. Das bedeutet, dass für Anteilsveräußerungen ab dem Jahr 2002 lediglich Einkommensteuer auf den halben Veräußerungsgewinn zu zahlen ist. Im Gegenzug wird aber auch nur noch die Hälfte der mit der Beteiligung in Verbindung stehenden Werbungskosten anerkannt. Die Steuerpflicht gilt ab dem Jahr 2002 im Übrigen auch außerhalb der Behaltensfrist von einem Jahr, wenn der Aktionär grundsätzlich zu irgendeinem Zeitpunkt innerhalb der vergangenen fünf Jahre vor der Veräußerung mittelbar oder unmittelbar mindestens mit 1 % am Grundkapital des Unternehmens beteiligt war.

5.2.5 Die Kommanditgesellschaft auf Aktien als Publikumsgesellschaft

Die KGaA ist eine Mischform aus KG und AG

Die KGaA ist eine Mischform aus KG und AG, bei der mindestens ein Gesellschafter den Gesellschaftsgläubigern unbeschränkt haftet **(Komplementär)** und die übrigen wie Aktionäre am Grundkapital der Gesellschaft beteiligt sind, ohne unbeschränkt persönlich für die Verbindlichkeiten der Gesellschaft zu haften **(Kommanditaktionäre)**. Als Sonderform der AG ist auch die KGaA eine juristische Person.

Das **Gesamtkapital** der KGaA setzt sich aus dem Grundkapital der Kommanditaktionäre und ggf. den Vermögenseinlagen der Komplementäre zusammen. Für die Kommanditaktionäre gelten grundsätzlich die aktienrechtlichen Regelungen über Kapitalaufbringung und -erhaltung sowie für Kapitalmaßnahmen. Für Forderungen gegen die Gesellschaft haften sie nicht persönlich, sondern auf die Höhe der Einlage beschränkt. Der Komplementär muss keine Einlage erbringen, sondern kann sich auf die Tätigkeit als Organ der KGaA und die Übernahme der persönlichen Haftung beschränken.

Die KGaA hat einen **Aufsichtsrat** und eine **Hauptversammlung**, jedoch keinen Vorstand. Die Aufgabe der Geschäftsführung und Vertretung nimmt der **Komplementär** wahr, der eine weitaus stärkere Stellung als der Vorstand besitzt. So bedürfen Beschlüsse der Hauptversammlung der Zustimmung des Komplementärs, soweit es sich um Grundlagenbeschlüsse handelt. Dieses Zustimmungserfordernis kann auch als Vetorecht ausgestaltet werden. Die **Kommanditaktionäre** haben insgesamt einen geringeren Einfluss als Aktionäre einer

AG. Ihnen fehlt insbesondere die mittelbare Personalkompetenz für die Geschäftsleitung, da der Aufsichtsrat die Komplementäre weder bestellen noch abberufen kann. Auch der Aufsichtsrat hat geringere Befugnisse als der Aufsichtsrat einer AG.

Ein wesentlicher **Vorteil** der KGaA gegenüber der AG ist die weitgehende Gestaltungsfreiheit der gesellschaftsrechtlichen Verhältnisse. So kann beispielsweise der Einfluss der Kommanditaktionäre zusätzlich beschränkt werden. Die KGaA verbindet das unternehmerische Engagement der persönlich haftenden Gesellschafter (Komplementäre), wie sie für die Personenhandelsgesellschaften charakteristisch sind, mit der Funktion der Aktiengesellschaft als Kapitalsammelbecken und Publikumsgesellschaft. Da - genau wie bei der KG - eine juristische Person die Stellung eines Komplementärs übernehmen kann (z.B. GmbH & Co. KGaA), ermöglicht auch diese Rechtsform den Ausschluss der persönlichen Haftung aller Beteiligten.

5.2.6 Fazit

Der Vorteil von Aktien ist ihre Kapitalmarktfähigkeit

Der wesentliche **Vorteil** einer Finanzierung durch die Ausgabe von Aktien liegt in der außerordentlichen **Kapitalmarktfähigkeit** von Aktien: Eine Erhöhung des Aktienkapitals ist ohne weiteres möglich und die Gesellschaftsstrukturen sind auf die Beteiligung auch einer großen Zahl von Gesellschaftern ausgelegt. Im Rahmen einer Kapitalmarktemission im Wege des Börsengangs oder des Private Placement kann auch eine Vielzahl von Investoren als Vollgesellschafter gewonnen werden. Aktien sind zudem die einzigen börsenfähigen Gesellschaftsanteile.

Der Nachteil liegt in den Einflussmöglichkeiten

Für den bisherigen Gesellschafterkreis bringt die Beteiligung weiterer Aktionäre die typischen **Eigenschaften** einer Beteiligung externer Vollgesellschafter mit sich, insbesondere **Informationspflichten** und die Gefahr der **Einflussnahme durch Fremdaktionäre**. Wenn ein Unternehmen dennoch seine Eigenkapitalbasis mit der Ausgabe von Aktien stärken will, sollte wegen der gegenüber einer AG flexibleren Gestaltungsmöglichkeiten und der stärkeren Stellung der Komplementäre die KGaA als Rechtsform gewählt werden. Als Komplementäre oder Gesellschafter einer Komplementärgesellschaft behalten die Altgesellschafter selbst dann noch die Kontrolle über das Unternehmen, wenn sich mehr als die Hälfte des KGaA-Grundkapitals in den Händen externer Aktionäre befindet.

5.3 GmbH-Geschäftsanteile

GmbH-Anteile sind nicht kapitalmarktfähig

Auch eine GmbH kann selbstverständlich zusätzliches Eigenkapital über die Ausgabe von Vollgesellschaftsanteilen einwerben. Mit Rücksicht auf die geringe Kapitalmarktfähigkeit von **GmbH-Geschäftsanteilen** beschränkt sich die folgende Darstellung auf einen Überblick über die wichtigsten Kriterien dieser Finanzierungsform.

5.3.1 Gesellschaftsrechtliche Grundzüge

Die GmbH ist ebenfalls eine Kapitalgesellschaft

Rechtsgrundlage der GmbH sind der Gesellschaftsvertrag und das Gesetz betreffend die Gesellschaften mit beschränkter Haftung (GmbHG). Der Gesellschaftsvertrag gestaltet die Organisation der GmbH sowie die Beziehungen zwischen der Gesellschaft und ihren Gesellschaftern in ihren Einzelheiten.

5.3.1.1 Der GmbH-Gesellschafter als Gesellschafter

Die GmbH-Gesellschafter sind durch einen oder mehrere Geschäftsanteile an der Gesellschaft beteiligt. Der Geschäftsanteil stellt eine **vermögensrechtliche Beteiligung des Gesellschafters an der GmbH** dar und bezeichnet zugleich die Gesamtheit seiner **mitgliedschaftlichen Rechte und Pflichten**.

5.3.1.2 Entstehung der GmbH-Beteiligung

Die Erhöhung des Eigenkapitals durch Übernahme eines Geschäftsanteils geschieht im Rahmen einer ordentlichen Kapitalerhöhung, für die ein gesetzliches Verfahren vorgeschrieben ist. Gesellschafter können sowohl natürliche und juristische Personen als auch Personengesellschaften sein.

5.3.1.3 Formale Anforderungen

Voraussetzung für die Übernahme eines neuen Geschäftsanteils sind ein **Kapitalerhöhungsbeschluss** der Gesellschafterversammlung und ein **Zulassungsbeschluss**, der den Übernehmer und die zu übernehmende neue Stammeinlage bestimmt. Nach der **Übernahmeerklärung** des neuen Gesellschafters, die notariell aufgenommen oder beglaubigt werden muss, und deren **Annahme durch die Gesellschafterversammlung** bzw. Geschäftsführer muss der Übernehmer das Kapital durch **Leistung der Bar- bzw. Sacheinlagen** aufbringen. Nach **Anmeldung** der Kapitalerhöhung zum Handelsregister und anschließender **Eintragung und Bekanntmachung** ist die Kapitalerhöhung formell abgeschlossen.

5.3.2 Merkmale und Ausgestaltung der GmbH-Beteiligung

Die Mitgliedschaft des Gesellschafters wird durch seinen Geschäftsanteil an der Gesellschaft repräsentiert. Dem Gesellschafter stehen Vermögens-, Mitwirkungs- und Informationsrechte zu.

5.3.2.1 Einlage des GmbH-Gesellschafters

Die Einlage auf den Geschäftsanteil wird regelmäßig in Geld erbracht

Der neue GmbH-Gesellschafter wird mit Annahme der Übernahmeerklärung durch die Gesellschaft zur Entrichtung der Einlage auf das Stammkapital verpflichtet, zu der ggf. noch ein Ausgabeaufschlag hinzukommt. Bareinlagen sind in Geld zu leisten, Sacheinlagen durch Einbringung von verkehrsfähigen Vermögensgegenständen mit einem feststellbaren wirtschaftlichen Wert, z.B. bewegliche und unbewegliche Sachen, Immaterialgüterrechte (z.B. Patente), Mitgliedschaftsrechte (z.B. Aktien, GmbH-Anteile, etc.), Forderungen und Sach- und Rechtsgesamtheiten (z.B. Handelsgeschäfte und Teilbetriebe). Für diese wird das Registergericht regelmäßig eine Werthaltigkeitsbescheinigung eines vereidigten Buchprüfers bzw. Wirtschaftsprüfers verlangen.

5.3.2.2 Haftung des GmbH-Gesellschafters

GmbH-Gesellschafter unterliegen keiner persönlichen Haftung für Verbindlichkeiten der Gesellschaft

Aus Verträgen der GmbH mit einem Dritten kann nur die GmbH in Anspruch genommen werden. Die Haftung der GmbH-Gesellschafter ist auf die Höhe ihrer Einlage beschränkt, d.h. sie unterliegen grundsätzlich keiner persönlichen Haftung für Verbindlichkeiten der Gesellschaft.

Die Kapitalerhaltungsbestimmungen für die GmbH verbieten es, das zur Erhaltung des Stammkapitals der Gesellschaft erforderliche Vermögen an die Gesellschafter auszuzahlen. Auszahlungen und andere Leistungen an Gesellschafter, die wirtschaftlich das Gesellschaftsvermögen verringern, sind untersagt, wenn durch die Zahlung bzw. Leistung eine Unterbilanz der Gesellschaft entstehen oder sich verschärfen würde. Ein Verstoß gegen das Auszahlungsverbot führt zu einer Erstattungspflicht der Gesellschafter.

5.3.2.3 Vermögensrechte

Der GmbH-Gesellschafter ist am Erfolg und am Liquidationserlös beteiligt

Das wichtigste Vermögensrecht ist der Anspruch auf den erzielten **Jahresüberschuss** (zzgl. eines Gewinnvortrags und abzgl. eines Verlustvortrags), der gemäß §29 GmbHG grundsätzlich nach dem Verhältnis der Geschäftsanteile unter den Gesellschaftern zu verteilen ist. Regelmäßig wird im Gesellschaftsvertrag jedoch eine abweichende Vereinbarung getroffen, so z.B. ein anderer Gewinnverteilungsschlüssel oder die Bildung von Rücklagen vorgesehen, um eine Vorsorge für Krisenzeiten zu treffen. Darüber hinaus haben GmbH-Gesellschafter einen Anspruch auf einen etwaigen Liquidationserlös.

5.3.2.4 Verwaltungsrechte

In der Gesellschafterversammlung hat der Gesellschafter ein Stimmrecht

Die **Geschäftsführung** und **Vertretung** der GmbH obliegt alleine dem oder den **Geschäftsführern**, die von der Gesellschafterversammlung bestellt und auch wieder abberufen werden. Im Rahmen des Unternehmensgegenstandes sind Geschäftsführer allein zuständig für das gesamte Tagesgeschäft. Während die Vertretungsmacht der Geschäftsführer gegenüber Dritten unbeschränkt ist, müssen sie im Innenverhältnis die Grenzen einhalten, die ihnen der Gesellschaftsvertrag, ihr Anstellungsvertrag oder eine etwaige Geschäftsordnung ziehen. Darüber hinaus unterliegen Geschäftsführer im Innenverhältnis einem unbeschränkten Weisungsrecht der **Gesellschafterversammlung**, in der mangels abweichender Vereinbarung im Gesellschaftsvertrag jeder Gesellschafter ein **Stimmrecht** gemäß seinem Geschäftsanteil hat. Die Gesellschafterversammlung ist **oberstes Willensbildungsorgan** der GmbH und als solches auch alleinzuständig für alle Maßnahmen, die entweder Grundlagen der Geschäftspolitik betreffen oder als ungewöhnliche Geschäfte einen schwerwiegenden Eingriff in die Stellung der Gesellschafter bedeuten. Der Gesellschafterversammlung obliegen ferner wichtige Entscheidungen wie z. B. die Feststellung des Jahresabschlusses und die Entscheidung über die Ergebnisverwendung, Änderungen des Gesellschaftsvertrages, Kapitalmaßnahmen oder Auflösung der Gesellschaft bzw. umwandlungsrechtliche Maßnahmen.

5.3.2.5 Informations- und Kontrollrechte

Das **Teilnahmerecht** eines Gesellschafters an der Gesellschafterversammlung kann nicht ausgeschlossen werden. Bereits eine Minderheit der Gesellschafter kann von der Geschäftsführung die **Einberufung der Gesellschafterversammlung** verlangen und, soweit diesem Verlangen nicht entsprochen wird, die Gesellschafterversammlung selbst einberufen. Außerdem stehen jedem Gesellschafter ein **Auskunftsanspruch** und ein Anspruch auf **Einsicht in die Geschäftsbücher** zu.

5.3.2.6 Beendigung der GmbH-Beteiligung

Das Recht der GmbH verbietet die Rückgewähr des Kapitals an die GmbH-Gesellschafter. Bei dem Stammkapital handelt es sich um nicht zurückzahlbare Mittel. Ein Ausstieg des Kapitalgebers lässt sich grundsätzlich nur mittels Veräußerung der Geschäftsanteile an andere Investoren oder an die übrigen GmbH-Gesellschafter realisieren.

5.3.2.7 Veräußerbarkeit, Handelbarkeit, Zirkulationsfähigkeit der GmbH-Anteile

Der Gesellschafter kann über seinen Geschäftsanteil grundsätzlich frei verfügen, es sei denn, dass im Gesellschaftsvertrag etwas anderes vereinbart ist (z.B. Erforderlichkeit der Genehmigung der Gesellschaft, Übertragung nur an Mitgesellschafter). Zur wirksamen Verfügung über einen Geschäftsanteil ist ein Vertrag mit dem Begünstigten erforderlich, der einer notariellen Form bedarf. Geschäftsanteile können nicht an einer Börse gehandelt werden.

5.3.3 Bilanzielle Behandlung der GmbH-Beteiligung

Das GmbH-Stammkapital wird in der Position Eigenkapital bilanziert

Die Einlage wird auf der Passivseite als Gezeichnetes Kapital ausgewiesen und kennzeichnet das Kapital, auf das die Haftung der Gesellschafter für die Verbindlichkeiten des Unternehmens beschränkt ist (§ 272 Abs. 1 HGB). Darüber hinaus gehende Leistungen werden auf der Passivseite in die Kapitalrücklage eingestellt. Ausstehende Einlagen werden in der Regel als erste Position auf der Aktivseite bilanziert. Stammkapital stellt handelsrechtlich bilanzielles Eigenkapital dar und ist auch nach IFRS und US-GAAP als Eigenkapital zu passivieren, da es der Gesellschaft unbefristet und unkündbar zur Verfügung steht. Gewinnausschüttungen bleiben bei der Gewinnermittlung außen vor und stellen sich stets als reine Gewinnverwendung dar.

5.3.4 Steuerliche Behandlung der GmbH-Beteiligung

Ein erzielter Jahresüberschuss ist zunächst nur auf Ebene der GmbH der Besteuerung unterworfen. Eine GmbH hat auf ihre erwirtschafteten Gewinne Körperschaftsteuer zzgl. Solidaritätszuschlag zu entrichten. Aus Sicht der GmbH stellen **Gewinnausschüttungen reine Gewinnverwendung** dar, die den zu versteuernden Jahresgewinn **nicht mindern**. Wegen der Einzelheiten der steuerlichen Behandlung von Geschäftsanteilen einer GmbH wird auf die Ausführungen zur Besteuerung von Aktien verwiesen.

5.3.5 Fazit

Die Erhöhung des Stammkapitals führt dem Unternehmen zusätzliches Eigenkapital zu, hat allerdings **umfangreiche Publizitäts- und Offenlegungspflichten** gegenüber den Kapitalgebern sowie weit reichende **Mitbestimmungsrechte** bis hin zu einem Weisungsrecht bzw. einer Einflussnahme auf die operative Geschäftsführung zur Folge.

Für die **notarielle Beurkundung** können – je nach Wert des Geschäftsanteils – **erhebliche Kosten** anfallen. Eine Publikumsfinanzierung mit Geschäftsanteilen ist praktisch nicht möglich. Obwohl eine gesetzliche Höchstzahl für die Gesellschafter nicht besteht, ergibt sich aus der umständlichen Übernahmeprozedur, insbesondere dem Erfordernis der notariellen Beurkundung der Übernahmeerklärung, eine faktische Begrenzung dieses Finanzierungsinstruments auf wenige **Einzelinvestoren**.

5.4 Zusammenfassung

Bei der abschließenden Betrachtung der verschiedenen Formen der Eigenkapitalzuführung durch Ausgabe von Vollgesellschaftsanteilen muss im Hinblick auf die zur Verfügung stehenden Finanzierungswege differenziert werden. Hierbei lässt sich zunächst feststellen, dass sich **GmbH-Geschäftsanteile** wegen ihrer geringen Kapitalmarktfähigkeit als Beteiligungsform nicht für ein Angebot an breit gestreute Investorenkreise eignen. Sie werden von institutionellen Finanzinvestoren – besonders von kommerziellen Beteiligungsgesellschaften – sowie von Business Angels bevorzugt.

Aktien und KG-Anteile sind kapitalmarktfähige Finanzierungsinstrumente

Im Gegensatz hierzu können **Aktien und Kommanditanteile** auch außerhalb der Börse einer breiten Investorenschicht angeboten werden. Allerdings erwarten auch private Investoren üblicherweise einen Rückfluss des eingesetzten Kapitals nach etwa vier bis zehn Beteiligungsjahren. Dieser lässt sich bei **Aktien** nur über einen Börsengang realisieren, der aber nur für die wenigsten Unternehmen in Betracht kommt. Ein Kapitalrückfluss für nichtinstitutionelle Investoren lässt sich im außerbörslichen Bereich über Kommanditanteile realisieren, die ohne weiteres langfristig, bedingt oder kündbar ausgestaltet werden können und sich somit auch für eine breit gestreute Privatplatzierung eignen.

Als Vollgesellschaftsanteil verbriefen sie auch immer Stimmrechte in der Gesellschafterversammlung

Unabhängig von der gewählten Beteiligungsform stellt die Finanzierung über eine Vollbeteiligung externer Investoren immer eine **Teilveräußerung** des Unternehmens dar. Als »Eigentümer« des Unternehmens besitzen Vollgesellschafter alle **Mitgliedschafts-, Vermögens- und Verwaltungsrechte** und üben zumindest mittelbar in der Gesellschafter- bzw. Hauptversammlung Einfluss auf die Geschicke des Unternehmens aus. Mit einer Beteiligung externer Investoren am Unternehmen als Vollgesellschafter ist für die Altgesellschafter somit stets der **Verlust von Stimm- und Einflussnahmerechten** verbunden.

6 Formen der Mezzanine-Finanzierung

Wenn für Unternehmen eine direkte Beteiligung von externen Investoren als Vollgesellschafter wegen der befürchteten Verwässerung der Gesellschafterstruktur oder den hohen Anforderungen an die Rendite oder Beteiligungsvolumina nicht in Betracht kommt, hält der Kapitalmarkt ein weiteres Instrument zur Finanzierung durch externes - wirtschaftliches oder sogar bilanzielles - Eigenkapital bereit: das Mezzanine-Kapital.

Mezzanine-Kapitel verwässert nicht die Eigentumsstruktur, ...

6.1 Merkmale und Eigenschaften von Mezzanine-Kapital

Mezzanine-Kapital ist ein flexibles Finanzierungsinstrument, das in unterschiedlichen Gestaltungsformen zur Verfügung steht und so an die Bedürfnisse des mittelständischen Unternehmens angepasst werden kann. Unabhängig von der jeweiligen Gestaltung handelt es sich bei Mezzanine-Kapital zumindest wirtschaftlich und bei entsprechender rechtlicher Gestaltung auch bilanziell um Eigenkapital.

6.1.1 Eigenkapitalähnliche Mezzanine-Instrumente (Equity Mezzanine)

... kann aber wirtschaftlich und bilanziell Eigenkapital darstellen

Das Spektrum mezzaniner Beteiligungsformen ist groß. Auf der einen Seite finden sich Mezzanine-Instrumente, die nicht nur wirtschaftlich, sondern auch bilanziell als Eigenkapital gelten, da sie genau wie Eigenkapital von Anteilseignern eine erfolgsabhängige Vergütung einschließlich einer Verlustteilnahme vorsehen, im Insolvenzfall nur nachrangig bedient und langfristig gewährt werden. Ein Vorteil dieses sog. »**Equity Mezzanine**« besteht darin, dass es trotz des Eigenkapitalcharakters des zur Verfügung gestellten Kapitals nicht zu einer Verwässerung der Anteilsstruktur kommt und die mezzaninen Kapitalgeber keinen rechtlichen Einfluss auf das operative Geschäft ausüben können. Equity Mezzanine gibt es als rein schuldrechtliche Beteiligung in Form von **Genussrechten** (die auch als Wertpapiere in sog. Genussscheinen verbrieft werden können) oder als gesellschaftsrechtliche Beteiligung in Form der **stillen**

Gesellschaft. Dabei können diese Beteiligungen so gestaltet werden, dass die Ausschüttungen beim Unternehmen steuerrechtlich als Betriebsaufwand gelten und das zu versteuernde Ergebnis mindern.

6.1.2 Fremdkapitalähnliche Mezzanine-Instrumente (Debt Mezzanine)

Auch fremdkapitalähnliche Mezzanineformen sind denkbar

Am anderen Ende des Spektrums steht Mezzanine-Kapital, bei dem die fremdkapitalnahen Merkmale stärker ausgeprägt sind – so genanntes **»Debt Mezzanine«**. »Debt«, weil diese Instrumente als Fremdkapital zu passivieren sind, d.h. aus rein bilanzieller Sicht nicht zu einer Verbesserung der Eigenkapitalquote führen. »Mezzanine«, weil diese Finanzierungsinstrumente wegen ihrer strukturellen Nachrangigkeit als »Fremdkapital mit Eigenkapitalcharakter« gelten und in ihrer Funktion als wirtschaftliches Eigenkapital auch im Rahmen eines bankinternen Ratings regelmäßig mindestens zu 50% zum Eigenkapital gezählt werden und sich somit gleichsam positiv auf das Rating und die Bonität auswirken.

Zu diesen Instrumenten mit Fremdkapitalausrichtung gehören insbesondere **Nachrangdarlehen.** Je nach Gestaltung des Rechtsverhältnisses werden auch Genussrechte und die typisch stille Gesellschaft als Fremdkapital passiviert, wenn sie die Voraussetzungen für die Qualifizierung als Eigenkapitalersatz nicht erfüllen.

6.1.3 Hybride Mezzanine-Instrumente

Zu den hybriden Mezzanine-Instrumenten gehören solche Finanzierungsinstrumente, die sich in bilanzieller Hinsicht in einen Eigenkapitalanteil und einen Fremdkapitalanteil aufspalten lassen. Dies ist insbesondere bei **Wandel- bzw. Optionsanleihen** der Fall. Die rechtlichen Grundzüge und Merkmale dieser Instrumente werden in dem Kapitel »Schuldverschreibungen als Instrument der Publikumsfinanzierung« ausführlich dargestellt.

6.1.4 Finanzierungsanlässe

Mezzanine-Finanzierungen sind nicht an bestimmte Finanzierungsanlässe gebunden

Eine speziellen Finanzierungsanlass als solchen gibt es bei der Aufnahme von Mezzanine-Kapital nicht. Allgemein gilt, dass die Finanzierung über Mezzanine-Kapital nicht nur, aber insbesondere dann in Betracht kommt, wenn das Unternehmen die Grenze zur Aufnahme weiterer Kredite zwar erreicht hat, aber gegenwärtig oder in absehbarer Zeit über eine in Höhe und Stabilität ausreichende Ertragskraft verfügt, um die Ansprüche der mezzaninen Kapitalgeber Kapital bedienen und das Mezzanine-Kapital mit den aus den Investitionen resultierenden Erlösen zurückzahlen zu können.

Traditionelle Anwendungsbereiche von Mezzanine-Kapital sind Wachstumsfinanzierungen wie z.B. die Erschließung neuer Märkte, die Erweiterung der Produktionskapazitäten sowie die Finanzierung von speziellen Projekten (z.B. Forschung und Entwicklung) und Unternehmensakquisitionen. Daneben eignet sich Mezzanine-Kapital ausgezeichnet für die Finanzierung von MBI- und MBO-Transaktionen sowie allgemein zur Finanzierung von Gesellschafterwechseln im Rahmen einer Unternehmensnachfolge. Auch für Sanierungen kann Mezzanine-Kapital eingesetzt werden. Hieraus folgt, dass Mezzanine-Kapital praktisch in allen Phasen eines Unternehmens eine mögliche Form der Finanzierung darstellt, die auch für mittelständische Unternehmen vielfältige Möglichkeiten bietet.

6.1.5 Mezzanine Finanzierungswege

Als mezzanine Kapitalgeber kommen **institutionelle Investoren** wie Beteiligungsgesellschaften und Banken einerseits sowie **private Anleger** andererseits in Betracht.

6.1.5.1 Institutionelle Investoren (Institutionelles Mezzanine)

Institutionelle Investoren stellen die Finanzierungsmittel üblicherweise in einer Summe zur Verfügung

Förderorientierte Beteiligungsgesellschaften bieten stilles Gesellschaftskapital nur bis zu einer Höhe von maximal 1 Mio. € an. Für **kommerzielle Beteiligungsgesellschaften** hingegen sind Beteiligungen - ob als Vollgesellschafter oder als mezzaniner Kapitalgeber - wegen der Transaktionskosten und Illiquiditätsprämien regelmäßig erst ab einem Finanzierungsvolumen von mindestens 5 bis 10 Mio. € wirtschaftlich. Zudem können nur die wenigsten mittelständischen Unternehmen das von kommerziellen Beteiligungsgesellschaften bei mezzaninen Beteiligungen üblicherweise angepeilte Renditeziel von jährlich 15 bis 30% erreichen. Hinzu kommt, dass kommerzielle Beteiligungsgesellschaften insgesamt eher mit einem kurz- und mittelfristigen Zeithorizont investieren und wegen der gewünschten Einflussnahme meist die Abgabe zusätzlicher substanzieller Vollgesellschaftsanteile verlangen, was den Autonomiebedürfnis mittelständischer Unternehmen oft nicht gerecht wird. **Banken** stellten Mezzanine-Kapital im Rahmen von individuellen Transaktionen lange Zeit nur großen Unternehmen mit einer erstklassigen Bonität und einem Jahresumsatz in der Größenordnung von meist 50 Mio. € zur Verfügung.

Um die Angebotslücke beim institutionellen Mezzanine-Kapital zu schließen, wurde zunächst eine Reihe von innovativen Förderprogrammen initiiert, die Beteiligungsgesellschaften einen zusätzlichen Anreiz für eine Investition in mittelständische Unternehmen bieten sollen. In einem nächsten Schritt wurden erstmals so genannte Mittelstandsfonds errichtet. Seit dem Jahr 2004 etablieren sich zunehmend die Mezzanine-Verbriefungsprogramme wie PREPS und ge|mit am Markt, die auch in kleinere Mittelständler mit einem Umsatz ab 5 Mio. € und einem Finanzierungsbedarf ab 0,5 Mio. € investieren (siehe Kap. 3.7).

6.1.5.2 Private Investoren (Publikums-Mezzanine)

Über eine Mehr- oder Vielzahl von privaten Investoren können ebenfalls mittlere und größere Investitionsvorhaben finanziert werden

Anstelle oder ergänzend zu institutionellen Investoren können auch private Anleger als mezzanine Kapitalgeber angesprochen werden. Auf Grund der gestalterischen Vielfalt können Unternehmen mit mezzaninen Instrumenten praktisch jede Privatperson als Kapitalgeber gewinnen.

Als Privatanleger können beispielsweise **Business Angels, Mitarbeiter** und im Rahmen einer **Friends-and-Family-Aktion** weitere unternehmensnahe Kreise angesprochen werden. Mezzanine Beteiligungen können im Rahmen eines **Private Placement** auch öffentlich zur Zeichnung angeboten werden. Auf diese Weise kann das Unternehmen ein breit gestreutes Anlegerpublikum erreichen. Eingeschränkt wird der Kreis der potenziellen Investoren durch das Rendite-Risiko-Profil der jeweiligen Beteiligungsform. Außerbörsliche Mezzanine-Beteiligungen sprechen vor allem solche Anlegerschichten an, die ihrem privaten Portfolio eine Geldanlage mit einem hohen Renditepotenzial beifügen möchten und einen möglichen Verlust des investierten Kapitals wirtschaftlich verkraften können.

Tipp

Durch eine Streuung des Mezzanine-Kapitals auf eine breite Schicht von Investoren lässt sich seitens des Unternehmens die Gefahr einer wirtschaftlichen Abhängigkeit von wenigen Großinvestoren vermeiden.

Institutionelles und Publikums-Mezzanine

Institutionelles Mezzanine	Publikums-Mezzanine
• Angebotslücke zwischen 1 und 5 Mio. €! • Renditeerwartung von 20 bis 30% p.a. • Individuelle Ansprache und Vertragsgestaltung • Kurz- bis mittelfristige Kapitalbereitstellung • Einflussinteressen durch vertragliche Kontrollinstrumente oder zusätzlichen Erwerb von Gesellschaftsanteilen	• Emissionsvolumen ab 1,5 Mio. €, außerhalb einer Kapitalmarktemission auch erheblich darunter • Renditeerwartung von 8 bis 20% p.a. • Standardisiertes, nicht zur Verhandlung stehendes Angebot • Regelmäßig mittel- bis langfristige Kapitalbereitstellung • Faktisch keine Einflussinteressen bzw. -möglichkeiten, geringe Informations- und Kontrollrechte

6.2 Die stille Gesellschaft

Ein gesellschaftsrechtliches Instrument zur Mezzanine-Finanzierung ist die Beteiligung von stillen Gesellschaftern am Unternehmen. Die **stille Gesellschaft** ist eine Unterform der BGB-Innengesellschaft. Charakteristisch an dieser Finanzierungsform ist, dass die Person, die am Handelsgeschäft eines anderen beteiligt ist, nach außen nicht als Gesellschafter in Erscheinung tritt (daher auch die Bezeichnung als »Stiller«). Der Stille leistet eine Einlage in das Vermögen des Unternehmens (zu Finanzierungszwecken üblicherweise in Form einer Geldleistung) und erhält im Gegenzug mindestens eine Beteiligung am Unternehmensgewinn.

6.2.1 Gesellschaftsrechtliche Grundzüge

Die stille Gesellschaft bietet eine große vertragliche Flexibilität

Die stille Gesellschaft findet ihre Regelung im Gesellschaftsrecht, speziell in den §§ 230 ff. HGB, im Übrigen in den Vorschriften für die Gesellschaft bürgerlichen Rechts. Allerdings sind die meisten gesetzlichen Regelungen dispositiver Natur, d.h. geregelt wird die stille Gesellschaft vorrangig durch den Vertrag zwischen den Beteiligten. Damit bietet das Gesetz einen großen Gestaltungsspielraum, den die Beteiligten zum beiderseitigen Vorteile nutzen können.

6.2.1.1 Entstehung der stillen Gesellschaft

Als echte Personengesellschaft entsteht die stille Gesellschaft durch den Abschluss eines Gesellschaftsvertrages. In diesem verpflichtet sich der Stille zur Leistung der Einlage in das Vermögen des Unternehmens und erhält hierfür eine Beteiligung am Gewinn, aber nicht notwendigerweise auch am Verlust des Unternehmens.

Die stille Gesellschaft kann dabei unabhängig von der Rechtsform des Unternehmensträgers eingesetzt werden, solange dieser Kaufmann ist. Wenn eine AG, OHG oder KG einen stillen Gesellschafter aufnimmt, so handelt es sich dabei meist um ein ungewöhnliches Geschäft, das der Beschlussfassung aller Gesellschafter bedarf.

6.2.1.2 Formale Anforderungen

Stille Gesellschaften werden formfrei geschlossen

Obwohl der Gesellschaftsvertrag grundsätzlich keiner Form bedarf, sollte er aus Gründen der Rechtssicherheit niedergeschrieben werden. Eine Formbedürftigkeit kann sich im Einzelfall aus anderen Gesetzen als dem HGB ergeben. Eine Ausnahme von Formfreiheit gilt beispielsweise bei der stillen Beteiligung an einer Aktiengesellschaft. Hier bedarf der Gesellschaftsvertrag zu seiner Wirksamkeit neben der Zustimmung der Hauptversammlung mit einer Dreiviertelmehrheit auch der Schriftform und der Eintragung in das Handelsregister. Die Hauptversammlung muss jedoch nicht jeden einzelnen Vertrag genehmigen, sondern kann im Vorhinein ihre Einwilligung zu dem öffentlichen Angebot von stillen Beteiligungen erteilen. Bringt der stille Gesellschafter keine Geldleistung, sondern ein Grundstück als Einlage ein, so muss der gesamte Gesellschaftsvertrag notariell beurkundet werden.

6.2.1.3 Abgrenzung zum partiarischen Darlehen und Genussrecht

Stiller und Geschäftsinhaber verfolgen vorrangig das Ziel der Gewinnerzielung des Unternehmens. Wenn sich die Abreden der Beteiligten allerdings in diesem Punkt erschöpfen – Kapitalhingabe gegen Gewinnbeteiligung –, liegt keine stille Gesellschaft vor, sondern ein gegenseitiger Vertrag in Form eines sog. partiarischen Darlehens. Dies ist ein Darlehen, bei dem die Vergütung der Kapitalüberlassung nicht in einem festen Zins besteht, sondern der Zins gewinnabhängig bemessen wird. Eine stille Gesellschaft liegt deshalb nur dann vor, wenn der gemeinsame Zweck über die bloße Gewinnerzielung hinausgeht. Dies ist der Fall, wenn der Stille nicht nur am Gewinn, sondern auch am Verlust teilnimmt, was bei der stillen Gesellschaft auch der gesetzliche Regelfall ist.

Da auch Genussrechtsbeteiligte gemeinsam den Zweck der Gewinnerzielung verfolgen, muss auch eine Abgrenzung der stillen Gesellschaft zur Genussrechtsbeteiligung erfolgen. Die Vereinbarung einer Verlustbeteiligung allein ist hier nicht ausreichend, da auch Genussrechte am Verlust beteiligt werden können. Überhaupt kann eine Genussrechtsbeteiligung genau wie eine stille Beteiligung ausgestaltet werden. Unterschiede ergeben sich aber insoweit, als dass allein das Genussrecht sich im Genussschein verbriefen lässt, nur dem stillen Gesellschafter einzelne zwingende Rechte aus den §§ 230 ff. HGB zur Seite stehen und sich nur bei der stillen Gesellschaft eine steuerrechtlich relevante Mitunternehmerschaft des Investors begründen lässt.

6.2.1.4 Die stille Gesellschaft als reine Innengesellschaft

Die stille Gesellschaft ist nach außen nicht erkennbar

Als reine Innengesellschaft tritt die stille Gesellschaft nicht nach außen auf. Sämtliche Entscheidungen des operativen Geschäfts werden weiterhin durch die Geschäftsführung bzw. den Vorstand des Unternehmens getroffen. Dementsprechend wird der Stille im Außenverhältnis auch **nicht** gegenüber Dritten verpflichtet, d.h. es bestehen lediglich interne Ansprüche und Verpflichtungen zwischen dem Unternehmen und dem Investor.

Wegen dieses Charakters der stillen Gesellschaft als reine Innengesellschaft wird der Stille in der Regel auch nicht in das Handelsregister eingetragen. Eine Ausnahme gilt bei der stillen Beteiligung an einer Aktiengesellschaft. Hier gilt die Eintragungspflicht sogar dann, wenn eine Aktiengesellschaft im Rahmen eines öffentlichen Angebots eine Vielzahl gleichförmiger stiller Beteiligungen begibt, wobei aber nicht der einzelne stille Gesellschafter namentlich in das Handelsregister eingetragen werden muss.

Tipp

Obwohl die stille Beteiligung grundsätzlich eine anonyme Finanzierungsform darstellt, muss das Vorhandensein eines stillen Gesellschafters den Gläubigern des Unternehmens nicht unbedingt unbekannt bleiben. Vielmehr wird das Unternehmen wichtige Gläubiger, vor allem Banken, häufig schon im Interesse einer möglichen Kreditvergabe über die Einlage eines stillen Gesellschafters und eine damit verbesserte Eigenkapitalquote informieren.

6.2.2 Merkmale und Ausgestaltung der stillen Gesellschaft

Für die rechtliche Ausgestaltung bietet das Gesetz einen großen Gestaltungsspielraum. Zwingend ist dabei lediglich, dass

- die stille Beteiligung nur an einem sog. Handelsgeschäft zulässig ist (z.B. sind Leistungen eines Architekten solche eines sog. freien Berufs, der kein Handelsgewerbe darstellt; ein Architekt könnte also keine stillen Gesellschafter an seinem Unternehmen - das er bei rein wirtschaftlicher Betrachtungsweise zweifellos betreibt - aufnehmen; eine Alternative wäre eine Gesellschaft bürgerlichen Rechts),
- die Einlage des stillen Gesellschafters endgültig in das Vermögen des Unternehmens übergehen muss und
- die Gewinnbeteiligung des stillen Gesellschafters nicht ausgeschlossen werden darf.

Im Übrigen können die Beteiligten den Gesellschaftsvertrag frei gestalten.

6.2.2.1 Einlage

Der stille Gesellschafter erbringt seine Einlage üblicherweise in Geld

Der stille Gesellschafter ist aus dem Gesellschaftsvertrag verpflichtet, eine Einlage zu erbringen. Im Rahmen eines Finanzierungsvorgangs wird die Einlage immer in einer Geldzahlung zu erbringen sein. Als Einlage des stillen Gesellschafters kommen aber auch andere (vermögenswerte) Rechte, Sachen und Dienstleistungen in Betracht (z.B. Grundstücke). Dabei ist die Einlage so zu erbringen, dass sie in das Vermögen des Geschäftsinhabers übergeht und er über sie im Rahmen des Gesellschaftsvertrags frei verfügen kann. Ein gemeinsames Gesellschaftsvermögen der »stillen Gesellschaft« entsteht also nicht.

Im Innenverhältnis schreibt der Geschäftsinhaber die Einlage dem Einlagenkonto des Stillen gut. Dieses Konto repräsentiert den Rückzahlungsanspruch des Stillen nach Auflösung der stillen Gesellschaft. Die Höhe dieses Anspruchs bestimmt sich ggf. nicht nur nach der geleisteten Einlage, sondern auch nach dem Erfolg der Gesellschaft (dazu später mehr).

6.2.2.2 Haftung des stillen Gesellschafters

Berechtigt und verpflichtet aus Verträgen des Unternehmens wird nach § 230 Abs. 2 HGB allein der Geschäftsinhaber, nicht etwa die »stille Gesellschaft«, die es als Außengesellschaft ja nicht gibt. Hat der stille Gesellschafter seine vereinbarte Einlage erbracht, können sich die Gläubiger nur noch an den Unternehmensträger halten. Auch im Innenverhältnis haftet der stille Gesellschafter dem Unternehmensträger nur für die Erbringung der Einlage. Eine über die versprochene Einlage hinausgehende Nachschusspflicht besteht nur, wenn sie ausdrücklich vereinbart wird.

Der Stille haftet im Außen- wie im Innenverhältnis nicht, soweit er seine Einlage erbracht hat

An der vertraglichen Pflicht zur Einlagenleistung ändert sich auch dann nichts, wenn das Unternehmen in die Insolvenz gehen sollte und der stille Gesellschafter seine Einlage noch nicht (vollständig) erbracht hat. Allerdings ist die Einzahlungsverpflichtung des stillen Gesellschafters in diesem Fall auf den Betrag beschränkt, der zur Deckung des Anteils am Verlust erforderlich ist, soweit nicht ausdrücklich etwas anderes vereinbart wird. Geht das Unternehmen in die Insolvenz, nachdem der Stille seine Einlage voll geleistet hat, so kann er seine Forderung auf Rückzahlung der Einlage nach dem gesetzlichen Leitbild des § 236 Abs. 1 HGB als Insolvenzforderung anmelden und steht damit nicht anders als die übrigen Insolvenzgläubiger. Die stille Einlage stellt also nach dem gesetzlichen Vorbild bilanziell kein haftendes Eigenkapital, sondern Fremdkapital dar (Debt Mezzanine).

Eine haftungsmäßige Gleichstellung der stillen Beteiligung mit Eigenkapital kann jedoch auch auf Grund von Gesetzen erfolgen. So kann dem Stillen auch ohne ausdrückliche Nachrangabrede eine Berufung auf § 236 Abs. 2 HGB verwehrt sein. Geschäftsinhaber und Stiller unterliegen nämlich der allgemeinen gesellschaftsrechtlichen Treuepflicht aus § 242 BGB. Diese besagt ganz allgemein, dass die Gesellschafter alles zu unterlassen haben, was die Erreichung des gemeinsamen Zwecks gefährdet. Der Stille muss demnach auch und gerade in Krisenzeiten (z. B. drohende Insolvenz) seine Einlage voll erbringen bzw. auf deren Rückzahlung oder auf Auszahlungen von Gewinnen oder Entnahmen verzichten, wenn sonst die Zahlungsunfähigkeit oder Überschuldung des Unternehmens droht, und kann sich diesen Pflichten auch nicht durch eine Kündigung (zur Unzeit)

Tipp

Gestaltung des stillen Kapitals als Equity Mezzanine

Wenn das stille Gesellschaftskapital wirtschaftlich bzw. bilanziell dem **Eigenkapital** angenähert werden soll, wird vereinbart, dass der Stille im Insolvenzfall mit seiner Einlagenrückforderung hinter die Forderungen anderer Gläubiger zurücktritt (sog. **Nachrangabrede**). In diesem Fall werden die Gläubiger des Unternehmens im Insolvenzfall vorrangig vor dem stillen Gesellschafter befriedigt. Dem korrespondiert die Verpflichtung des Stillen, entgegen dem dispositiven § 236 Abs. 2 HGB seine gesamte Einlage auch dann voll zu erbringen, wenn das Unternehmen in die Insolvenz geht. Eine solche Nachrangklausel ändert jedoch nichts daran, dass der Stille auch im Insolvenzfall niemals persönlich haftet, sondern stets nur mit seiner Einlage. Auf diese Rechtsfolgen der Nachrangabrede sollte der stille Gesellschafter bei Vertragsschluss ausdrücklich hingewiesen werden.

entziehen. Daneben sind von der Rechtsprechung weitere Fallgruppen entwickelt worden, in denen die stille Beteiligung auch ohne vertragliche Nachrangabrede wie Eigenkapital behandelt wird.

6.2.2.3 Beteiligung am Jahresgewinn

Stille Gesellschafter sind zwingend am Gewinn des Unternehmens beteiligt

Im Gegenzug für seine Einlagenleistung partizipiert der stille Gesellschafter am Gewinn des Unternehmens. Wie bereits gezeigt wurde, ist diese Gewinnbeteiligung eine zwingende Voraussetzung für die stille Gesellschaft. Entscheidend ist dabei die Abhängigkeit der Vergütung vom Gewinn. Wird die Einlage gewinnunabhängig verzinst, so ist sie im Zweifel im Rahmen eines partiarischen Darlehensvertrags gewährt worden und keine Gesellschaftseinlage. Innerhalb dieses Rahmens sind die Beteiligten bei der Ausgestaltung der Gewinnbeteiligung durch den Gesellschaftsvertrag weitgehend frei. Sie können es bei der wenig aussagekräftigen gesetzlichen Regel eines »angemessenen Anteils« belassen, eine genaue quotale Beteiligung - mit oder ohne Übergewinnbeteiligung - vereinbaren oder den Gewinnanteil nach oben oder unten begrenzen. Letzteres rückt allerdings die Gewinnbeteiligung in die Nähe einer »Mindestverzinsung« und sollte aus kapitalmarktrechtlichen Erwägungen zumindest gewinnabhängig gestaltet werden.

Tipp

Im Rahmen einer Projektfinanzierung besteht auch die Möglichkeit, die Gewinnbeteiligung auf bestimmte Geschäftsbereiche oder Niederlassungen zu begrenzen.

6.2.2.4 Beteiligung am Jahresverlust

Als Equity Mezzanine ist stilles Kapital auch an den Verlusten beteiligt

Auch in Hinblick auf die Entscheidung, ob und in welcher Weise der Stille an einem negativem Jahresergebnis beteiligt wird, sind die Vertragsparteien keinen gesetzlichen Bestimmungen unterworfen. Treffen sie keine Vereinbarung hierüber, nimmt der Stille nach § 236 Abs. 2 HGB an dem seit seinem Beitritt entstandenen Verlust teil; wenn keine abweichende vertragliche Regelung getroffen wird, geschieht dies im Zweifel in demselben Verhältnis, das für die Gewinnbeteiligung vereinbart wurde. Die Verlustbeteiligung ist dabei jedoch auf die Höhe der Einlagepflicht des Stillen beschränkt.

Tipp

Gestaltung des stillen Kapitals als Equity Mezzanine

Um die stille Einlage wirtschaftlich bzw. bilanziell als **Eigenkapital** zu gestalten (Equity Mezzanine), muss sie an einem etwaigen Jahresverlust bis zur vollen Höhe beteiligt werden.

6.2.2.5 Geschäftsführung und Vertretung

Der stille Gesellschafter hat kein Stimmrecht in der Gesellschafterversammlung

Die **Geschäftsführung** obliegt - vorbehaltlich abweichender Abreden - allein dem Geschäftsinhaber. Solange er sich im Rahmen des vereinbarten Gesellschaftszwecks hält, kann er das Unternehmen führen, wie es ihm beliebt. Selbst bei außergewöhnlichen Geschäften ist er grundsätzlich nicht von einer Zustimmung des stillen Gesellschafters abhängig oder einem Widerspruchsrecht ausgesetzt. Auch insoweit bleibt der beitretende Gesellschafter »still«. Selbst abredewidrige Geschäftshandlungen sind im Außenverhältnis voll wirksam. Der Geschäftsinhaber kann sich in diesem Fall aber gegenüber dem Stillen schadensersatzpflichtig machen oder ein Recht zur Kündigung auslösen.

Eine Beschränkung des Geschäftsinhabers findet nur hinsichtlich solcher Geschäfte statt, welche die **Grundlagen der stillen Gesellschaft** selbst berühren. Zu diesen werden - abhängig von der jeweiligen Vereinbarung - regelmäßig die Grundlagengeschäfte des Handelsgewerbes des Geschäftsinhabers zählen. Der Geschäftsinhaber darf also - vorbehaltlich abweichender vertraglicher Absprachen - nicht sein Handelsgewerbe ganz aufgeben, wesentlich ausweiten oder einschränken oder einem gänzlich anderen Zweck widmen. Damit würde er letztlich die Einlage des Stillen nicht mehr den Bestimmungen des Gesellschaftsvertrags gemäß verwenden. Dasselbe gilt, wenn der Geschäftsinhaber dem Unternehmen bestimmungswidrig Vermögen entzieht. Im einen wie im anderen Falle würde er dem stillen Gesellschafter auf Schadensersatz haften.

6.2.2.6 Informations- und Kontrollrechte des stillen Gesellschafters

Dem stillen stehen ähnliche Informations- und Kontrollrechte zu wie dem Kommanditisten

Obwohl er **kein unmittelbares Mitspracherecht** bei der Geschäftsführung besitzt, stehen dem Stillen gewisse Kontrollrechte zu, mit denen er seine berechtigten Interessen wahren kann. Diese sind in Umfang und Reichweite aber nicht mit denen eines Anteilseigners vergleichbar. Nach dem gesetzlichen Leitbild des § 233 Abs. 1 HGB kann der Stille eine abschriftliche **Mitteilung des Jahresabschlusses** verlangen und dessen Richtigkeit unter Einsicht der Papiere und Bücher prüfen.

Diese Rechte können durch den stillen Gesellschaftsvertrag erweitert oder beschränkt werden. Während sich eine Erweiterung allein nach Erwägungen der Praktikabilität richtet, ist bei einer Beschränkung der Rechte eine Grenze durch die Gesellschafterstellung des Stillen gesetzt. Liegt ein wichtiger Grund vor, so kann der stille Gesellschafter gerichtlich die soeben genannten Rechte durchsetzen, selbst wenn diese im Gesellschaftsvertrag ausgeschlossen sind.

Tipp

Eine vertragliche Beschneidung der Kontrollrechte des Stillen ist bereits aus diesem Grund nicht empfehlenswert. Doch auch das Gebot einer transparenten Unternehmensführung steht einer zusätzlichen Beschränkung dieser ohnehin geringen Rechte entgegen. Einerseits verursachen die gesetzlich vorgesehenen Informations- und Kontrollrechte für das Unternehmen keinen allzu großen Aufwand, andererseits hat ein Investor stets ein berechtigtes Interesse zu erfahren, was mit dem Kapital und Vertrauen geschieht, die er in ein Unternehmen investiert hat.

Das formelle und vertraglich nicht vollends beschneidbare Informations- und Kontrollrecht stellt im Übrigen ein weiteres Abgrenzungsmerkmal zum Genussrecht dar: Während der Stille neben gewissen gesellschaftsrechtlichen Pflichten auch stets gewisse Einsichtsrechte besitzt, ist der Genussrechtsinhaber gerade kein Gesellschafter.

6.2.2.7 Beendigung der Gesellschaft

Die stille Gesellschaft ist notwendigerweise auf Endlichkeit angelegt

Wird die stille Beteiligung nicht vertraglich auf eine bestimmte Dauer eingegangen, so gilt sie nach dem gesetzlichen Leitbild auf unbestimmte Zeit eingegangen. Die Gesellschaft kann dann unter Beachtung der gesetzlichen Kündigungsfrist von sechs Monaten zum Ende eines jeden Geschäftsjahres gekündigt werden. Abweichende Vereinbarungen sind auch hier ohne weiteres möglich. Anders als beim Genussrecht ist aber die Vereinbarung einer »ewigen«, also nicht kündbaren stillen Gesellschaft nicht möglich. Es ist empfehlenswert, eine bestimmte **Mindestvertragsdauer** zu vereinbaren, nach deren Ablauf das Gesellschaftsverhältnis sich im Zweifel auf unbestimmte Zeit verlängert, wenn nicht auch die Verlängerung ausdrücklich geregelt ist. Eine von vornherein feste Befristung der Stillen Gesellschaft sollte - auch mit Blick auf die erforderliche Abgrenzung zum partiarischen Darlehen - vermieden werden.

Tipp

Gestaltung des stillen Kapitals als Equity Mezzanine

Will das Unternehmen die Einlage des Stillen nicht nur wirtschaftlich, sondern auch bilanziell als **Eigenkapital** gestalten, so ist eine gewisse Mindestbindung des Kapitals von fünf Jahren erforderlich. Eine Mindestvertragsdauer sollte bei der Bemessung von Kündigungsfristen aber schon aus Gründen der Planungssicherheit berücksichtigt werden, damit das Unternehmen weiß, wie lange das Kapital zur Verfügung steht und wann mit einer Rückforderung der Einlage zu rechnen ist.

Von der ordentlichen Kündigung abgesehen besteht auch bei der stillen Gesellschaft das allen Dauerschuldverhältnissen eigene Recht auf außerordentliche fristlose Kündigung aus wichtigem Grund. Auch die Insolvenz des Unternehmensträgers beendet die Gesellschaft. Soweit dem Stillen ein Rückzahlungsanspruch zusteht, ist er normaler Insolvenzgläubiger. Wurde ein Rangrücktritt vereinbart, so hat der Stille mit seiner Forderung aber hinter den sonstigen Gläubigern zurückzustehen. Der Tod des stillen Gesellschafters bringt die Gesellschaft nicht zur Auflösung; an die Stelle des verstorbenen Gesellschafters treten vielmehr die Erben.

6.2.2.8 Auseinandersetzung bei vertragsgemäßer Beendigung der stillen Gesellschaft

Bei Beendigung findet zwischen dem Stillen und dem Unternehmen eine Auseinandersetzung statt

Bei vertragskonformer Auflösung der stillen Gesellschaft z. B. durch Kündigung kommt es, ähnlich wie bei Beendigung einer Kommanditbeteiligung, zu einer **Auseinandersetzung.** Als deren Folge erwächst dem stillen Gesellschafter regelmäßig ein schuldrechtlicher Anspruch gegen den Geschäftsinhaber auf Auszahlung seines Guthabens. Ob und in welcher Höhe ein Guthaben besteht, lässt sich unmittelbar dem Saldo des Kapitalkontos des Stillen entnehmen. Auf diesem werden geleistete Einlagen und gutgeschriebene Gewinne (soweit nicht ausbezahlt) mit möglicherweise vom Stillen getätigten Entnahmen und ihm eventuell belasteten Verlusten (soweit nicht schon mit Gewinnen ausgeglichen) saldiert.

Ermittlung des Auseinandersetzungsguthabens

	Geleistete Einlagen
+	Gutgeschriebene Gewinne (soweit nicht ausgezahlt)
./.	Entnahmen
./.	Verluste (soweit nicht bereits mit Gewinnen ausgeglichen)
=	**Auseinandersetzungsguthaben**

An den **stillen Reserven** (d.h. an der Entwicklung des Unternehmenswertes) ist der Stille nicht beteiligt, es sei denn, dies wird ausdrücklich vereinbart (z.B. zur Begründung einer mitunternehmerischen atypisch stillen Gesellschaft). In diesem Fall ist vom Unternehmen zusätzlich eine so genannte Auseinandersetzungsbilanz zu erstellen, welche die Wertzuwächse während der Dauer der stillen Gesellschaft darstellt.

6.2.2.9 Veräußerbarkeit, Handelbarkeit, Zirkulationsfähigkeit

Die stille Beteiligung kann bei entsprechender Ausgestaltung mit Zustimmung des Unternehmens ganz oder teilweise an Dritte verkauft bzw. vererbt werden. Eine weitergehende Einschränkung der Veräußerbarkeit ist möglich, aber nicht üblich. Ein Sekundärmarkt für stille Beteiligungen existiert nicht. Die stille Beteiligung basiert auf einem Vertrauensverhältnis zwischen dem Unternehmen und dem stillen Gesellschafter und ist ihrer Natur nach nicht auf dem Börsenparkett handelbar.

6.2.3 Bilanzielle Behandlung der stillen Gesellschaft

Je nach Ausgestaltung stellen stille Einlagen Verbindlichkeiten oder Eigenkapital (-ersatz) dar

Die Bilanzierung von stillen Einlagen ist in den Vorschriften des Handelsgesetzbuchs nicht ausdrücklich geregelt oder vorgeschrieben. Die Zuordnung der stillen Einlage zum Fremd- oder Eigenkapital der Handelsbilanz hängt von der gesellschaftsrechtlichen Ausgestaltung des Beteiligungsverhältnisses ab.

Entspricht das Gesellschaftsverhältnis dem gesetzlichen Leitbild des § 236 Abs. 1 HGB, dann kann der Stille die Einlagerückforderung in der Insolvenz des Geschäftsherrn als Insolvenzforderung geltend machen, nicht anders als die anderen Unternehmensgläubiger auch. Das Einlagenkonto verkörpert - selbst wenn eine Verlustbeteiligung vorgenommen wird - nichts weiter als eine normale Forderung gegen das Unternehmen. Das stille Beteiligungskapital ist daher als **Fremdkapital** in der Handelsbilanz zu passivieren.

Vor dem Hintergrund der ohnehin schwachen Eigenkapitalausstattung der deutschen Unternehmen sollte aber die Möglichkeit genutzt werden, das eingelegte Kapital durch bestimmte vertragliche Vereinbarungen als Equity Mezzanine, d.h. als **Eigenkapital(-ersatz)** auszugestalten.

Kriterien, die den Ausweis als Eigenkapital rechtfertigen

Der Hauptfachausschuss des Instituts der Wirtschaftsprüfer e.V. hat in seiner Stellungnahme 1/1994 »Zur Behandlung von Genussrechten im Jahresabschluss von Kapitalgesellschaften« Kriterien aufgestellt, die einen Ausweis im Eigenkapital rechtfertigen und die nach allgemeiner Auffassung auf stille Beteiligungen übertragbar sind:

- Erfolgsabhängigkeit der Vergütung,
- Teilnahme am Verlust bis zur vollen Höhe,
- Langfristigkeit der Kapitalüberlassung (mindestens fünf Jahre) und
- Nachrangabrede, d.h. Nachrangigkeit der Forderung im Insolvenz- oder Liquidationsfall gegenüber allen Gläubigern.

Der **stille Eigenkapitalersatz** ist in der Handels- wie Steuerbilanz in einer gesonderten Position im Eigenkapital auszuweisen, entweder unmittelbar nach dem gezeichneten Kapital der Vollgesellschafter oder als letzte Position innerhalb des Eigenkapitals. Beim **stillen Fremdkapital** ist der Ausweis unter den Verbindlichkeiten geboten.

Im Rahmen von Publikumsbeteiligungen wird vom Anleger (Geldgeber) regelmäßig ein sog. **Aufgeld** (Agio) verlangt. Dieses ist in die Kapitalrücklage zu buchen, es sei denn, es dient ausdrücklich einer erfolgswirksamen Vereinnahmung, z.B. als Abschlussgebühr zur teilweisen Deckung von Emissionskosten. In diesem Fall ist das Aufgeld als sonstiger betrieblicher Ertrag in der Gewinn- und Verlustrechnung auszuweisen.

Gewinnanteile von fremdkapitalähnlichen stillen Beteiligungen stellen regelmäßig Aufwand dar und sind bei einer festen Vergütung als »Zinsaufwand« und bei einer gewinnabhängigen Vergütung als »auf Grund eines Teilgewinnabführungsvertrages abgeführte Gewinne zu erfassen«. Bei stillem Eigenkapitalersatz stellen Gewinnanteile auf Grund des Eigenkapitalausweises regelmäßig eine reine Ergebnisverwendung dar; allerdings ist auch hier grundsätzlich eine ergebniswirksame Erfassung möglich.

6.2.3.1 Bilanzausweis des stillen Kapitals nach IAS/IFRS

Wie bei den Ausführungen zur Bilanzierung des Kommanditkapitals nach IAS/IFRS gezeigt wurde, ist ein Finanzinstrument nach IAS/IFRS nur dann als Eigenkapital zu bilanzieren, wenn es dem Emittenten **zeitlich unbegrenzt** zur Verfügung steht oder wenn auf

Seiten des Emittenten die Möglichkeit besteht, das Finanzinstrument **nach seiner Wahl** von einem bestimmten Zeitpunkt an zurückzunehmen oder aber in Vollgesellschaftsanteile umzuwandeln.

Nach IAS/IFRS dürfte stilles Kapital als Verbindlichkeit zu bilanzieren sein

Auf Grund der flexiblen Gestaltungsmöglichkeiten der stillen Gesellschaft lässt sich zwar zumindest eine Wandlungsoption des Emittenten gestalten; diese ist aber nicht marktüblich und im Hinblick auf die typische Interessenlage der Beteiligten bei der stillen Gesellschaft nicht sachgerecht. Zum gegenwärtigen Zeitpunkt sind markttypische stille Gesellschaften somit unabhängig von ihrer jeweiligen Ausgestaltung als handelsrechtliches Equity oder Debt Mezzanine nach IFRS stets als Fremdkapital auszuweisen.

Tipp

Da eine für klassisches Fremdkapital typische unbedingte Rückzahlungsverpflichtung bei stillen Gesellschafen zumindest dann nicht besteht, wenn sie am Verlust beteiligt und mit einer Nachrangabrede ausgestattet sind, halten die Verfasser es für vertretbar, solche stillen Einlagen im Fremdkapital in einem gesonderten Posten vor den übrigen Verbindlichkeiten darzustellen, um den Charakter des stillen Kapitals als haftendes Kapital zu verdeutlichen.

Ausschüttungen auf stilles Kapital, das nach IFRS Fremdkapitalcharakter besitzt, sind in der Gewinn- und Verlustrechnung als Aufwand, vom Stillen ggf. zu übernehmende Verlustanteile als Ertragsposten innerhalb des Zinsergebnisses oder innerhalb eines gesonderten Postens zu verbuchen. Ausschüttungen auf stilles Kapital, das nach IFRS als Eigenkapital zu qualifizieren ist, sind ohne Berührung der Gewinn- und Verlustrechnung direkt mit dem Eigenkapital zu verrechnen; dasselbe gilt für vom Stillen zu übernehmende Verlustanteile.

6.2.3.2 Bilanzausweis des stillen Kapitals nach US-GAAP

Nach US-GAAP dürfte stilles Kapital ebenfalls als Verbindlichkeit bilanziert werden

Entscheidendes Kriterium für die Einordnung eines Finanzinstrumentes als Eigenkapital oder Fremdkapital nach US-GAAP ist – ähnlich wie bei den IFRS – die **zeitlich unbegrenzte Kapitalüberlassung** bzw. die **Rückzahlbarkeit allein nach dem Ermessen des Emittenten.** Eine stille Beteiligung, die ihrer Natur nach zeitlich befristet, zumindest aber kündbar ist, müsste somit auch nach US-GAAP als Fremdkapital ausgewiesen werden. Existiert, wie bei der stillen Gesellschaft, kein Marktpreis, ist bei der Bewertung auf den present value abzustellen, der als Barwert der künftigen Zahlungen an den Titelinhaber bestimmt wird. Um die Haftungsqualität des stillen Beteiligungskapitals zu berücksichtigen, sollte es als stiller Eigenkapitalersatz ggf. als erste Position des Fremdkapitals aufgeführt werden.

6.2.4 Steuerliche Behandlung der stillen Gesellschaft

Steuerlich ist zwischen »typisch« und »atypisch« stiller Gesellschaft zu unterscheiden

Bei der steuerlichen Behandlung der stillen Gesellschaft ist zwischen **»typischer«** und **»atypischer«** stiller Beteiligung zu unterscheiden. Die »atypisch« stille Beteiligung ist eine Sonderform der stillen Gesellschaft, bei welcher der stille Gesellschafter als **»Mitunternehmer«** im steuerlichen Sinne gilt. Die Voraussetzungen einer atypisch stillen Gesellschaft gehen über die Anforderungen an eine Bilanzierung des stillen Kapitals als Eigenkapital hinaus. Dabei entspricht eine »atypische« Ausgestaltung regelmäßig den Interessen solcher Investoren, die neben der Gewinnbeteiligung auch an den Verlusten beteiligt sind und einen Nachrang vereinbart haben. Als Kompensation für dieses erhöhte Risiko erhält er Kontrollrechte, die denen des Kommanditisten entsprechen, d.h. mindestens Bucheinsichtsrechte und gewisse Mitbestimmungsrechte. Damit verfolgt er tatsächlich ein gewisses unternehmerisches Interesse und wird deswegen steuerlich wie ein Mitunternehmer behandelt. Aus der Gestaltung der atypisch stillen Gesellschaft ergibt sich, dass die Einlage des atypisch Stillen - anders als beim typisch stillen Gesellschafter - für das Unternehmen **stets auch Eigenkapital** darstellt.

6.2.4.1 Unterscheidung zwischen »typischer« und »atypischer« stiller Beteiligung

Atypisch stille Gesellschafter sind Mitunternehmer

Bei der Unterscheidung zwischen »typisch« und »atypisch« ausgestalteter stiller Beteiligung gelten folgende Kriterien:

- **Mitunternehmerinitiative** (d.h. Zustimmungsrechte) und Mitunternehmerrisiko;
- **Beteiligung an den stillen Reserven** bzw. dem Geschäftswert;
- (Total-)**Gewinnerzielungsabsicht.**

Die in diesem Zusammenhang im Steuerrecht gebräuchliche Bezeichnung **»Mitunternehmerinitiative«** ist insoweit irreführend, als die erforderliche unternehmerische Einflussnahme gerade keine »Initiativrechte« des Stillen umfasst. Dem atypisch stillen Gesellschafter sind zur steuerlichen Anerkennung seiner Mitunternehmerstellung vielmehr solche Rechte einzuräumen, die den gesetzlichen Vorgaben für Kommanditisten entsprechen. Hierzu gehören insbesondere

- das Recht des Investors zur Prüfung des Jahresabschlusses (§ 166 HGB) sowie
- Vetorechte für Maßnahmen, die über den gewöhnlichen Geschäftsbetrieb hinaus gehen, insbesondere
  - der Änderung des Unternehmensgegenstandes,
  - der Veräußerung oder Verpachtung des Unternehmens oder eines wesentlichen Teils davon,
  - einer vollständigen oder teilweisen Einstellung des Gewerbebetriebs etc.

Maßnahmen, die zum normalen Geschäftsbereich gehören, müssen von dem Zustimmungserfordernis also nicht umfasst sein. Entscheidungen über den Erwerb und die Veräußerung von Grundstücken, die Beteiligung an oder der Erwerb von Unternehmen, die Vereinbarung von Krediten und dergleichen mehr unterliegen somit auch bei der atypisch stillen Gesellschaft der alleinigen Entscheidungsgewalt des Geschäftsinhabers.

Die atypisch stille Beteiligung ist eine »mitunternehmerische« Beteiligung

Weil der atypisch still Beteiligte, anders als der typisch stille Gesellschafter, aus steuerlichen Gründen aber an gewissen Maßnahmen der Geschäftsführung des Unternehmers zu beteiligen ist, spricht man auch von einer »mitunternehmerischen« Beteiligung.

Die Einordnung des atypisch stillen Gesellschafters als Mitunternehmer im steuerlichen Sinne fordert ferner ein **Mitunternehmerrisiko**. Daher ist die Einlage das atypisch Stillen nicht nur an den Gewinnen, sondern - anders als bei der typisch stillen Gesellschaft - zwingend auch an den Verlusten des Unternehmens zu beteiligen. Eine unbeschränkte Haftung der Einlage des Stillen für die Verbindlichkeiten des Unternehmens ist nicht notwendig. Vielmehr genügt es, die Beteiligung an den Verlusten auf die Höhe der Einlage zu beschränken.

Der atypisch stille Gesellschafter ist ferner wie ein Kommanditist an **Wertsteigerungen und Wertminderungen des Anlagevermögens und den offenen und stillen Reserven** zu beteiligen. Werden zum Beispiel bei der Abschreibung von Gebäuden oder bei Wertzuwächsen von Unternehmensbeteiligungen hohe stille Reserven gebildet, so wirkt sich das auf den Gewinnanteil des stillen Gesellschafters in gleicher Weise aus wie auf den Gewinnanteil des Geschäftsinhabers bzw. der Gesellschafter der Hauptgesellschaft. Der entsprechende Gewinn wird lediglich auf einen späteren Zeitpunkt verlagert, spätestens auf den Zeitpunkt der Auflösung der stillen Beteiligung. Bis zum Zeitpunkt der Auflösung, also des Ausscheidens des atypisch stillen Gesellschafters mit der Zahlung des Abfindungsguthabens, bleibt die Anteilswerterhöhung durch das Anwachsen von stillen Reserven steuerfrei.

Die steuerrechtliche Anerkennung der stillen Beteiligung setzt schließlich die Absicht des Investors voraus, einen **Totalgewinn** zu erzielen. Wird hingegen die stille Gesellschaft nur aus einem Gefallen heraus oder aus bloßer Liebhaberei eingegangen, fehlt es an dieser Absicht, und die Anerkennung der stillen Beteiligung durch die Finanzverwaltung wird versagt.

6.2.4.2 Die steuerliche Behandlung der typisch stillen Gesellschaft

Auf der Ebene der **Einkommen- und Körperschaftsteuer** ist festzustellen, dass die stille Gesellschaft selbst weder einkommen- noch körperschaftsteuerpflichtig ist. Der Besteuerung unterliegen das Unternehmen einerseits und der stille Gesellschafter andererseits. Das Unternehmen muss seinen Gewinn nach Ausschüttung versteuern, weshalb es nicht zu einer Doppelbesteuerung des Gewinnanteils beim Unternehmen und dem Stillen kommen kann.

Ausschüttungen stellen für das Unternehmen Aufwand dar, sie sind vom typisch stillen Gesellschafter als Einkünfte aus Kapitalvermögen zu versteuern

Unternehmen	Typisch stiller Gesellschafter
Ausschüttungen mindern als Betriebsausgaben den Gewinn und damit die Bemessungsgrundlage für Einkommensteuer bzw. Körperschaftsteuer. Dabei macht es keinen Unterschied, ob das typisch stille Gesellschaftskapital als Eigenkapital ausgestaltet ist oder als Fremdkapital. Nimmt der typisch stille Gesellschafter auch an Verlusten teil, so mindert sich entsprechend der Verlustzuweisung der Verlust des Geschäftsinhabers.	Für den stillen Gesellschafter, der die Beteiligung im Privatvermögen hält, stellen sich die Ausschüttungen gemäß § 20 Abs. 1 Nr. 4 EStG als Einkünfte aus Kapitalvermögen dar und unterliegen als solche der Einkommensteuer des Stillen. Als Besteuerungszeitpunkt gilt der Veranlagungszeitraum des Zuflusses. Der Geschäftsinhaber hat als Vorauszahlung auf die Gewinnbesteuerung bei dem stillen Gesellschafter die Kapitalertragsteuer in Höhe von zur Zeit 25 % des jeweils auszuschüttenden Gewinnanteils an das Finanzamt abzuführen. Diese Kapitalertragsteuer kann sich der Stille im Rahmen seiner persönlichen Einkommensteuerveranlagung erstatten bzw. auf seine persönliche Einkommensteuerschuld anrechnen lassen.

Gesellschafterfremdfinanzierung (§ 8a KStG)

Im Hinblick auf die steuerliche Behandlung von Gewinnanteilen für Gesellschafter des Unternehmens sind die Besonderheiten des § 8a KStG zu beachten.

Der **Gewerbesteuer** unterliegt ebenfalls nicht die stille Gesellschaft selbst, sondern der Gewerbebetrieb des Geschäftsinhabers. Dabei mindern Gewinnanteile des typisch stillen Gesellschafters auch die Bemessungsgrundlage für die Gewerbesteuer. Allerdings sind gem. § 8 Nr. 3 GewStG die gesamten Gewinnanteile des stillen Gesellschafters dem Gewinn des Geschäftsinhabers wieder hinzuzurechnen, wenn der Stille nicht selbst der GewSt unterliegt. Dasselbe gilt - mit umgekehrten Vorzeichen - für vom Stillen getragene Verluste. Unter diese Regelung fallen auch Gewinnanteile für Unternehmensbeteiligungsgesellschaften, da diese von der GewSt befreit sind. Auch bei der **Umsatzsteuer** ist die stille Gesellschaft selbst nicht steuerpflichtig. Unternehmer im Sinne des § 2 UStG ist allein der Geschäftsinhaber. Sofern seine Gewährung von stillen Gesellschaftsanteilen eine Leistung darstellt, ist sie nach § 4 Nr. 8 f UStG grundsätzlich von der USt befreit. Wenn der stille Gesellschafter selbst Unternehmer ist, ist nach § 4 Nr. 8 j UStG ebenfalls eine Steuerbefreiung vorgesehen.

6.2.4.3 Die steuerliche Behandlung der atypisch stillen Gesellschaft

Auf Ebene der **Einkommen- und Körperschaftsteuer** bringt die steuerliche Behandlung des atypisch stillen Gesellschafters als Mitunternehmer mit sich, dass sich Geschäftsinhaber und Stiller den Gewinn als Mitunternehmer teilen. Danach versteuert jeder Beteiligte seinen Gewinnanteil abhängig von der Rechtsform nach Einkommen- oder nach Körperschaftsteuerrecht (in der Regel als Einkünfte aus Gewerbebetrieb). Dementsprechend erscheint der an den Stillen ausgeschüttete Gewinn beim Unternehmen auch nicht als Betriebsausgabe, sondern stellt steuerlich eine reine Ergebnisverwendung dar.

Ausschüttungen an den Stillen muss dieser als Einkünfte aus Gewerbebetrieb versteuern, sie stellen für das Unternehmen Gewinnverwendung dar

Um dies zu ermöglichen, ist die stille Gesellschaft selbst Steuerrechtssubjekt der sog. **einheitlichen und gesonderten Gewinnfeststellung**. Dabei erteilt das Betriebsfinanzamt des Geschäftsinhabers einen Gewinnfeststellungsbescheid und stellt zugleich die Gewinnanteile der einzelnen stillen Gesellschafter fest. Dieser Feststellungsbescheid ist für alle Beteiligten Grundlagenbescheid für die jeweils gegen sie ergehenden Folgebescheide (z. B. Einkommensteuerbescheid).

Maßgeblicher **Zeitpunkt für die Besteuerung** des Gewinnanteils des atypisch Stillen ist das Jahr seiner Entstehung. Dies gilt selbst dann, wenn der Gewinn nicht oder nicht vollständig ausgeschüttet wird. Anders als beim typisch stillen Gesellschafter gilt also nicht das Zuflussprinzip.

Tipp

Um zu verhindern, dass dem Stillen eine Steuerschuld zuwächst, ohne dass ihm Mittel zugeflossen sind, sollte eine Entnahmeregelung vereinbart werden, die auch bei anderen Personengesellschaften üblich ist. Dem Gesellschafter könnte z. B. die Entnahme seiner anteiligen Personalsteuern oder eines bestimmten Prozentsatzes seines Gewinns ermöglicht werden.

Maßstab für die steuerliche Gewinnermittlung des einzelnen Gesellschafters sind dabei grundsätzlich die handelsrechtliche Gewinnermittlung und der gesellschaftsrechtlich vereinbarte Gewinn- und Verlustverteilungsschlüssel. Zum Schluss des Geschäftsjahres wird das Jahresergebnis ermittelt und nach dem vereinbarten Verteilungsschlüssel auf die Stillen verteilt. Eine etwaige Wertsteigerung des atypisch stillen Gesellschaftsanteils aus der Vermögensmehrung (schuldrechtlicher Anteil des Stillen an den stillen Reserven und dem Geschäftswert) wird erst im Jahr der Beendigung der Beteiligung aufgedeckt und versteuert.

Der Gewerbebetrieb des Geschäftsinhabers bildet bei der Gewerbesteuer den Steuergegenstand

Bei der **Gewerbesteuer** ist nicht die atypisch stille Gesellschaft, sondern der Gewerbebetrieb des Geschäftsinhabers Steuergegenstand. Allerdings hat die Rechtsprechung die atypisch stille Gesellschaft auch bei der Gewerbesteuer der KG angenähert. Folglich wird die Gewerbesteuer auch auf die Gewinnanteile der Mitunternehmer, wenn schon nicht bei dem Stillen, so aber auf der Ebene der atypisch stillen Gesellschaft erhoben. Bei der Ermittlung des Gewerbeertrags sind deshalb Gewinnanteile des atypisch Stillen in voller Höhe hinzuzurechnen. Dafür kann die stille Gesellschaft als Personengesellschaft den Freibetrag beim Gewerbeertrag gem. § 11 Abs. 1 Nr. 1 GewStG nutzen. Umgekehrt bedeutet dies für den Stillen, dass ihm die stille Beteiligung insoweit keine Verrechnungsmöglichkeiten mit anderen gewerbesteuerlich relevanten Aktivitäten verschaffen kann. Da die atypisch stille Gesellschaft als reine Innengesellschaft kein gemeinschaftliches Vermögen hat, kommt sie selbst als Steuerschuldnerin nicht in Betracht. Schuldner der Gewerbesteuer ist somit allein der Geschäftsinhaber.

In Hinblick auf die **Umsatzsteuer** ergeben sich keine Unterschiede zur typisch stillen Gesellschaft, deshalb s. Kap. 6.2.4.2.

6.2.4.4 Verlustübernahmen im Rahmen der atypisch stillen Gesellschaft

Die stille Gesellschaft bietet für das Unternehmen – ebenso wie Genussrechte – eine Bilanzhilfe. Werden durch den Gewerbebetrieb des Geschäftsinhabers Verluste erwirtschaftet, ist der stille Gesellschafter regelmäßig auch an diesen beteiligt. Der Geschäftsinhaber generiert einen außerordentlichen Ertrag, der - wenn stille Gesellschaftseinlagen in entsprechender Höhe vorhanden sind - zu einer schwarzen Null im Jahresergebnis führt und auf diese Weise in starken Investitionsphasen die Überschuldung des Unternehmens vermeiden hilft.

Verluste zählen beim atypisch Stillen zu den negativen Einkünften aus Gewerbebetrieb

Auf Grund der Mitunternehmerstellung des **atypisch** stillen Gesellschafters stellen die Verluste für den Stillen steuerlich **negative Einkünfte aus Gewerbebetrieb** dar. Diese negativen Einkünfte mindern das steuerpflichtige Einkommen des Stillen und senken damit seine Steuerbelastung. Bei der Verrechnung mit Einkünften aus anderen Einkunftsarten gelten jedoch gewisse Beschränkungen:

- Handelt es sich bei dem atypisch still an einer Kapitalgesellschaft Beteiligten nicht um eine natürliche Person, so wird der horizontale Verlustausgleich durch § 15 Abs. 4 S. 6-8 i.V.m. § 10d EStG beschnitten.
- Nach § 15a Abs. 5 Nr. 1 EStG findet der für die Kommanditgesellschaft geltende § 15a EStG weitgehend auch auf die atypisch stille Gesellschaft Anwendung. Demnach ist der steuerliche Verlustausgleich mit anderen Einkünften des Stillen begrenzt auf die jeweils tatsächlich eingezahlte Einlagenhöhe. Weitergehende Verluste dürfen nur in späteren Jahren mit Gewinnen aus derselben atypisch stillen Beteiligung verrechnet werden.
- Mit Wirkung zum 10. November 2005 wurde vom Gesetzgeber rückwirkend § 2b EStG aufgehoben und durch den neuen § 15b EStG ersetzt. Während bereits § 2b EStG die Verrechnung von Verlusten mit anderen Einkünften beschränkte, wenn nach der »modellhaften Konzeption« der Beteiligung »die Erzielung eines steuerlichen Vorteils« im Vordergrund stand, richtet sich der insoweit weiter gehende § 15b EStG gegen die Verrechnung von Verlusten jeglicher »Steuerstundungsmodelle« mit anderen positiven Einkünften. Sämtliche Einkünfte aus diesen Steuerstundungsmodellen können danach nur noch mit späteren Gewinnen aus derselben Geldanlage verrechnet werden. Ein solches Steuerstundungsmodell liegt vor, wenn dem Anleger auf Grund eines vorgefertigten Konzepts zumindest in der Anfangsphase der Investition die Möglichkeit der Verlustverrechnung mit übrigen Einkunftsarten geboten werden soll und die prognostizierten Verluste das gezeichnete, aufzubringende bzw. eingesetzte Kapital um mehr als 10% übersteigen. Damit richtet sich § 15b EStG insbesondere gegen sog. geschlossene »Steuersparfonds«, die v.a. in Neue Medien und erneuerbare Energien investieren, betrifft aber leider auch Beteiligungen an operativ tätigen mittelständischen Unternehmen, soweit diese wegen bevorstehender Investitionen mit Verlusten in entsprechender

Höhe rechnen und diese im Prospekt auch als solche benennen (wozu sie gesetzlich verpflichtet sind). Soweit die Verluste nicht nach dem neuen § 15b EStG behandelt werden, sind sie auch nach der neuen Rechtslage unter Beachtung der bereits dargestellten Einschränkungen grundsätzlich mit allen Einkünften verrechenbar, so dass sich diesbezüglich auch nach der neuen Rechtslage grundsätzlich keine Änderungen ergeben.

6.3 Genusskapital

Genussrechte haben als Finanzierungsinstrument eine lange Tradition

Genussrechte als Finanzierungsinstrument schauen auf eine lange Tradition zurück und sind bereits seit Mitte des 19. Jahrhunderts in Deutschland bekannt. So wurden Genussrechte zunächst als Finanzierungsinstrument für den Eisenbahnbau eingesetzt. In den zwanziger und dreißiger Jahren des vergangenen Jahrhunderts kam es zu einem ersten Boom bei der Emission von Genussrechten. Eine Renaissance hat das Genussrecht dann in den achtziger Jahren des vergangenen Jahrhunderts erlebt, als eine Reihe gesetzlicher Änderungen das Genussrecht auch für eine Eigenkapitalfinanzierung interessanter machten. Angesichts der chronisch schwachen Eigenkapitalausstattung des deutschen Mittelstands und der sich verschärfenden Kreditvergabebedingungen wenden sich in den vergangenen Jahren immer mehr mittelständische Unternehmen dem Genussrecht als Finanzierungsinstrument zu.

6.3.1 Rechtliche Grundzüge

Es gibt keine gesetzliche Bestimmung über die Ausgestaltung von Genussrechten

Der Gesetzgeber setzt Genussrechte zwar in einer Vielzahl von Vorschriften als selbstverständlich bestehend voraus, hat jedoch bewusst auf eine detaillierte Reglementierung verzichtet, um die Gestaltungsvielfalt nicht zum Nachteil der Vertragspartner einzuschränken. Wesentlicher Vorteil der Begebung von Genussrechten ist somit über die Möglichkeit des Eigenkapitalausweises hinaus ihre Flexibilität, so dass sie im Rahmen einer Unternehmensfinanzierung sowohl für Einzelmaßnahmen wie für Publikumsbeteiligungen gleichermaßen geeignet sind. Hintergrund der Existenz dieses Rechtsinstruments ist der Bedarf an haftendem Kapital für Kapitalgesellschaften, das keine Eigentums- und Mitspracherechte verbrieft und am Gewinn beteiligt ist. Zur Schließung dieser Lücke hat sich in Deutschland das allgemein anerkannte Rechtsinstrument des Genussrechts entwickelt.

6.3.1.1 Das Genussrecht als reines Vermögensrecht

Genussrechte sind reine Vermögensrechte, keine Gesellschaftsrechte

Von einem Genussrecht spricht man, wenn ein Unternehmen einem Nichtgesellschafter - regelmäßig gegen die Leistung von Geld - typische Vermögensrechte einräumt. Anders als bei der stillen Gesellschaft ist das Rechtsverhältnis zwischen Unternehmen und Genussrechtsinhaber nicht gesellschaftsrechtlicher Natur. Insoweit ist der Begriff »Genussrechtsbeteiligung« missverständlich, denn der Kapitalgeber erwirbt weder einen Anteil am Unternehmen noch eine sonstige Gesellschafterstellung, sondern stellt dem Unternehmen lediglich für einen bestimmten Zeitraum Kapital zur Verfügung und wird so zu dessen Gläubiger. Als Gegenleistung erhält er dafür bestimmte Genussrechte - in der Regel eine Beteiligung am Gewinn des Unternehmens, z. B. in Form einer jährlichen Ausschüttung. Üblicherweise werden die Genussrechte nicht nur am Gewinn, sondern auch am Verlust des Unternehmens beteiligt. Auf diese Weise wird der unternehmerische Charakter dieses Finanzierungsinstrumentes betont, zumal der Investor meist eine höhere Rendite als z. B. ein Kreditgeber erwartet. Allerdings gewähren Genussrechte dem Investor keinerlei mitgliedschaftlichen Verwaltungs-, Stimm- oder Kontrollrechte. Die Geschäftsleitung besitzt weiterhin uneingeschränkte Freiheit in allen unternehmerischen Entscheidungen. Als Vermögensrechte werden dem Genussrechtsinhaber üblicherweise eingeräumt das Recht auf

- Verzinsung,
- Beteiligung am Gewinn (und Verlust),
- auf Rückerstattung des Kapitals und/oder
- Sachdividende.

Sonstige Rechte vermögensrechtlicher Natur wie z. B. die Beteiligung am Liquidationserlös können von dem Unternehmen ebenfalls eingeräumt werden, sind aber aus steuerrechtlichen Gründen nicht marktüblich.

6.3.1.2 Begründung der Genussrechtsbeteiligung

Genussrechte können von jedem Unternehmen unabhängig von seiner Größe oder Gesellschaftsform gewährt werden, also nicht nur von einer GmbH oder AG, sondern z. B. auch von einer OHG oder KG und sogar von einem einzelkaufmännisch geführten Betrieb. Das Rechtsverhältnis zwischen Unternehmen und Genussrechtsinhaber wird zwischen den Beteiligten individualvertraglich in sog. Genussrechtsbedingungen vereinbart.

6.3.1.3 Formale Anforderungen

Da gesetzliche Vorgaben fehlen, müssen die einzelnen Modalitäten der Finanzierung, insbesondere Regelungen zur Laufzeit, Kündigung, Fälligkeit und Rückzahlung des Kapitals in den Genussrechtsbedingungen bestimmt sein. Werden Genussrechte von einer Aktiengesellschaft gewährt, so ist grundsätzlich ein Beschluss der Hauptversammlung mit einer Dreiviertelmehrheit erforderlich. Darüber hinaus ist den Aktionären grundsätzlich ein Bezugsrecht zu gewähren, das aber ausgeschlossen werden kann.

Genussrechte können als Genussscheine verbrieft werden

Genussrechte können sowohl unverbrieft als reine Genussrechte als auch wertpapierverbrieft in sog. Genussscheinen ausgegeben werden. Dabei können Genussscheine als Namenspapier oder Inhaberpapier ausgestaltet werden. Bei einer Emission von nicht verbrieften Genussrechten werden die Genussrechtsinhaber in der Regel in ein Namensregister eingetragen.

6.3.1.4 Abgrenzung zum partiarischen Darlehen und zur stillen Gesellschaft

Da Genussrechte wegen ihrer Flexibilität ohne weiteres wie eine stille Beteiligung ausgestaltet werden können, kann eine Abgrenzung in der Praxis meist dahin stehen, bzw. haben die Beteiligten eben durch die Bezeichnung ihres Vertrages als stillen Gesellschaftsvertrag oder Genussrechtsvertrag die Wahl zu treffen. Unterschiede ergeben sich aber insoweit, als sich allein das Genussrecht im Genussschein verbriefen lässt. Ferner besitzt nur der stille Gesellschafter zwingend gewisse Rechte aus den §§ 230 ff. HGB und nur bei einer stillen Gesellschaft lässt sich eine steuerrechtlich relevante Mitunternehmerschaft des Investors begründen.

Beim partiarischen Darlehen wie auch bei den Genussrechten erfolgt die Hingabe des Kapitals gegen eine Beteiligung am Gewinn. Da bei Genussrechten regelmäßig auch eine Beteiligung am Verlust vereinbart wird, die beim partiarischen Darlehen nicht möglich ist, ist die Abgrenzung insoweit unproblematisch.

6.3.2 Merkmale und Ausgestaltung der Genussrechtsbeteiligung

Mangels rechtlicher Vorgaben muss der Genussrechtsvertrag die Konditionen bestimmen

Werden Genussrechte als Finanzierungsinstrument eingesetzt, so erhält der Genussrechtsinhaber gegen Leistung einer bestimmten Geldsumme Vermögensrechte, die auf einen bestimmten Nennbetrag lauten und mit einer Beteiligung am Gewinn und Verlust verbunden sind. Am Ende der Laufzeit gewährt das Unternehmen das Kapital grundsätzlich zum Nominalwert zurück. Die Einzelheiten des Rechtsverhältnisses erhalten in den verschiedenartigsten Genussrechtsbedingungen eine nähere Ausgestaltung.

6.3.2.1 Zeichnungssumme

Der Genussrechtsinhaber hat in der Regel nur die Pflicht, den Kaufpreis für die Genussrechte zu entrichten. Üblicherweise werden Genussrechte zu einem Ausgabepreis von 100 % des Nennbetrags ausgegeben. So erhält der Genussrechtsinhaber gegen Einzahlung von 10.000 € beispielsweise Genussrechte mit einem Nennbetrag von 10.000 €.

Das Unternehmen organisiert den Zahlungsverkehr in der Regel in eigener Durchführung. Es zahlt die Gewinnanteile aus und gewährt das Kapital am Ende der Laufzeit zurück. Werden die Genussrechte in Genussscheinen verbrieft, erfolgt auch die Einreichung der Gewinnanteilscheine für die laufenden Ausschüttungen sowie der Genussscheine zur Einlösung am Ende der Laufzeit bei dem Unternehmen.

Tipp

> Genussscheine können auch bei einer Wertpapiersammelbank verwahrt werden (sog. Girosammelverwahrung). In diesem Fall erfolgt die Einbuchung der Genussscheine in ein Wertpapierdepot bei der Bank des Anlegers. Auch die Zahlung der laufenden Gewinnanteile sowie die Rückzahlung am Ende der Laufzeit, verbunden mit der Ausbuchung aus dem Depot, erfolgt dann im Interbankenverkehr.

Im Rahmen eines Private Placement haben die Anleger neben dem Ausgabetrag üblicherweise ein Aufgeld als Abschlussgebühr zur teilweisen Deckung der anfallenden Emissionskosten zu entrichten.

6.3.2.2 Haftung des Genussrechtsinhabers

Der Genussrechtsinhaber haftet nicht, soweit er seine Einlage erbracht hat

Eine Haftung des Genussrechtsinhabers gegenüber den Gläubigern des Unternehmens besteht nicht. Sobald der Genussrechtsinhaber die Nominaleinlage erbracht hat, ist er zu weiteren Leistungen nicht verpflichtet. Nachschüsse über die Entrichtung der vereinbarten Einlagesumme hinaus sind nur zu leisten, sofern eine Nachschussverpflichtung ausdrücklich vereinbart wird.

Für den Fall der Insolvenz oder Liquidation des Unternehmens sehen die Genussrechtsbedingungen regelmäßig vor, dass die Rückzahlungsansprüche der Genussrechtsinhaber allen anderen Gläubigerforderungen im Range nachgehen, also erst nach Befriedigung aller sonstigen Gläubiger bedient werden (Nachrangabrede). An einem verbleibenden Liquidationserlös nehmen die Genussrechte meist nicht teil, weil auf diese Weise der Betriebsausgabenabzug der Ausschüttungen auf die Genussrechte erhalten bleibt (§ 8 Abs. 2 KStG). Die Nachrangabrede ist eine der Voraussetzungen, um das zur Verfügung gestellte Kapital als haftendes Eigenkapital bilanzieren zu können (Equity Mezzanine). Auch bei Vereinbarung einer Nachrangklausel haftet der Genussrechtsinhaber stets nur mit seiner Einlage und niemals persönlich.

6.3.2.3 Beteiligung am Jahresgewinn

Die Gewinnbeteiligung kann ebenfalls flexibel bestimmt werden

Als Gegenleistung für die Bereitstellung des Kapitals erhält der Genussrechtsinhaber eine **Beteiligung am Gewinn** des Unternehmens. Welche Form diese Gewinnbeteiligung hat, wird in den jeweiligen Genussrechtsbedingungen geregelt und kann ganz unterschiedlich gestaltet werden. Dabei lassen sich marktgängige Genussrechte in drei Kategorien unterteilen:

- Genussrechte mit einer konstanten Dividende (konservativ);
- Genussrechte mit einer variablen Dividende (renditeorientiert);
- Mischformen.

Genussrechte mit konstanten Dividenden bieten dem Anleger eine jährlich gleich bleibende Dividende, in der Regel basierend auf einem bestimmten Prozentsatz des Nominalwertes der Genussrechte.

Bei Genussrechten mit ausschließlich variabler Dividende kann sich die Dividende nach dem Unternehmenserfolg richten und sich am Jahresüberschuss orientieren, aber auch an der Dividendenhöhe, am Umsatz oder am Ertrag im Verhältnis zur Bilanzsumme. Diese Genussrechte folgen ungeachtet ihrer unterschiedlichen Ausgestaltung einer einfachen Regel: Je größer der wirtschaftliche Erfolg des Unternehmens, desto höher fällt die Gewinnbeteiligung aus. Seltener werden Genussrechte begeben, deren variable Dividende sich an unternehmensexternen Hilfsgrößen orientiert (wie etwa dem EURIBOR).

Viele der marktüblichen Genussrechte bieten eine Mischform aus konstanter Grunddividende mit zusätzlicher Bonusverzinsung. Die feste Verzinsung wirkt bei diesen Genussrechten ähnlich wie eine »Basisdividende«. Die Höhe der Bonusdividende hängt zumeist vom wirtschaftlichen Erfolg des Unternehmens ab.

Tipp

Unabhängig davon, wonach sich die Höhe der Dividende bemisst, sollte aus Sicht des Unternehmens die Verzinsung in jedem Fall stets gewinnabhängig gestaltet sein, denn nur dann kann das Genusskapital als Eigenkapitalersatz bilanziert werden. Erreicht das Unternehmen in einem Geschäftsjahr einmal keinen oder einen zur Ausschüttung nicht hinreichenden Jahresüberschuss, vermindert sich die Pflicht zur Ausschüttung in diesem Jahr entsprechend oder entfällt ganz. Regelmäßig wird für diesen Fall ein Nachzahlungsanspruch in gewinnreichen Folgejahren vereinbart (sog. Nachzahlungsklausel).

Ausschüttungen auf Genussrechte können regelmäßig oder einmalig erfolgen

Von der reinen Gewinnbeteiligung zu unterscheiden ist der Zeitpunkt der **Ausschüttung**. Marktüblich sind Genussrechte mit nachträglicher jährlicher Ausschüttung. Die Art und Weise der Auszahlung ist den jeweiligen Genussrechtsbedingungen zu entnehmen. In der Regel wird vereinbart, dass die Höhe des Gewinnanteils nach der ordentlichen Gesellschafterversammlung festgestellt und anschließend an den Genussrechtsinhaber ausgekehrt wird. Eine weitere Variante sind Genussrechte mit Thesaurierung (»Zero-Genussrechte«). Hier gelangen Gewinne nicht zur Auszahlung, sondern verbleiben im Unternehmen und werden von diesem sogleich reinvestiert. Die Ausschüttung der Gewinnanteile erfolgt erst bei Beendigung der Genussrechtsbeteiligung.

6.3.2.4 Beteiligung am Jahresverlust

Als Eigenkapital muss Genusskapital auch an Verlusten partizipieren

Bei den meisten Genussrechten wird neben der Beteiligung am Gewinn auch eine Teilnahme an etwaigen Verlusten vereinbart (Verlustbeteiligung). Will der Emittent das Genusskapital als bilanziellen Eigenkapitalersatz ausweisen, so ist eine solche Verlustbeteiligung sogar zwingend erforderlich. Die Teilnahme am Verlust der Gesellschaft vollzieht sich dann durch Verminderung seines Rückzahlungsanspruchs für die Genussrechte. Eine vereinbarte Wiederauffüllung des Genusskapitals nach Verlustteilnahme, die in Folgejahren bei ausreichendem Bilanzgewinn durch Zuschreibung der Rückzahlungsansprüche erfolgt (sog. Besserungsabrede), hat üblicherweise Vorrang vor einer Ausschüttung oder einer Aufstockung offener Rücklagen.

6.3.2.5 Geschäftsführung und Vertretung

Genussrechte gewähren keinerlei gesellschaftliche Verwaltungsrechte

Die Geschäftsführung obliegt weiterhin allein dem Vorstand bzw. der Geschäftsführung des Unternehmens. Die Genussrechte gewähren keinerlei Mitspracherechte bei unternehmerischen Entscheidungen.

6.3.2.6 Informations- und Kontrollrechte

Die Genussrechte gewähren keinerlei Mitgliedschaftsrechte, insbesondere keine Teilnahme-, Mitwirkungs- und Stimmrechte in der Gesellschafterversammlung. Nach den gesetzlichen Bestimmungen obliegt die Geschäftsführung allein dem Vorstand oder der Geschäftsführung des Unternehmens.

Üblicherweise werden den Genussrechtsinhabern aus Gründen der Transparenz zumindest der Jahresabschluss des Unternehmens in Kurzfassung sowie der Abschlussvermerk des Wirtschaftsprüfers über die Ergebnisse der Jahresabschlussprüfung ausgehändigt.

6.3.2.7 Laufzeit der Genussrechte

Genussrechte können befristet, kündbar und ewig laufend begeben werden

Genussrechte können mit bestimmter und mit unbestimmter Laufzeit begeben werden. Um das Genusskapital als Eigenkapitalersatz zu bilanzieren, sehen Genussrechte mit bestimmter Laufzeit meist eine Kapitalbindung von fünf bis fünfzehn Jahren vor. Auch Genussrechte mit unbestimmter Laufzeit werden regelmäßig mit einer Mindestlaufzeit von fünf Jahren ausgestattet. Kürzere Laufzeiten als fünf Jahre sind ohne weiteres möglich, ziehen aber die Bilanzierung des Genusskapitals als Fremdkapital nach sich. Üblich ist eine Vereinbarung, nach der eine Verlängerung der Laufzeit um eine bestimmte Anzahl von Jahren erfolgt, wenn die Genussrechte zum Ende einer bestimmten Mindestlaufzeit nicht fristgerecht gekündigt werden. Bei Genussrechten mit längerer Laufzeit sollte sich das Unternehmen in jedem Fall ein Kündigungsrecht aus steuerlichen Gründen vorbehalten (so genannte »Angstklausel«).

6.3.2.8 Beendigung der Genussrechtsbeteiligung

Am Ende der Laufzeit bzw. nach wirksamer Kündigung werden die Genussrechte zum Fälligkeitszeitpunkt üblicherweise zum bestehenden Buchwert zurückgezahlt. Bei Genussrechten ohne Verlustteilnahme entspricht der Buchwert in der Regel dem Nennbetrag der Genussrechte. Bei Genussrechten mit Verlustbeteiligung ist unter dem Buchwert der Genussrechte der Nennbetrag abzüglich etwaiger aufgelaufener und noch nicht wieder aufgeholter Verluste zu verstehen. Genussscheine werden nach Ablauf der Mindestvertragslaufzeit durch Rückgabe bei der Emittentin eingelöst.

Das Unternehmen kann den Rückzahlungsbetrag an die Wertentwicklung des Unternehmens knüpfen, um dem Investor einen zusätzlichen Renditehebel zu gewähren. Auf diese Weise profitiert der Genussrechtsinhaber auch von einem Wachstum des Unternehmenswertes. Genussrechte können auch mit Bezugsoptionen auf Aktien oder mit Wandeloptionen in Aktien ausgestattet werden. Für das Unternehmen bedeutet dies, dass die Liquidität aus dem Genusskapital nicht abfließt. Für den Kapitalgeber ist diese Variante v.a. bei einem geplanten Börsengang des Unternehmens interessant.

6.3.2.9 Veräußerbarkeit, Handelbarkeit, Zirkulationsfähigkeit

Genussrechte und Genussscheine sind üblicherweise frei übertragbar. In den Genussrechtsbedingungen kann die Übertragung auch von der Zustimmung des Unternehmens abhängig gemacht werden. Man spricht dann von vinkulierten Genussrechten bzw. vinkulierten Genussscheinen. Auf diese Weise kann das Unternehmen die Kontrolle über den Anlegerkreis behalten. Bei unverbrieften Genussrechten, die öffentlich angeboten werden sollen, wird die Veräußerbarkeit aus kapitalmarktrechtlichen Erwägungen üblicherweise ganz ausgeschlossen.

6.3.3 Bilanzielle Behandlung der Genussrechte

Die Bilanzierung von Genussrechten hat in den Vorschriften des Handelsgesetzbuchs keine ausdrückliche Regelung erfahren. Eine gesetzlich vorgeschriebene Bilanzierungsweise würde den vielfältigen Möglichkeiten rechtlicher Gestaltbarkeit bei der Begebung von Genusskapital auch zuwider laufen.

Soweit keine besonderen Vertragsabreden vorliegen, ist das Genusskapital grundsätzlich als Verbindlichkeit zu passivieren. Wirtschaftlich betrachtet stellt dieses Genusskapital »gewinnbeteiligtes **Fremdkapital**« dar. Dementsprechend erhöht es die »Schulden« des Unternehmens und verringert die Eigenkapitalquote. Konkret kann ein Ausweis des Genusskapitals als eigener Posten »Genusskapital« gemäß § 266 Abs. 3 HGB in den Verbindlichkeiten erfolgen. Die Höhe des Genusskapitals kann entweder mit einem »Davon-Vermerk« oder im Anhang angegeben werden.

Insbesondere mit Rücksicht auf die meist angestrebte Stärkung der Eigenkapitalbasis des Unternehmens kann das Genusskapital aber auch als **Eigenkapital(-ersatz)** ausgestaltet werden.

Der Eigenkapitalbilanzausweis von Genusskapital ist vom IDW näher geregelt worden

Der Hauptfachausschuss des Instituts der Wirtschaftsprüfer e.V. hat in seiner Stellungnahme 1/1994 »Zur Behandlung von Genussrechten im Jahresabschluss von Kapitalgesellschaften« Kriterien aufgestellt, die einen Ausweis im Eigenkapital als Eigenkapitalersatz rechtfertigen:

- Erfolgsabhängigkeit der Vergütung,
- Teilnahme am Verlust bis zur vollen Höhe und
- Langfristigkeit der Kapitalüberlassung (mindestens fünf Jahre),
- Nachrangabrede, d.h. Nachrangigkeit der Forderung im Insolvenz- oder Liquidationsfall gegenüber allen Gläubigern.

Für den Ausweis als Eigenkapitalersatz bietet sich ein eigener Posten »Genusskapital« im Eigenkapital des Unternehmens nach dem gezeichneten Kapital und vor der Kapitalrücklage an.

Wie beim Fremdkapital wird die **laufende Vergütung** des Genusskapitals in der Gewinn- und Verlustrechnung als »Zinsen und ähnliche Aufwendungen« unter dem Posten »Vergütung für Genusskapital« ausgewiesen. Auch der Eigenkapitalcharakter von Genussrechten führt nicht zu einer Qualifizierung der Ausschüttungen als Gewinnverwendung aus versteuertem Einkommen, sondern es bleibt bei der Verkürzung des Jahresergebnisses in der Handelsbilanz.

Eine **Verlustbeteiligung** des Genusskapitals ist bilanziell so zu erfassen, dass durch die Bildung eines Ertragspostens »Erträge aus Verlustübernahme« gemäß § 277 Abs. 3 S. 2 HGB die Rückzahlungsverpflichtung des Unternehmens vermindert wird.

Das regelmäßig vom Genussrechtsbeteiligten zu entrichtende **Agio** ist in die Kapitalrücklage zu buchen, es sei denn, es dient ausdrücklich einer erfolgswirksamen Vereinnahmung, etwa als Abschlussgebühr zur teilweisen Deckung von Emissionskosten. In diesem Fall ist das Aufgeld als sonstiger betrieblicher Ertrag in der Gewinn- und Verlustrechnung auszuweisen.

6.3.3.1 Bilanzausweis der Genussrechte nach IAS/IFRS

Zur Darstellung der rechtlichen Grundzüge der Bilanzierung von Finanzinstrumenten nach IFRS wird auf die Ausführungen zur bilanziellen Behandlung des Kommanditkapitals nach IFRS verwiesen.

Ein **Bilanzausweis** von Genussrechten im Eigenkapital ist somit nur dann möglich, wenn lediglich auf Seiten des Unternehmens das Wahlrecht besteht, die Genussrechte nach dem Ende der Laufzeit zurückzuzahlen oder aber beispielsweise die Wandlung in Vollgesellschaftsanteile vorzunehmen. Hieraus ergibt sich, dass zumindest markttypische Genussrechte, die ein solches Wahlrecht des Emittenten nicht vorsehen, nach IFRS als Fremdkapital zu bilanzieren sind. Die Autoren halten es für vertretbar, dass die bilanzielle Darstellung des Genusskapitals im Fremdkapital in einer eigenen, als solche bezeichneten Bilanzposition in den Verbindlichkeiten erfolgt.

Markttypische Genussrechte stellen nach IFRS Verbindlichkeiten dar

Ausschüttungen auf Genusskapital, die nach IFRS als Fremdkapital auszuweisen sind, erscheinen in der Gewinn- und Verlustrechnung als Aufwand, vom Genussrechtsinhaber ggf. zu übernehmende Verlustanteile als Ertragsposten innerhalb des Zinsergebnisses oder innerhalb eines gesonderten Postens. Ausschüttungen auf Genussrechte, die nach IFRS als Eigenkapital zu bilanzieren sind, werden ohne Berührung der Gewinn- und Verlustrechnung direkt mit dem Eigenkapital verrechnet. Entsprechendes gilt für Verluste, die von den Genussrechten getragen werden.

6.3.3.2 Bilanzausweis der Genussrechte nach US-GAAP

Auch nach US-GAPP ist Genusskapital vornehmlich Fremdkapital

Entscheidendes Kriterium für die Abgrenzung von Fremdkapital und Eigenkapital nach US-GAAP ist - genau wie bei IFRS - eine zeitlich unbegrenzte Überlassung des Kapitals. Da Genussrechte in der Regel befristet (zumindest aber kündbar) ausgestaltet sind, ist das Genusskapital demnach als Fremdkapital auszuweisen. Um die Haftungsqualität des Genusskapitals zu berücksichtigen, kann als Eigenkapitalersatz ausgestaltetes Genusskapital als erste Position des Fremdkapitals aufgeführt werden. Hierbei folgt die Gliederung der zunehmenden Fristigkeit der Verbindlichkeiten, weshalb die Zuordnung des Genusskapitals von der jeweiligen Ausgestaltung im Einzelfall abhängt.

6.3.4 Steuerliche Behandlung der Genussrechte

Bei der steuerlichen Behandlung ist zu differenzieren zwischen dem Unternehmen und dem Inhaber von Genussrechten.

6.3.4.1 Die steuerliche Behandlung bei dem Unternehmen

Ohne Beteiligung am Liquidationserlös stellen Ausschüttungen auf Genusskapital beim Unternehmen Aufwand dar

Für die Beurteilung der Besteuerung der Gewinnausschüttungen auf Seiten des Unternehmens ist zunächst die Frage entscheidend, ob die Genussrechte neben einer Beteiligung am Gewinn auch eine Beteiligung am Liquidationserlös der Gesellschaft vorsehen. Ist diese Frage zu verneinen, sind die Ausschüttungen bei der Gesellschaft im Jahr der wirtschaftlichen Verursachung als Betriebsausgaben abzugsfähig und mindern deren steuerpflichtigen Gewinn. Bei der Ermittlung der Gewerbesteuersteuerbelastung erfolgt jedoch gemäß § 8 Nr. 1 GewStG eine hälftige Hinzurechnung der Ausschüttungen, weil die Ausschüttungen auf die Genussrechte bereits die gewerbesteuerliche Bemessungsgrundlage gemindert haben.

Sind die Genussrechte hingegen am Liquidationserlös beteiligt, werden die Ausschüttungen auf die Genussrechte steuerrechtlich wie Ausschüttungen auf Anteilsrechte behandelt. Ein Betriebsausgabenabzug der Ausschüttungen auf Seiten der Emittentin ist in diesem Fall nicht möglich, weil die Ausschüttungen Ergebnisverwendung darstellen und eine Ergebnisverwendung stets aus versteuertem Einkommen erfolgt. Hieraus folgt, dass die Ausschüttungen auf die Genussrechte der Körperschaftsteuer zzgl. Solidaritätszuschlag unterliegen. Hinzu kommt die Belastung mit Gewerbesteuer. Um die Ausschüttungen als Betriebsausgaben anzusetzen, wird eine Beteiligung am Liquidationserlös in der Praxis jedoch immer ausgeschlossen.

6.3.4.2 Die steuerliche Behandlung bei dem Genussrechtsinhaber

Die Frage nach einer Beteiligung am Liquidationserlös ist auch für die Frage der Besteuerung der Ausschüttungen beim Genussrechtsinhaber von Bedeutung.

Ohne Beteiligung am Liquidationserlös bezieht der Genussrechtsinhaber Einkünfte aus Kapitalvermögen

Sehen die Genussrechte ausschließlich eine **Gewinnbeteiligung** vor, unterliegen die Ausschüttungen nach § 43a Abs. 1 Nr. 2 EStG einem Kapitalertragsteuerabzug in Höhe von 25 %. Die von dem Unternehmen an das zuständige Finanzamt abgeführte Kapitalertragsteuer wird bei der Ermittlung der Einkommensteuerbelastung des Genussrechtsinhabers auf dessen persönliche Einkommensteuerschuld angerechnet. Die Gewinnausschüttungen an die Genussrechtsinhaber unterliegen gemäß § 20 Abs. 1 Nr. 7 EStG als Einkünfte aus Kapitalvermögen der Einkommen- bzw. über § 20 Abs. 3 EStG, § 7 KStG der Körperschaftsteuer.

Sehen die Genussrechte eine Beteiligung am **Gewinn und am Liquidationserlös** vor, unterliegen die Erträge aus den Genussrechten, die in einem Privatvermögen gehalten werden, zunächst dem Kapitalertragsteuerabzug gemäß §§ 43a Abs. 1 Nr. 1 EStG in Höhe von 20 % des Kapitalertrages. Wegen der bereits erfolgten Körperschaftsteuerbelastung unterliegt nur noch die Hälfte der Ausschüttungen der Einkommensteuer des Genussrechtsinhabers, die andere Hälfte kann steuerfrei vereinnahmt werden (Halbeinkünfteverfahren).

Werden die **Genussrechte von einer Kapitalgesellschaft gehalten**, bleiben Ausschüttungen gemäß § 8b Abs. 1 KStG bei der Ermittlung des Einkommens außer Ansatz, sind also steuerfrei. Gemäß § 8b Abs. 5 KStG gelten jedoch 5 % der Bezüge als Ausgaben, die nicht als Betriebsausgaben abgezogen werden dürfen. Gemäß § 8 Nr. 5 GewStG sind die Ausschüttungen bei der Ermittlung des Gewerbesteuerertrages des Genussrechtsinhabers in voller Höhe hinzuzurechnen, sofern er nicht mit mindestens 10 % am Gesellschaftskapital der Emittentin beteiligt ist.

Gelangen die Gewinnanteile nicht laufend zur Ausschüttung **(thesaurierende Genussrechte, Zero-Genussrechte)**, sind die Gewinnanteile nach dem im Rahmen der Einkünfte aus Kapitalerträgen gültigen Zuflussprinzip nicht jährlich zu versteuern, sondern erst am Ende der Beteiligung mit Einlösung der Genussrechte.

Bei **Veräußerung** der im Privatvermögen gehaltenen Genussrechte unterliegt ein Veräußerungsgewinn, also der Veräußerungspreis abzüglich der Anschaffungs- und Veräußerungskosten, der Einkommensteuer, wenn zwischen der Anschaffung und der Veräußerung der Genussrechte nicht mehr als ein Jahr liegt. Insoweit wird auf die Ausführungen zur Besteuerung von Veräußerungsgewinnen bei Aktien verwiesen.

6.4 Nachrangdarlehen

Als Nachrangdarlehen werden alle Verbindlichkeiten bezeichnet, die auf Grund struktureller Aspekte oder entsprechender einzelvertraglicher Regelungen im Falle der Liquidation oder Insolvenz des Schuldners im Rang hinter bestimmte andere Forderungen zurücktreten. Im Rahmen von Unternehmensfinanzierungen werden sowohl **einzelvertragliche Regelungen** als auch **strukturelle Nachrangklauseln** eingesetzt.

6.4.1 Rechtliche Grundzüge

Wesentliches Merkmal von Nachrangdarlehen ist die sog. Rangrücktrittsklausel

Rechtliche Grundlage des Nachrangdarlehens ist zumeist ein Darlehensvertrag (§ 488 BGB). Wesentliches Merkmal eines Nachrangdarlehens ist dabei die sog. **Rangrücktrittserklärung**. Danach tritt der Kapitalgeber mindestens mit seinem Rückzahlungsanspruch hinter die Forderungen bestimmter oder aller sonstigen Gläubiger zurück.

6.4.1.1 Arten von Nachrangabreden

Im Rahmen der Nachrangdarlehen wird bei den vertraglichen Regelungen üblicherweise zwischen einer **Belassungsabrede** und einer **Rangrücktrittserklärung** unterschieden. Bei der Belassungsabrede verpflichtet sich der Kapitalgeber, seine Forderung im bereits laufenden Insolvenzverfahren nicht geltend zu machen. Da eine solche Abrede nur im Insolvenzfall getroffen wird, kommt einer Belassungsabrede eine praktische Bedeutung nur bei der Unternehmenssanierung zu, nicht aber bei der Finanzierung.

Im Gegensatz zu der Belassungsabrede wird bei einer Rangrücktrittserklärung von vornherein mit dem Darlehensgeber vereinbart, dass er mit seiner Forderung hinter die Ansprüche anderer Gläubiger zurücktritt.

Tipp

> Weitere Einschränkungen der Gläubigerrechte (z. B. Aufschiebung bzw. Wegfall von Zinszahlungen, Teilnahme am Verlust, etc.) können vereinbart werden, sind aber nicht markttypisch und für die Qualifizierung eines Darlehens als Nachrangdarlehen auch nicht erforderlich. Die Nachrangabrede als solches bezieht sich ausdrücklich nur auf den Liquidations- bzw. Insolvenzfall.

6.4.1.2 Abgrenzung zu stillen Beteiligungen und Genussrechten

Die Vielzahl der möglichen Rangrücktrittserklärungen und deren Kombination mit anderen eigenkapitaltypischen Bedingungen führt

Die Abgrenzung zu anderen mezzaninen Instrumenten kann mitunter schwierig sein

teilweise zu Abgrenzungsproblemen mit anderen Finanzierungsinstrumenten, insbesondere mit der stillen Beteiligung und Genussrechten.

Kein Nachrangdarlehen, sondern eine **stille Beteiligung** liegt immer dann vor, wenn die Beteiligten erkennbar die gleichen Ziele verfolgen und dies auch in dem Vertrag zwischen den Beteiligten ausdrücklich Niederschlag findet (z.B. Förderung des Unternehmensgegenstands der Gesellschaft oder Sicherstellung der Finanzierung eines konkreten Projekts). Stellt der Kapitalgeber das Kapital hingegen ausschließlich aus Renditeinteresse zur Verfügung, verfolgt er also mit der Kapitalüberlassung keine weitergehenden Interessen, liegt ein reiner Darlehensvertrag vor.

Räumt der Darlehensvertrag dem Kapitalgeber aber weit reichende Mitspracherechte ein, gestaltet sich die Abgrenzung schwieriger. Die Bezeichnung als »Darlehens«-Vertrag dient zwar als erster Anhaltspunkt für das Vorliegen eines Nachrangdarlehens, ist für sich allein genommen aber nicht ausschlaggebend. Nach der Rechtsprechung wird das Vorliegen einer stillen Gesellschaft vermutet, wenn dem Kapitalgeber die Mitspracherechte gerade im Hinblick auf die Verfolgung des Unternehmensgegenstands eingeräumt werden. Diese Vermutung kann dadurch widerlegt werden, dass die Verlustbeteiligung ausgeschlossen und statt einer gewinnabhängigen eine fixe Vergütung gewährt wird.

Bedeutung der Abgrenzung

Diese Abgrenzung von anderen Finanzierungsinstrumenten ist nicht rein akademischer Natur, sondern hat ganz praktische Gründe. Insbesondere in der Krise des Unternehmens und unter steuerlichen Gesichtspunkten kommt der Unterscheidung eine erhebliche praktische Bedeutung zu. So unterliegt der externe Kapitalgeber bei einer **stillen Beteiligung** in der Krise des Unternehmens immer der sog. **»gesellschaftsrechtlichen Treuepflicht«**. Bei der Geltendmachung seiner Ansprüche muss er zwingend die Belange der Gesellschaft berücksichtigen. Soweit die Gesellschaft nicht über entsprechende Liquidität verfügt bzw. die Bedienung der Vergütungsansprüche zu einer Unterbilanz führen würde, kann er seine Ansprüche auf Bedienung seiner Zinsansprüche oder auf Rückzahlung des Kapitals nicht durchsetzen. Derartige Pflichten treffen den Kapitalgeber bei einem Nachrangdarlehen nicht.

Die Abgrenzung von Nachrangdarlehen zu nicht wertpapierverbrieften **Genussrechten** gestaltet sich noch schwieriger. Als Abgrenzungskriterium können deshalb nur die Art der Vergütung und eine etwaige Verlustbeteiligung dienen. Die gewinnabhängige Gestaltung der Vergütung für die Kapitalüberlassung und die Beteiligung des Kapitals an während der Laufzeit entstehenden Verlusten (spätestens zum Ende der Laufzeit) sind Anhaltspunkte für das Vorliegen von Genussrechten. Ist das Kapital darüber hinaus in gleich ausgestaltete Anteile gestückelt und werden dem Kapitalgeber keine Mitwirkungsrechte gewährt, handelt es sich in jedem Fall um eine Genussrechtsbeteiligung.

6.4.2 Merkmale und Ausgestaltung des Nachrangdarlehens

Auch Nachrangdarlehen können flexibel ausgestaltet werden

Nachrangdarlehen bieten eine **Vielzahl von Ausgestaltungsmöglichkeiten**. Je nach Finanzierungsanlass und Kapitalgeber können passende Vergütungsformen und andere Modalitäten vereinbart werden.

6.4.2.1 Ausgestaltung des vertraglichen Nachrangs

Für die Ausgestaltung des Nachrangs besteht ein großer **Gestaltungsspielraum**, da genaue Gesetzesvorgaben fehlen.

Rangrücktrittsklausel

Inhalt einer Rangrücktrittsklausel ist immer, dass der Anspruch des Darlehensgebers auf Rückzahlung des Kapitals hinter den Anspruch anderer Gläubiger zurücktritt. Der Rangrücktritt bewirkt, dass der Gläubiger auf seine sonst gegebene Befriedigungsmöglichkeit zu Gunsten anderer Gläubiger verzichtet.

Wie eine Rangrücktrittsklausel im Einzelfall ausgestaltet wird, hängt in erster Linie davon ab, in welchem Umfang bereits anderweitige Verbindlichkeiten seitens des Unternehmens bestehen und wer die jeweiligen Gläubiger dieser Verbindlichkeiten sind.

Man unterscheidet zwischen dem einfachen und dem qualifizierten Rangrücktritt

Wenn bereits bankübliche, besicherte Darlehen aufgenommen worden sind, ist aus Sicht der bereits als Kreditgeber engagierten Bank ausreichend, dass andere Darlehensnehmer mit ihrem Rückzahlungsanspruch hinter die Ansprüche dieser Bank zurücktreten, zumal dieser Anspruch regelmäßig auch erstrangig abgesichert ist. Um den Interessen des neuen Darlehensgebers gerecht zu werden, wird bei einem neuen Darlehen regelmäßig nur ein solcher Nachrang zugunsten der bereits engagierten erstrangig abgesicherten Darlehensgeber vereinbart **(einfacher Rangrücktritt)**. Ein weitergehender Nachrang hinter die Forderungen aller Gläubiger des Unternehmens ist in diesem Zusammenhang unüblich, aber durchaus möglich.

Einfacher Rangrücktritt in der Unternehmenskrise

Ein einfacher Rückritt genügt nicht, um zu erreichen, dass die Darlehensforderung bei der Ermittlung eines Überschuldungsstatus außer Acht bleibt. Deshalb sollte dem Kapitalgeber neben der Nachrangabrede die Option eingeräumt werden, bei Eintritt der Überschuldung den Nachrang hinter die Forderungen aller Gläubiger des Darlehensnehmers erklären zu können.

Um eine mögliche Überschuldung von vornherein zu vermeiden, bietet es sich an, von Anfang an einen Nachrang hinter allen Gläubigern des Unternehmens zu vereinbaren **(qualifizierter Rangrücktritt)**. Da dieser qualifizierte Rangrücktritt für den Investor mit einem erhöhten Ausfallsrisiko behaftet ist, zieht er i.d.R. einen höheren Zinsaufwand für das Unternehmen nach sich.

Die Nachrangklausel kann mit einer Begünstigungsklausel kombiniert werden

Soll das Nachrangdarlehen neben der Liquiditätszuführung als Sicherungsmittel für bestimmte bereits gewährte oder zugleich zu gewährende Kredite eingesetzt werden, wird die Nachrangklausel mit einer **Begünstigungsklausel** für den bisherigen Kreditgeber oder durch eine selbständige Vereinbarung zwischen dem bisherigen und dem neuen Darlehensgeber ergänzt. Inhalt einer solchen Klausel ist meist, dass sich der Darlehensgeber im Falle der Insolvenz des Unternehmens verpflichtet, seine Forderungen einzuziehen, aber den dadurch erzielten Erlös bis zur vollen Befriedigung des begünstigten Kapitalgebers an diesen auszukehren.

Klauselinhalt

Begünstigungsklausel

Damit eine Störung des Verhältnisses zwischen »nachrangigem« Darlehensgeber und dem Unternehmen nicht automatisch zum faktischen Ausschluss der Begünstigungsklausel führt, werden unter Einbeziehung des zu finanzierenden Unternehmens zugunsten des bisherigen Kreditgebers weitergehende Klauseln vereinbart, die eine Abtretung bzw. Pfändung der nachrangigen Forderung verhindern. Eine Begünstigungsklausel kann auch so vereinbart werden, dass ein bereits engagierter Darlehensgeber zugunsten eines neu hinzutretenden Kapitalgebers im Rang hinter dessen Ansprüche zurücktritt.

Soll die Rangrücktrittserklärung nicht zur Kreditsicherung des vorrangigen Darlehensgebers dienen, ist es für bereits vorhandene Kreditgeber von untergeordneter Bedeutung, wie der Rangrücktritt neuer weiterer Darlehensgeber im Detail ausgestaltet ist.

6.4.2.2 Zinsgestaltung

Die Zinsgestaltung ist ebenfalls flexibel

Die Ausgestaltung der Verzinsung des Nachrangdarlehens ist flexibel. Es ist sowohl eine laufende **fixe Verzinsung** als auch eine **endfällige Verzinsung** oder eine **Kombination** von beidem möglich. In jedem Fall führen die Nachrangigkeit und die in der Regel fehlende Besicherung des Rückzahlungsanspruchs zu einem höheren Ausfallsrisiko seitens des Darlehensgebers, was sich in einer höheren Renditeerwartung des Darlehensgebers niederschlägt. Die zusätzliche Vergütung ist üblicherweise gewinnabhängig zu zahlen, weshalb die Finanzierungskosten besonders in profitablen Jahren höher ausfallen. Insgesamt liegen die Kosten bei Nachrangdarlehen auf Grund des erhöhten Risikos erheblich über den Konditionen einer klassischen Kreditfinanzierung. Institutionelle Kapitalgeber (z. B. Kreditinstitute) erwarten regelmäßig eine Rendite auf das bereitgestellte Kapital von 10 bis 18 % p.a.

Um die Liquiditätsbelastung des Unternehmens durch regelmäßige Zinszahlungen so gering wie möglich zu halten, wird in der Praxis häufig auf eine Kombination von jährlicher fixer Verzinsung und endfälliger bzw. thesaurierender Verzinsung zurückgegriffen. Dabei orientiert sich der laufende Zinssatz meistens an dem Zinsaufwand für einen traditionellen Bankkredit.

Statt einer endfälligen fixen Vergütung kann bei Unternehmen, die in zyklischen Branchen tätig sind, auch eine von der Unternehmensentwicklung abhängige Sonderzahlung vereinbart werden. Bei einer solchen **»pay-if-you-can«-Klausel** orientiert sich die Höhe der endfälligen Zinskomponente an dem während der Laufzeit erzielten Netto-Liquiditätszufluss. Sollte der Netto-Liquiditätszufluss geringer als erwartet ausfallen, so wird auch eine geringere Zinszahlung fällig.

6.4.2.3 Volumina, Laufzeit und Tilgung

Volumina, Laufzeit und Tilgung werden individuell bestimmt

Die Größenordnung eines nachrangigen Darlehens ist abhängig vom Einzelfall, weshalb eine generelle Aussage nicht möglich ist. Die Laufzeit eines Nachrangdarlehens liegt meist über der eines herkömmlichen Bankkredits und marktüblich bei mindestens fünf Jahren. Die Tilgung eines Nachrangdarlehens erfolgt grundsätzlich am Ende der Laufzeit. Dabei bestehen für das Unternehmen zwei Möglichkeiten, um einen Liquiditätsabfluss zu vermeiden. Entweder wird eine Anschlussfinanzierung zu gleichen oder ähnlichen Konditionen sichergestellt oder dem Darlehensgeber die Option eingeräumt, sein Darlehen in Vollgesellschaftsanteile zu wandeln. Welche dieser beiden Vorgehensweisen gewählt wird, richtet sich nach den Interessen des Darlehensgebers, des bestehenden Gesellschafterkreises und den unternehmerischen Belangen.

6.4.2.4 Kündigungsrechte

Auch im Hinblick auf etwaige Kündigungsrechte bestehen bei Nachrangdarlehen flexible Gestaltungsmöglichkeiten. Aus Unternehmenssicht sollte sichergestellt werden, dass das Kapital vom Darlehensgeber nicht frühzeitig abgezogen werden kann. Deshalb sollte ein vorzeitiges Kündigungsrecht nur für den Fall einer schwerwiegenden Vertragsverletzung vereinbart werden.

Die Kündigungsklausel muss für den Insolvenzfall klar definiert sein

Bei der Kündigungsklausel ist eine eindeutige Regelung für den Insolvenzfall zu treffen, da nur im Insolvenzfall der Charakter eines Nachrangdarlehens als wirtschaftliches Eigenkapital tatsächlich zum Tragen kommt. Soweit nur ein einfacher Nachrang hinter bestimmte Forderungen vereinbart worden ist oder der Darlehensvertrag eine Begünstigungsklausel enthält, können neben den Kündigungsmöglichkeiten auch Informationspflichten gegenüber den vorrangigen Kreditgebern oder Stillhaltefristen zu seinen Gunsten vereinbart werden. Andernfalls könnte das Unternehmen der misslichen Lage ausgesetzt werden, dass die Darlehensgeber nacheinander von ihrem Kündigungsrecht Gebrauch machen und so eine bestehende Krise weiter verschärfen. In diesem Zusammenhang sind Stillehaltefristen von bis zu einem halben Jahr marktüblich.

6.4.2.5 Mitwirkungs- und Kontrollrechte

Grundsätzlich sind mit dem Nachrangdarlehen keine Einflussrechte verbunden

Den nachrangigen Investoren können im Rahmen von so genannten **Risikokompensationsklauseln** auch Mitwirkungs- und Kontrollrechte eingeräumt werden. Diese Rechte können nicht uneingeschränkt gewährt werden, da von Gesetzes wegen Mitwirkungs- und Kontrollrechte immer eine Gesellschafterstellung voraussetzen.

Soweit der Kapitalgeber nicht oder noch nicht Gesellschafter des Unternehmens ist (was regelmäßig der Fall sein dürfte), ist es erforderlich, solche Rechte durch die Änderung der Satzung bzw. des Gesellschaftsvertrages zu gewähren. Hierfür bieten sich **Entsenderechte** in die Kontrollgremien (Beirat oder Aufsichtsrat) sowie **Besuchsrechte** an.

6.4.3 Bilanzielle Behandlung des Nachrangdarlehens

Nachrangdarlehen sind immer als Verbindlichkeit zu passivieren

Ungeachtet seiner Natur als mezzanines Finanzierungsinstrument handelt es sich bei einem Nachrangdarlehen um eine Kreditfinanzierung. Mit dem Ausschluss der Haftung sowie von der Leitungsbefugnis, fester Verzinsung, nominalem Rückzahlungsanspruch und befristeter Kapitalüberlassung erfüllt das Nachrangdarlehen typische Merkmale der Fremdkapitalfinanzierung. Der Rangrücktritt gewährt dem Schuldner lediglich ein Leistungsverweigerungsrecht, und auch die etwaige Vereinbarung einer gewinnabhängigen Vergütung hat keinen Einfluss auf den Fremdkapitalcharakter des Nachrangdarlehens. Die Stellung des Kapitalgebers ist somit – anders als bei eigenkapitalersetzendem stillen oder Genusskapital – nicht mit der eines Eigentümers vergleichbar, weshalb Nachrangdarlehen beim Kreditnehmer immer als **(langfristige) Verbindlichkeit** zu passivieren sind.

Wirtschaftliches Eigenkapital

Obwohl nachrangige Darlehen immer als Verbindlichkeit passiviert werden, gelten sie im Rahmen eines Ratings auf Grund des Nachrangs üblicherweise zu mindestens 50 % als wirtschaftliches Eigenkapital.

Weil der nachrangige Gläubiger aber zugunsten bestimmter oder aller anderen vorrangigen Gläubiger auf eine Rechtsposition (nämlich gerade den Vorrang) verzichtet, ist es möglich, die Postenbezeichnung zu ergänzen, das nachrangige Darlehen mit einem **»Davon-Vermerk«** gesondert auszuweisen oder im Anhang zu erläutern.

Die **Bewertung** hat nach dem Rückzahlungsbetrag zu erfolgen, der regelmäßig der Darlehenssumme entspricht. Soweit die Zinszahlungen endfällig ausgestaltet sind, gehören hierzu auch aufgelaufene Zinsen. Ausnahmsweise kann bei endfälliger Verzinsung der Differenzbetrag zwischen der Darlehenssumme und der Rückzahlungsverpflichtung als Rechnungsabgrenzungsposten aktiviert und über die Laufzeit abgeschrieben werden, wenn der Differenzbetrag einen laufzeit- bzw. kapitalabhängigen Zins darstellt und das Darlehen auch zum Nominalbetrag ausgezahlt worden ist.

Da ein Nachrangdarlehen bilanziell immer als Verbindlichkeit einzustufen ist, stellen (auch gewinnabhängige) **jährliche Zinszahlungen** Aufwand dar, der in der Gewinn- und Verlustrechnung unter dem Posten »Zinsen und ähnliche Aufwendungen« zu erfassen ist.

6.4.3.1 Bilanzausweis des Nachrangdarlehens nach IAS/IFRS

Auch nach IAS/IFRS und US-GAAP sind Nachrangdarlehen als Verbindlichkeit auszuweisen

Nachrangdarlehen sind auch nach IFRS zwingend als **(langfristige) Verbindlichkeit** auszuweisen. Die **Bewertung** erfolgt bei der erstmaligen bilanziellen Erfassung anhand der Anschaffungskosten, die Folgebewertung zu den fortgeführten Anschaffungskosten. Auch nach IFRS stellen die **jährlichen Zinszahlungen** für das Unternehmen Aufwand dar, der in der Gewinn- und Verlustrechnung auszuweisen ist.

Tipp

Ist das Nachrangdarlehen gleichzeitig mit einer Wandlungsoption versehen, ist zu prüfen, zu welchem Wertansatz der Ausweis entsprechend der Aufteilung in einen Darlehensanteil und einen Optionsanteil als Verbindlichkeit bzw. Eigenkapital erfolgt. Eine solche Aufteilung kommt aber nur dann in Betracht, wenn bereits bei der Begründung des Darlehensverhältnisses eine genau definierte Wandlungspflicht besteht.

6.4.3.2 Bilanzausweis des Nachrangdarlehens nach US-GAAP

Bei der Bilanzierung nach US-GAAP ergeben sich kaum Unterschiede zu der bilanziellen Erfassung nach IFRS. Der Darlehensnehmer hat das nachrangige Darlehen grundsätzlich als Verbindlichkeit auszuweisen, wobei die Höhe des jeweiligen Marktwertes zum Bilanzstichtag maßgeblich ist. Soweit es sich um ein endfälliges Darlehen handelt, ist der Rückzahlungswert höher als der Nominalwert. In diesen Fällen ist der Buchwert jährlich anzupassen, wobei der anfallende Zinsanteil zunächst erfolgswirksam ist.

6.4.4 Steuerliche Behandlung des Nachrangdarlehens

Bei der steuerlichen Behandlung eines nachrangigen Darlehens beim Darlehensnehmer ergeben sich **keine Besonderheiten** gegenüber der **handelsbilanziellen Behandlung**. Die Zinszahlungen stellen in steuerlicher Hinsicht Aufwand dar und sind somit voll abzugsfähig. Sofern die Laufzeit des Darlehens mehr als zwölf Monate beträgt, sind die Zinsaufwendungen hälftig bei der Ermittlung des gewerbesteuerlichen Gewinns hinzuzurechnen.

Bei der steuerlichen Behandlung von nachrangigen Verbindlichkeiten beim Darlehensgeber gilt dann das Maßgeblichkeitsprinzip, wonach die Darlehenssumme zu den Anschaffungskosten bzw. dem höheren Teilwert anzusetzen ist. Soweit es sich um eine endfällige Zinszahlung handelt und die Laufzeit mehr als ein Jahr beträgt, ist in steuerlicher Hinsicht eine **Abzinsung** von 5,5 % vorgeschrieben. Ist der Darlehensgeber eine Privatperson, gehören die Zinszahlungen zu den Einkünften aus Kapitalvermögen.

6.4.5 Eigenkapitalersetzendes Gesellschafterdarlehen

Gesellschaftsdarlehen können eigenkapitalersetzend sein

Ein eigenkapitalersetzendes Darlehen stellt im Grunde genommen kein eigenes Finanzierungsinstrument dar, sondern ein ganz normales Darlehen. Der Unterschied zum »normalen« Darlehen besteht allerdings darin, dass eigenkapitalersetzende Darlehen durch besondere Umstände sowohl beim Kapitalgeber als auch beim Unternehmen zu einer **eigenkapitalähnlichen Bindung des Kapitals** an das Unternehmen führen.

6.4.5.1 Voraussetzungen für die Behandlung eines Darlehens als Eigenkapitalersatz

Voraussetzungen: Gesellschafterstellung und ...

Von einem üblichen Darlehen unterscheidet sich das eigenkapitalersetzende Darlehen durch die Tatsache, dass der Kapitalgeber zum Zeitpunkt der Darlehensgewährung mit mehr als 10 % direkt an der Gesellschaft beteiligt ist, wenn diese eine Kapitalgesellschaft ist oder eine Personengesellschaft, bei der keine natürliche Person persönlich und unbeschränkt haftet (z. B. GmbH & Co. KG). Wenn der Kapitalgeber noch nicht Gesellschafter ist, so wird er unter bestimmten Umständen wie ein solcher behandelt, wenn ihm bei der Darlehensgewährung die Option einer solchen Gesellschaftsbeteiligung eingeräumt wird.

Mezzanine Finanzierungsformen und eigenkapitalersetzendes Darlehen

Bei der Finanzierung mit partiarischen bzw. Nachrangdarlehen lassen sich Kapitalgeber oft substanzielle Bezugs- oder Optionsrechte auf den Erwerb einer sofortigen oder späteren Gesellschafterposition einräumen – es wird eine Eigenkapitaloption gewährt. Die Verknüpfung einer Kapitalüberlassung mit der Einräumung einer späteren Gesellschafterposition wird als »Equity Kicker« bezeichnet. Dieser Equity Kicker führt dazu, dass das Darlehen im Krisenfall in Eigenkapitalersatz umqualifiziert wird.

Dasselbe kann im Einzelfall gelten, wenn dem Kapitalgeber andere Rechte eingeräumt werden, die typischerweise nur Gesellschaftern zustehen, insbesondere weit reichende Mitspracherechte oder eine atypisch ausfallende gewinnabhängige Vergütung.

... Kapitalzufuhr, wie sie nur Eigenkapitalgeber machen würden

Von einem eigenkapitalersetzenden Darlehen spricht man, wenn das Darlehen der Gesellschaft zu einem Zeitpunkt gewährt wird, an dem ein ordentlicher Kaufmann der Gesellschaft Eigenkapital zugeführt hätte, sich das Unternehmen also in einer Krise befindet. Eine Krisensituation liegt vor, wenn die Gesellschaft keine Fremdkredite zu marktüblichen Preisen erhalten hätte, überschuldet oder zahlungsunfähig ist. Wenn ein bereits von einem (zukünftigen) Gesellschafter gewährtes Darlehen in der Krise »stehen gelassen« wird, steht dies einer Darlehensgewährung in der Krise gleich.

Seinen eigenkapitalersetzenden Charakter erhält das Darlehen also nicht durch die Erhöhung der bilanziellen Eigenkapitalquote, da es als Verbindlichkeit ausgewiesen wird, sondern einzig durch die Tatsache, dass es im Falle einer Krise wie Eigenkapital an das Unternehmen gebunden ist. Das eigenkapitalersetzende Darlehen wird dann rechtlich von Fremd- in Haftungskapital umqualifiziert. Der Kapitalgeber wird so behandelt, als hätte er der Gesellschaft Eigenkapital zugeführt, wodurch das Ausfallrisiko der Gläubiger in der Insolvenz verringert wird. Somit kann der Kapitalgeber im Insolvenzverfahren seine Forderung nur nachrangig gegenüber den Forderungen der übrigen Gläubiger geltend machen.

Prinzipiell ist es natürlich jedem Gesellschafter unbenommen, der Gesellschaft ein Darlehen zu gewähren und in Bezug auf dieses Darlehen einen Rangrücktritt zu erklären, d.h. sich mit seinen Rückzahlungsansprüchen freiwillig in der Rangfolge hinter die anderen Gläubiger zu stellen. Ohne Not dürfte allerdings kaum ein Gesellschafter zu einem solchen Schritt bereit sein.

6.4.5.2 Bilanzierung

Eigenkapitalersetzende Gesellschafterdarlehen werden als Verbindlichkeit bilanziert

Obwohl es einer eigenkapitalähnlichen Bindung unterliegt, erhöht das eigenkapitalersetzende Darlehen nicht die Eigenkapitalquote des Unternehmens, sondern ist handelsrechtlich sowie nach IFRS und US-GAAP als Verbindlichkeit in der Bilanz auszuweisen und ggf. besonders zu kennzeichnen.

Bei Vereinbarung eines Equity Kickers ist das eigenkapitalersetzende Gesellschafterdarlehen in handels- und steuerbilanzieller Hinsicht in das Wandlungs- bzw. Optionsrecht aufzuteilen. Der auf die Eigenkapitaloption anfallende Anteil ist in die Kapitalrücklage einzustellen. Für die Aufteilung des überlassenen Kapitals in Eigen- und Fremdkapital werden die marktüblichen Kriterien herangezogen. Demzufolge kann der Betrag, der dem Unternehmen von dem Kapitalgeber für die Gewährung des Equity Kicker zusätzlich zur Verfügung gestellt wird (das Aufgeld für die Option), als Eigenkapital ausgewiesen werden.

Mit einem debt-equity-swap können eigenkapitalersetzende Gesellschafterdarlehen (debt) in bilanzielles Eigenkapital (equity) gewandelt (swap) werden

6.5 Debt-Equity-Swap

Gesellschafter finanzieren ihr Unternehmen oftmals durch die Gewährung von Gesellschafterdarlehen, die in der Bilanz des Unternehmens unter den Verbindlichkeiten aufgeführt werden und damit den Verschuldungsgrad erhöhen. Die Gründe für die Wahl dieser Finanzierungsform liegen neben der Unkenntnis von anderen Finanzierungsformen zumeist darin, dass es sich um einen unkomplizierten, weil formlosen Vorgang handelt und weil sich der Gesellschafter die Möglichkeit offen halten will, sein Kapital zurückzuerhalten, was wegen des Verbotes der Einlagenrückgewähr bei Zuführung von Kapital im Wege einer Kapitalerhöhung nicht möglich wäre.

Diese Sichtweise verkennt jedoch, dass auch die Rückzahlung eines Gesellschafterdarlehens zumindest dann nicht mehr möglich ist, wenn das Unternehmen durch die Rückzahlung in Schieflage geraten würde bzw. sich ohnehin schon in der Krise befindet. In diesem Fall würde das Gesellschafterdarlehen von Gesetz wegen »eigenkapitalersetzend« und damit wie Eigenkapital behandelt werden (siehe Kap. 6.4.5). Der Gesellschafter würde für seine dann gebundene Darlehensforderung nicht einmal die Insolvenzquote erhalten. Hinzu kommen etwaige steuerliche Nachteile der Gesellschafterfremdfinanzierung im Rahmen des § 8a KStG.

Liquidität des Unternehmens verbessern

Der mit der Gewährung eines (Gesellschafter-)Darlehens verfolgte Zweck, kurzfristig die Liquidität des Unternehmens zu verbessern und gleichzeitig die Rückzahlbarkeit des überlassenen Kapitals sicherzustellen, lässt sich mit mezzaninen Finanzierungsinstrumenten besser erreichen. Selbst wenn bereits ein Gesellschafterdarlehen gewährt wurde, lässt sich dieses mittels eines Debt-Equity-Swaps zu Buchwerten in Eigenkapital bzw. Eigenkapitalersatz umwandeln, wobei die Umwidmung in eigenkapitalersetzendes Mezzanine-Kapital wie z. B. stilles und Genusskapital regelmäßig interessenadäquat ist.

Sollte sich das Unternehmen bereits in der Krise befinden, kann ein Debt-Equity-Swap mit Zustimmung der Kreditgeber auch zur Ablösung von Bankkrediten bzw. Wandlung der Kredite eingesetzt und auf diese Weise sogar die bilanzielle Überschuldung vermieden werden. Ein Debt-Equity-Swap eignet sich somit auch als Sanierungsinstrument.

6.6 Zusammenfassung

Ungeachtet der notwendigen Stärkung der Eigenkapitalbasis ist klassisches Beteiligungskapital für mittelständische Unternehmen meist nicht interessengerecht, weil es die Altgesellschafter zur Abgabe von Stimmrechten zwingt und sie in ihrer unternehmerischen Entscheidungsfreiheit einengt.

Mezzanine-Finanzierungen führen Unternehmen wirtschaftliches und bilanzielles Eigenkapital zu, ohne gleichzeitig die Eigentumsstruktur des Unternehmens zu verwässern

Demgegenüber erhöht Mezzanine-Kapital das wirtschaftliche oder sogar bilanzielle **Eigenkapital**, ohne dass die rechtliche Position der Altgesellschafter verschlechtert oder die Stimmverhältnisse in der Gesellschafterversammlung beeinflusst werden. Mezzanine-Kapital bietet Unternehmen dieselben Vorteile wie »klassisches Eigenkapital« von Anteilseignern: Die Bilanzstruktur wird verbessert, die Bonität steigt erheblich, wertvolles Sicherungspotenzial wird geschont und die Verhandlungsposition gegenüber Fremdkapitalgebern sowie der gesamte finanzielle Handlungsspielraum des Unternehmens erhöht. Mezzanine-Kapital steht langfristig zur Verfügung und belastet das Unternehmen in Verlustjahren nicht mit regelmäßigen Zins- und Tilgungszahlungen.

Dabei steht die Finanzierung mit Mezzanine-Kapital allen Unternehmen unabhängig von ihrer Rechtsform und Größenordnung offen und kann hinsichtlich Bindung, Kosten und Rückfluss des Kapitals flexibel an die Interessen des Unternehmens angepasst werden. Zudem gelten die Ausschüttungen für das Unternehmen bei entsprechender vertraglicher Gestaltung handels- und steuerrechtlich als Betriebsausgaben. Den Nachteilen der im Vergleich zu einer Fremdkapitalfinanzierung höheren Kapitalkosten und der etwaigen Beteiligung der Kapitalgeber an der Unternehmenswertentwicklung stehen gewichtige Vorteile gegenüber. Insgesamt bedeutet Mezzanine-Kapital für den flexibel tätigen Mittelstand eine einzigartige Chance zur Verbesserung der Kapitalstruktur, denn es bündelt mittelstandsgerecht die Vorteile von Fremd- und Eigenkapital.

Vor- und Nachteile von Mezzanine-Kapital für Unternehmen

Vorteile

Unternehmen

- Erhöhung des wirtschaftlichen Eigenkapitals unabhängig von der Rechtsform des Unternehmens; bei Equity Mezzanine sogar Bilanzausweis als Eigenkapitalersatz.
- Verbesserung der Bonität und des Ratings und dadurch Erleichterung künftiger (Fremd-) Kapitalaufnahme.
- Hohe Flexibilität im Hinblick auf Kapitalbindung, Kosten, Rückzahlung.
- Erfolgsabhängigkeit der Ausschüttungen, keine Liquiditätsbelastung in Verlustjahren.
- Steuerliche Behandlung der Ausschüttungen als Betriebsaufwand (Ausnahme: atypisch stille Gesellschaft).
- Bilanzielle und steuerliche Spielräume (z. B. Übertragung von Verlusten auf atypisch stillen Gesellschafter und Ausgleich eines Jahresfehlbetrages bis hin zu einer »schwarzen Null«).
- Keine Bestellung von Sicherheiten.

Altgesellschafter

- Keine Beeinträchtigung der Einflussrechte der Gesellschafter und keine Verwässerung der Stimmrechtsverhältnisse (ggf. nur Informations- und Kontrollrechte).
- Zeitliche Befristung der Kapitalbereitstellung, insbesondere jederzeitige Rückzahlbarkeit des Mezzanine-Kapitals (anders als z. B. bei Aktien oder GmbH-Stammanteilen).

Nachteile

- Höhere Finanzierungskosten als bei der Kreditfinanzierung (bei individuellen Transaktionen, nicht zwingend bei Mezzanine-Verbriefungen) und ggf. Beteiligung des Kapitalgebers an der Unternehmenswertentwicklung (bei atypisch stiller Beteiligung).

7 Sonderformen der Finanzierung

Mit Leasing und Factoring kann Unternehmensvermögen außerhalb der Aktiva finanziert werden

Die auf der Aktivseite einer Bilanz aufgeführten Vermögensgegenstände binden beim Unternehmen liquides Vermögen, das nicht für Investitionen zur Verfügung steht und sogar die Eigenkapitalquote belastet, wenn es mit Fremdkapital finanziert wird (siehe Kap. 2.2.2). Um eine solche Bindung von Kapital bzw. Belastung der Bilanz zu vermeiden, können Vermögensgegenstände einerseits verkauft, andererseits ihre Aktivierung von vornherein vermieden werden. Gemeinsame Ziele dieser Finanzierungsformen sind somit die **Liquiditätsverbesserung bzw. -erhaltung** und ggf. die **Schonung bzw. Erhöhung des Eigenkapitals** durch Rückführung bzw. Vermeidung langfristiger Verbindlichkeiten. Aus diesem Grund bezeichnet man die hierzu eingesetzten Finanzierungsinstrumente auch als so genannte Kreditsubstitute bzw. -surrogate.

Kreditsubstitute – Liquidität schaffen bzw. bewahren		
Anlagevermögen		
Leasing	Mieten von Vermögensgegenständen anstatt Anschaffung und Finanzierung durch Darlehen	• Erhaltung von Liquidität • Bilanzentlastung und Schonung des Eigenkapitals
Sale-and-lease-back	Veräußerung betriebsnotwendiger Vermögensgegenstände, die zurückgemietet werden	• Schaffung von Liquidität • Ggf. Bilanzverkürzung und Erhöhung des Eigenkapitals
Umlaufvermögen (Finanzierung aus Forderungen)		
Factoring	Laufender Verkauf kurzfristiger Forderungen	• Schaffung von Liquidität • Ggf. Bilanzverkürzung und Erhöhung des Eigenkapitals
Forfaitierung	Einmaliger Verkauf von Exportforderungen	
Asset Backed Securities	Ausgliederung von Forderungen in Zweckgesellschaften	

7.1 Leasing

Die Leasingquote ist in den letzten Jahrzehnten von 2 % auf 24,2 % gestiegen

Die Finanzierung von Investitionen in das Anlagevermögen durch langfristige Investitionsdarlehen ist angesichts der wachsenden Zurückhaltung der Banken bei der Kreditvergabe schwieriger denn je. Neben den klassischen Investitionskredit tritt als objektbezogene Finanzierungsform deshalb im zunehmenden Maße das Leasing, das auf Grundlage eines mietähnlichen Verhältnisses die mittel- bis langfristige Nutzung von Investitions- oder Gebrauchsgütern ermöglicht. Beim Leasing kann der Leasingnehmer Wirtschaftsgüter wie Büro- und Geschäftsausstattung, EDV-Anlagen oder Fahrzeuge nutzen, ohne sie selbst anschaffen bzw. in der Bilanz aktivieren zu müssen. Der Finanzierungseffekt seitens des Unternehmens liegt letztlich darin, Investitionsmittel nicht aufnehmen bzw. binden zu müssen, gleichzeitig aber das »Investitionsobjekt« gleichwohl wirtschaftlich nutzen zu können.

7.1.1 Rechtliche Grundzüge

Leasing ist ein mietähnliches Geschäft

Ungeachtet der großen Vielfalt an Erscheinungsformen lässt sich das Leasing (»to lease« = mieten, pachten) folgendermaßen allgemein beschreiben: In einem Leasingvertrag verpflichtet sich der Leasinggeber, dem Leasingnehmer einen mobilen oder immobilen Vermögensgegenstand (Leasingobjekt) für einen vorab definierten Zeitraum (Grundmietzeit) oder für unbestimmte Zeit zum Gebrauch zu überlassen. Als Gegenleistung verpflichtet sich der Leasingnehmer regelmäßig wiederkehrende Leasingraten zu zahlen.

Leasingverträge unterscheiden sich von klassischen Mietverträgen vor allem dadurch, dass die mietvertraglich eigentlich dem Leasinggeber obliegende Wartungs- und Instandsetzungsleistung auf den Leasingnehmer abgewälzt wird. Im Gegenzug kann der Leasingnehmer die gegen den Hersteller bzw. Händler bestehenden Gewährleistungsrechte geltend machen.

7.1.2 Arten des Leasings

Den Unternehmen stehen vielfältige Möglichkeiten für eine individuelle Leasingfinanzierung zur Verfügung.

7.1.2.1 Operate und Finance Leasing

Das Operate Leasing ist eher kurzfristiger Natur

Nach dem Zweck des Leasings lässt sich zwischen Operate Leasing und Finance Leasing unterscheiden. Dem **Operate Leasing** liegt im Grunde genommen ein ganz normaler Mietvertrag zu Grunde (§§ 535 ff. BGB). Das Leasinggut wird dem Leasingnehmer für einen kurzen Zeitraum zur Verfügung gestellt und der Vertrag ist meist jederzeit kündbar. Darüber hinaus hat hier der Leasinggeber für die Wartung und die Instandhaltung zu sorgen und trägt auch das gesamte Investitionsrisiko, da sich das Objekt beim Leasingnehmer unter Umständen nur teilweise amortisiert und es deshalb eventuell mehrmals verleast werden muss. Das Operate Leasing ist nur bei besonders marktgängigen Objekten üblich und dient ausschließlich der Gebrauchsüberlassung.

Das Finanzierungsleasing dient der Investitionsfinanzierung

Demgegenüber zeichnet sich das **Finance Leasing (Finanzierungsleasing)** durch mittel- bis langfristige Laufzeiten und die weitgehende Amortisation der Investitionskosten durch die Leasingkonditionen aus. Während der vereinbarten Grundmietzeit, die aus rechtlichen Gründen meist zwischen 40 und 90 % der betriebsgewöhnlichen Nutzungsdauer beträgt, ist der Vertrag von beiden Seiten nicht kündbar. Das wirtschaftliche Investitionsrisiko trägt hier der Leasingnehmer, da er das Objekt nicht beliebig zurückgeben kann. Zudem ist er – anders als bei einem normalen Mietvertrag – auch für Wartung und Instandhaltung verantwortlich, kann aber selbständig Gewährleistungsrechte geltend machen, die gegenüber dem Hersteller oder Händler bestehen.

Beim Operate Leasing steht die Gebrauchsüberlassung, beim Finance Leasing die Finanzierung einer Investition im Vordergrund, weshalb – auch nach der Rechtsprechung – das Finance Leasing als das »eigentliche« Leasing anzusehen ist.

7.1.2.2 Voll- und Teilamortisations-Leasing

Je nach Ausgestaltung wird das Leasinggut mit den Leasingraten ganz oder teilweise bezahlt

Je nach zu Grunde liegender Kalkulation lassen sich Voll- und Teilamortisationsverträge unterscheiden. Beim **Vollamortisations-Leasing** werden für die erste Grundmietzeit Leasingkonditionen vereinbart, die während der Grundmietzeit die Investitionskosten des Leasinggebers in voller Höhe decken (üblicherweise beim Finance Leasing). Im Gegensatz hierzu amortisiert der Leasingnehmer beim **Teilamortisations-Leasing** die Investitionskosten während der Grundmietzeit nur in Höhe des bei Vertragsschluss geschätzten tatsächlichen Wertverzehrs (beim Mobilien-Leasing) bzw. der anteiligen, linearen AfA der Anschaffungs- und Herstellungskosten während der Grundmietzeit (beim Immobilien-Leasing).

Diese beiden Erscheinungsformen des Leasings bestimmten zumeist auch wichtige Leasingkonditionen (z. B. Leasingraten, Leasingsonder- bzw. Abschlusszahlungen) sowie die dem Leasingnehmer zustehenden Optionsrechte (z. B. Erwerb am Ende der Grundmietzeit).

7.1.2.3 Direktes und indirektes Leasing

Direktes Leasing wird unmittelbar vom Produzenten angeboten, indirektes Leasing von eigenständigen Leasing-Gesellschaften

Beim **indirekten bzw. institutionellen Leasing** kauft ein institutioneller Leasinggeber (z. B. eine spezialisierte Leasinggesellschaft oder ein Kreditinstitut) das Leasinggut von dem Hersteller bzw. Händler und überlässt es dem Leasingnehmer gegen ein Entgelt zur Nutzung.

Eine Sonderform des indirekten Leasings ist das **Vertriebs- bzw. Exportleasing**, bei dem eine Leasinggesellschaft für einen Hersteller praktisch die gesamte Absatzfinanzierung übernimmt. Beim **direkten Leasing** hingegen nutzt der Hersteller- bzw. Händler selbst das Leasing als Instrument der Absatzförderung bzw. Kundenbindung (daher auch sog. Hersteller- bzw. Händlerleasing). Bei der Leasinggesellschaft handelt es sich dann meist um ein Tochterunternehmen des Herstellers- bzw. Händlers.

7.1.2.4 Mobilien- und Immobilien-Leasing

Mit Mobilienleasing werden bewegliche Güter finanziert

Das **Mobilien-Leasing** umfasst das Leasing aller beweglichen Objekte (z.B. Autos, EDV-Anlagen und Maschinen). Mobilien-Leasingverträge haben meist eine vergleichsweise kurze Grundmietzeit und die Leasingobjekte sind regelmäßig leichter wiederzuverwerten. Zum Teil werden Kauf- und/oder Mietverlängerungsoptionen vereinbart. Es gibt sowohl Teil- als auch Vollamortisationsverträge, wobei der Leasingnehmer beim Mobilien-Leasing auch bei Teilamortisationsverträgen üblicherweise die volle Amortisation schuldet (z.B. im Rahmen einer Leasingabschlusszahlung).

Immobilien-Leasing dient der Gebäudefinanzierung

Immobilien-Leasing bezeichnet alle Leasingverträge über Grundstücke, Gebäude und Betriebsanlagen, die fest mit einem Ort verbunden sind. Die in diesem Bereich sehr individuellen Verträge weisen meist lange Grundmietzeiten von über 20 Jahren auf und die Fungibilität der verleasten Investitionsgüter ist geringer als bei beweglichen Gütern. Die Leasingverträge beinhalten fast immer eine Kauf- und/oder Mietverlängerungsoption. Üblicherweise handelt es sich um Teilamortisationsverträge bzw. Mieterdarlehensverträge.

7.1.2.5 Spezial-Leasing

Ein so genanntes **Spezial-Leasing** liegt vor, wenn ein Leasingobjekt derart stark auf die Bedürfnisse des Leasingnehmers zugeschnitten ist, dass eine wirtschaftlich sinnvolle anderweitige Nutzung oder Verwertung praktisch ausgeschlossen ist oder auf Grund seiner konkreten Beschaffenheit bzw. Lage ein Wechsel des Leasingnehmers unvorstellbar erscheint, und es nicht ohne weitere Maßnahmen (z.B. Umbau) von einem Drittem genutzt werden kann (sog. Drittverwendungsfähigkeit).

7.1.3 Vertragsende beim Finanzierungsleasing

Bei dem hier interessierenden Finanzierungsleasing sind im Hinblick auf das Vertragsende gewisse Vereinbarungen üblich, mit denen der Leasingvertrag auf die individuellen Bedürfnisse der Beteiligten angepasst werden kann:

Zum Vertragsende wird das Leasinggut entweder übernommen oder zurückgegeben (und ggf. durch ein neues ersetzt)

Vertragsende beim Finanzierungsleasing

Flexible Gestaltung	Das Unternehmen kann bei Vertragsende auswählen: • Erwerb des Objekts unter Anrechnung bisheriger Leasingzahlungen oder zu einem bei Vertragsschluss vereinbarten Kaufpreis, • Vertragsverlängerung, ggf. mit reduzierten Leasingraten, • Rückgabe des Objekts.
Kaufoption	Das Unternehmen kann das Objekt zu einem bei Vertragsschluss vereinbarten Kaufpreis erwerben, wird von seiner Kaufoption aber nur Gebrauch machen, wenn der Marktwert des Objekts höher ist als der vereinbarte Kaufpreis. Der Leasinggeber trägt das Verwertungsrisiko, was sich auf die Höhe der Leasingrate auswirkt.
Andienungsrecht	Anders als bei der Kaufoption kann der Leasinggeber am Ende der Laufzeit vom Leasingnehmer den Kauf des Leasingobjekts verlangen.
Mehrerlösbeteiligung	Der Leasingnehmer gibt das Objekt bei Laufzeitende an den Leasinggeber zurück, der dieses veräußern muss. Liegt der Verkaufserlös unter dem kalkulierten Restwert, muss das Unternehmen die Differenz zahlen, andernfalls erhält es einen Großteil des Mehrerlöses. Das Unternehmen trägt das Verwertungsrisiko.

7.1.4 Die Kosten des Leasings

In den Leasingraten sind mehrere Kostenpositionen zusammengefasst

Die meist monatlich fälligen **Leasingraten** stellen beim Leasing den wichtigsten Kostenfaktor dar. Sie setzen sich aus folgenden Komponenten zusammen:

- Amortisation des vom Leasinggeber eingesetzten Kapitals,
- Verzinsung des vom Leasinggeber eingesetzten Kapitals,
- Deckung der Kosten beim Leasinggeber (z.B. Verwaltungskosten),
- Risiko und Gewinnmarge beim Leasinggeber.

Die Höhe der Leasingrate ist abhängig von der Vertragsart, vom Anschaffungswert, der Grundmietzeit, etwaigen Mietsonderzahlungen, dem Refinanzierungszinssatz, Verwaltungskosten beim Leasinggeber, Gewinn- und Risikomarge sowie dem kalkulierten Restwert des

Leasingguts bei Vertragsschluss. Üblicherweise werden konstante Leasingraten vereinbart; degressive oder progressive Raten sind eher die Ausnahme.

Im gewerblichem Bereich werden - vor allem bei fehlender Bonität des Leasingnehmers oder Leasingobjekts - teilweise **Sonderzahlungen** vereinbart, die zu Beginn der Grundmietzeit vom Leasingnehmer geleistet werden und meist die Höhe der monatlichen Leasingraten mindern. Dienen die Sonderzahlungen hingegen der Deckung von speziellen Transaktionskosten, werden sie nicht mit späteren Leasingraten verrechnet. Zum **Ende der Grundmietzeit** können zusätzliche Leistungen des Leasingnehmers fällig werden, die je nach Vertragsform zwingend oder freiwillig sind. Bei Vollamortisationsverträgen kann es zur Zahlung eines Kaufoptionspreises oder einer Mietverlängerungsrate kommen, bei Teilamortisationsverträgen können ein Andienungspreis, eine Mindererlösbeteiligung, eine Abschlusszahlung bei Kündigung, bei Fahrzeugen auch ein Mehrkilometerausgleich sowie bei unsachgemäßer oder überdurchschnittlicher Nutzung ein Wertminderungsersatz fällig werden. Seitens des Leasinggebers kann es unter Umständen zu einer Rückzahlung kommen, z.B. durch eine Mehrerlöserstattung oder eine Minderkilometererstattung. Objektbezogene Nebenkosten für Wartungs-, Instandhaltungs-, Instandsetzungs- und Serviceleistungen der Leasinggesellschaft werden als **Mietnebenkosten** gesondert in Rechnung gestellt, sofern diese nicht in den Leasingraten enthalten sind.

7.1.5 Bilanzielle Behandlung des Leasings

Da zur Bilanzierung in der Handelsbilanz keine Zurechnungskriterien für Leasinggegenstände existieren, orientiert sich die handelsrechtliche Bilanzierungspraxis an den steuerlichen Zurechnungskriterien. Maßgeblich ist § 39 AO, der die Zurechnung eines Wirtschaftsguts zum wirtschaftlichen Eigentümer regelt, die wiederum von der Art des Leasingvertrags abhängig ist.

Beim **Operate Leasing** wird das Leasingobjekt immer beim Leasinggeber aktiviert und somit auch von diesem abgeschrieben; die Leasingzahlungen erscheinen beim Leasingnehmer als Aufwand in der Gewinn- und Verlustrechnung.

In den so genannten Leasingerlassen der Finanzverwaltungen ist die steuerliche Behandlung von Leasinggeschäften festgelegt

Beim **Finanzierungsleasing** müssen nach den Leasingerlassen gewisse Kriterien erfüllt sein, damit das Leasingobjekt beim Leasinggeber bilanziert wird (z.B. eine Grundmietzeit zwischen 40 und 90 % der üblichen Nutzungsdauer). Werden diese Kriterien erfüllt (man spricht von »erlasskonformen« Leasingverträgen), erscheint das Leasing nicht in der Bilanz des Leasingnehmers, d.h. es wird weder auf der Aktivseite ein Posten des Anlagevermögens gebildet noch - wie z.B. bei der langfristigen Darlehensfinanzierung des Objekts – auf der Passivseite eine Verbindlichkeit ausgewiesen. Die Leasingzahlungen fließen beim Leasingnehmer handels- bzw. steuerrechtlich vollständig als Aufwand in die Gewinn- und Verlustrechnung ein.

Entsprechend diesen Grundsätzen ist das Leasingobjekt nur beim **Spezial-Leasing** grundsätzlich dem Leasingnehmer als wirtschaftlichem Eigentümer zuzurechnen und daher bei diesem zu aktivieren.

Bilanzielle Erfassung des Leasings nach IFRS bzw. US-GAAP

Auch nach IFRS und US-GAAP beruht die Objektzurechnung auf einer wirtschaftlichen Betrachtungsweise. Es wird zwischen **capital leases** (US-GAAP) bzw. **finance leases** (IFRS) einerseits und **operating leases** andererseits unterschieden.

Ein **capital/finance lease** liegt vor, wenn der Leasingnehmer vertraglich in eine Stellung versetzt wird, die wirtschaftlich einem fremdfinanzierten Kauf entspricht. Entscheidend ist die Möglichkeit der Nutzung des Leasingobjekts im Rahmen der Übertragung der ihm anhaftenden Chancen und Risiken. Ist in diesem Sinne eine Einordnung zum **capital/finance lease** erfolgt, so ist der Leasinggegenstand beim Leasingnehmer zu bilanzieren, was jedoch nicht zwingend erfordert, dass der Leasingnehmer auch rechtlicher Eigentümer wird.

Alle anderen Leasingvereinbarungen werden sowohl nach IAS als auch nach US-GAAP im Wege einer Negativabgrenzung als **operating leases** qualifiziert, was eine Bilanzierung beim Leasinggeber zur Folge hat.

Der Unterschied zwischen IAS und US-GAAP liegt nicht in der grundsätzlichen Beurteilung, ob ein Leasingvertrag als **capital/finance lease** oder **operating lease** zu beurteilen ist, sondern lediglich in der Detailliertheit und Regelungsschärfe der Abgrenzungskriterien.

7.1.6 Auswirkungen auf die Bilanzstruktur

Leasing wirkt sich bilanzneutral aus

Die fremdfinanzierte Anschaffung eines Investitionsguts hat eine Erhöhung des Anlagevermögens auf der Aktivseite und des Fremdkapitals in entsprechender Höhe auf der Passivseite der Bilanz zur Folge. Die Konsequenz wäre eine Bilanzverlängerung, d.h. eine Erhöhung der Bilanzsumme und damit einhergehend eine Erhöhung des Verschuldungsgrades bzw. eine Verminderung des Eigenkapitals. Bei einer eigenfinanzierten Anschaffung des Investitionsguts käme es unter Konstanz der Passivseite bzw. Bilanzsumme lediglich zu einem Aktivtausch, d.h. zu einem Anstieg des Anlagevermögens gegenüber dem Umlaufvermögen. Beim erlasskonformen Leasing kommt es demgegenüber zu keinerlei Veränderung der Bilanz. Deswegen wird Leasing auch als **bilanzneutral** bzw. als sog. »**Off-Balance-Finanzierung**« bezeichnet.

Die Veränderung bzw. Nichtveränderung der Bilanzpositionen und die unterschiedlichen Bilanzsummen haben nicht unerhebliche Wirkungen auf verschiedene Bilanzkennzahlen. Im Hinblick auf die so wichtige **Kapitalstruktur** ist offensichtlich, dass durch das Leasing die Eigenkapitalquote/Fremdkapitalquote höher/niedriger bleibt als beim fremdfinanzierten Kauf. Gegenüber der eigenfinanzierten Anschaffung bleiben die Kennzahlen, welche die Kapitalstruktur betreffen, beim Leasing zwar unverändert, doch werden beim eigenfinanzierten Kauf andere Kennzahlen negativ beeinflusst. So fällt sowohl beim eigen- als auch beim fremdfinanzierten Kauf die **Anlagenintensität** (das Verhältnis des Anlagevermögens zur Bilanzsumme) im Sinne einer längerfristigen Vermögensbindung höher aus als beim Leasing.

Wird durch Leasingfinanzierung eine Fremdfinanzierung abgelöst, erhöht sich die Eigenkapitalquote

Im Hinblick auf das **Jahresergebnis** stehen den reduzierten Abschreibungen bzw. Zinsaufwendungen erhöhte Mietaufwendungen gegenüber, da die Leasingraten vollständig als betrieblicher Aufwand gelten, so dass der Effekt des Leasings hier zu vernachlässigen ist. Gegenüber der fremdfinanzierten Anschaffung des Investitionsobjekts fallen beim Leasing infolge der Bilanzverkürzung die **Rentabilitätskennzahlen** besser aus.

Einfluss auf das Rating

Das Leasing wirkt sich vor allem dann positiv auf die Bonität aus, wenn es beim Rating nicht im Rahmen einer »als-ob-Betrachtung« in die Bilanz zurückgerechnet wird. Andernfalls entfällt der positive Effekt im Hinblick auf Eigenkapitalquote, Anlagenintensität und Rentabilitätskennzahlen, und die Auswirkungen auf die Gewinn- und Verlustrechnung reduzieren sich auf den Zinseffekt.

7.1.7 Fazit

Die Anschaffung von Büro- und Geschäftsausstattung, EDV-Anlagen, Maschinen, Fuhrpark und ähnlichen Wirtschaftsgütern bindet bei der Eigenfinanzierung »teures« Eigenkapital und erhöht bei der Fremdfinanzierung den Verschuldungsgrad, was sich negativ auf die Bonität und das Rating auswirkt. Dagegen zahlt das Unternehmen beim Leasing für die befristete Gebrauchsüberlassung des Leasingguts lediglich die Leasingraten. Einmalige Investitionskosten und Anzahlungen entfallen regelmäßig, die Liquidität wird geschont, die Bilanz entlastet und die Eigenkapitalquote des Unternehmens bleibt unverändert bzw. fällt im Vergleich zur Kreditfinanzierung sogar besser aus; durch das geringere Gesamtkapital verbessern sich zudem wichtige Rentabilitätskennzahlen. Das Unternehmen vermeidet eine langfristige Bindung von Kapital und kann die freie Liquidität bzw. geschonte Kreditlinien für sonstige Investitionen (z.B. Forschung und Entwicklung) verwenden.

Leasing als Finanzierungsform

Vorteile

- Leasing ist eine bilanzneutrale Investitionsfinanzierung, d.h. es bewirkt eine Bilanzentlastung und Schonung des Eigenkapitals, gegenüber der Kreditfinanzierung sogar Verbesserung der Eigenkapital- bzw. Rentabilitätskennziffern.
- Schonung der Liquidität.
- Leasingraten sind als Betriebsausgaben steuerlich voll absetzbar.
- Leasingraten fallen parallel zur Nutzung des Leasingobjekts an, d.h. finanzielle Vorleistungen sind nicht notwendig, da sich das Objekt laufend selbst finanziert (Pay-as-you-earn-Effekt/Kostenkongruenz).
- Regelmäßige Leasingraten dienen als sichere Kalkulationsgrundlage.
- Kurzfristige Leasingverträge bei schnelllebigen Leasinggütern (z.B. EDV-Anlagen) ermöglichen eine schnelle Anpassung an den technologischen Fortschritt.
- Leasing kann von allen Unternehmen auch bei niedrigem Finanzierungsvolumen eingesetzt werden.

Nachteile

- Leasing-Gesellschaften stellen an ihre Kunden vergleichbare Bonitätsanforderungen wie Kreditinstitute bei der Investitionsfinanzierung.
- Die Gesamtkosten des Leasings über den gesamten Nutzungszeitraum können höher ausfallen als bei der fremdfinanzierten Anschaffung des Objekts, weil sich der Leasinggeber neben dem Ausfall- auch das Verwertungsrisiko vergüten lässt.
- Bindung an die Vertragslaufzeit – Unternehmen muss Leasingraten trotz Nichtnutzung des Leasingguts zahlen und kann es nicht veräußern, da es kein Eigentum am Leasinggut hat.

Die Auswirkungen einer Leasingfinanzierung auf die Bilanzstruktur sollten vorab geprüft werden

Vor der Entscheidung für Leasing oder eine andere Art der Investitionsfinanzierung sollten die Auswirkungen auf wichtige Bilanzkennzahlen, die Gewinn- und Verlustrechnung und den künftigen Cash-flow analysiert werden. Alles in allem stellt das Leasing jedoch eine interessante Alternative vor allem zur klassischen Kreditfinanzierung dar, die auch kleineren Unternehmen bzw. bei niedrigen Finanzierungsvolumen möglich ist. Allerdings ist das Leasing auch kein Allheilmittel, denn ohne eine ergänzende Eigenkapitalbeschaffung fällt der positive Effekt auf ein Rating vergleichsweise gering aus bzw. entfällt bei einer Zurückrechnung fast ganz. Da sie im Falle der Insolvenz meist das Verwertungsrisiko tragen, haben viele Leasinggeber inzwischen Ratingsysteme zur Überprüfung der Bonität des Unternehmens eingeführt, weshalb sich das Leasing ebenso wenig für bonitätsschwache Unternehmen bzw. Sanierungsfälle eignet wie ein normaler Investitionskredit.

7.2 Sale-and-lease-back-Verfahren

Unternehmen verfügen nicht selten über Immobilienbesitz oder einen Maschinenpark, in dem mitunter erhebliches Kapital gebunden ist. Zur Freisetzung dieses Kapitals dient das Sale-and-lease-back-Verfahren. Der Finanzierungseffekt ist im Ergebnis derselbe wie beim normalen Leasing, allerdings mit dem Unterschied, dass vorhandene Vermögenswerte für dieses Verfahren genutzt, aber keine neuen Investitionsgüter angeschafft werden.

Im Sale-and-lease-back-Verfahren wird Anlagevermögen veräußert und im selben Zug zurückgeleast

7.2.1 Rechtliche Grundzüge

Im Rahmen einer Sale-and-lease-back-Transaktion veräußert das Unternehmen das Wirtschaftsgut an eine Leasinggesellschaft **(sale)** und mietet es (oft über eine zwischengeschaltete Zweckgesellschaft) sofort wieder zurück **(lease back)**. Charakteristisch für eine Sale-and-lease-back-Transaktion ist die **Betriebsnotwendigkeit** des Vermögensgegenstandes, weshalb im Gegensatz zu einer normalen Veräußerung von Assets die Nutzungsrechte beim Unternehmen verbleiben. In der Regel wird auch eine (Rück-)Kaufoption vereinbart, die bei Immobilien grundbuchrechtlich durch eine Auflassungsvormerkung abgesichert werden kann. Durch ein vereinbartes Rückkaufsrecht hält sich das Unternehmen die Möglichkeit offen, das veräußerte Wirtschaftsgut in der Zukunft zurück zu erwerben.

7.2.2 Auswirkungen auf die Bilanzstruktur

Betrachtet man zunächst die Verwendung des Zuflusses an liquiden Mitteln nicht, so besteht die unmittelbare bilanzielle Wirkung des Sale-and-lease-back in einem Aktivtausch: Das veräußerte Investitionsgut wird aus dem Anlagevermögen ausgebucht und im Gegenzug fließen dem Unternehmen liquide Mittel zu (Erhöhung des Umlaufvermögens). Wichtige Bilanzkennzahlen wie Anlagenintensität und Umlaufintensität werden verbessert. Kommt es durch eine Veräußerung über Buchwert auch zu einer Aufdeckung von stillen Reserven, wird zudem das Eigenkapital gestärkt.

Durch Sale-and-lease-back wird Liquidität zur freien Verwendung geschöpft

Sale-and-lease-back kann zu einer Bilanzverkürzung führen

Je nach Verwendung der zugeflossenen Mittel hat das Sale-and-lease-back auch weitere Auswirkungen auf die Finanzlage. Wird die frische Liquidität beispielsweise zur Tilgung von Verbindlichkeiten eingesetzt, so folgt dem Aktivtausch eine Bilanzverkürzung, in deren Rahmen die Position Fremdkapital abnimmt. Mittelbare Folge des Sale-and-lease-back wäre dann die **Erhöhung der Eigenkapitalquote**.

Steuerliche Wirkung

Die bei einer Veräußerung entstehenden Gewinne können steuerlich durch etwaige Verlustvorträge ausgeglichen oder ggf. durch eine Rücklage gemäß § 6b EStG neutralisiert werden. Die Rücklage nach § 6b EStG ermöglicht es, die durch eine Veräußerung aufgedeckten stillen Reserven innerhalb eines bestimmten Zeitraums auf neue Investitionsgüter steuerfrei zu übertragen. Die bisher gezahlten Zinsen, die Tilgung sowie die Abschreibungen auf die Wirtschaftsgüter werden aufwandswirksam durch die zu zahlenden Leasingraten ersetzt.

7.2.3 Fazit

Vor allem den Gesellschaftern von Familienunternehmen fällt es oft schwer, sich von ihrem »Firmensilber« zu trennen. Die »Nachteile« sind jedoch überwiegend psychologischer Natur und werden durch bilanzielle bzw. Liquiditätsvorteile meist mehr als kompensiert. Zu beachten ist allerdings, dass eine solche Transaktion nur einmal möglich ist: Ist ein Wirtschaftsgut erst einmal veräußert, kann es im Falle einer Unternehmenskrise nicht noch einmal veräußert werden. Allerdings zeigt die Erfahrung hier, dass der erzielbare Veräußerungserlös in Krisenzeiten ohnehin oft erheblich unter dem tatsächlichen Wert des Wirtschaftsguts liegt. Es muss in jedem Fall gewährleistet sein, dass künftig ausreichend Liquidität für die Zahlung der Leasingraten vorhanden ist.

Das Sale-and-lease-back bietet dem Unternehmen Planungssicherheit für einen langen Zeitraum und setzt Liquidität frei, die zur Tilgung von Verbindlichkeiten oder für wichtige Zukunftsinvestitionen zur Verfügung steht.

7.3 Factoring

Die Forderungen eines Unternehmens binden oft liquide Mittel in erheblichem Ausmaß. Den Kunden werden mitunter Zahlungsziele eingeräumt, um die Vertriebs- und Absatzchancen zu erhöhen, und wo das Unternehmen eigentlich sein eigenes Geschäft finanzieren müsste, finanziert es das seiner Abnehmer. Hinzu kommt, dass gerade mittelständische Unternehmen nicht selten einen erheblichen Aufwand an Personal und Kosten auf das Forderungsinkasso einsetzen und (unerwartete) Ausfälle verkraften müssen. Eine mögliche Lösung bietet in diesem Fall das Factoring.

7.3.1 Rechtliche Grundzüge

Beim Factoring werden Forderungen an eine Factoring-Gesellschaft verkauft

Factoring bezeichnet den fortlaufenden Verkauf von kurzfristigen Geldforderungen gegen Drittschuldner (Debitoren) aus Warenlieferungen und Leistungen an eine Factoring-Gesellschaft (Factor). Grundlage ist ein Factoring-Vertrag, der in seiner einfachsten Form zum Inhalt hat, dass der Factor - zumeist handelt es sich um Banken oder deren auf Forderungsmanagement spezialisierte Tochtergesellschaften - dem Factoring-Kunden anbietet, Forderungen gegen Debitoren, die bestimmte Anforderungen erfüllen, abzukaufen. Dieser fortlaufende Kauf und Erwerb von Forderungen unterscheidet das Factoring auch von der meist einzelgeschäftsbezogenen Forfaitierung bzw. den Asset Backed Securities.

Der Factoring-Vertrag ist rechtlich gesehen ein Kaufvertrag. Je nach vereinbartem Leistungsumfang profitiert der Factoring-Kunde von der

- **Finanzierungsfunktion**: In der Regel bietet der Factor die sofortige Auszahlung von 80 bis 90 % der an ihn abgetretenen Forderungen an. Dies verbessert schnell die Liquidität des Unternehmens. Die Differenz zum vollen Rechnungsbetrag behält der Factor als Sicherheitsabschlag für Forderungsausfälle zurück.
- **Delkrederefunktion**: Der Factor befreit den Kunden vom Ausfallrisiko und verzichtet auf Regressansprüche.
- **Dienstleistungsfunktion**: Der Factor übernimmt neben der Bonitätsprüfung auch die Debitorenbuchhaltung, das Mahnwesen und das Inkasso.

Als Gegenleistung erhält die Factoring-Gesellschaft eine Gebühr, deren Höhe sich nach dem jeweiligen Leistungsumfang bestimmt und die mit der verkauften Forderung verrechnet wird.

Typische Elemente des Factoring-Vertrags

- Haftung des Factoring-Kunden für Bestand der abgetretenen Forderungen.
- Kaufpreis, Finanzierungslimit, Risikoverteilung im Falle der Zahlungsunfähigkeit des Debitors.
- Höhe der Factoring-Gebühren.
- Andienungspflicht des Factoring-Kunden für alle Forderungen, die den vereinbarten Kriterien entsprechen.
- Globalzession, d. h. Vorausabtretung der entsprechenden Forderungen an den Factor.
- Recht des Factors zur Prüfung der Debitorenbonität und Festlegung eines individuellen Kauf-Limits je Debitor.

7.3.2 Arten des Factoring

In der Praxis haben sich auf der Basis dieser aufgeführten Grundzüge unterschiedliche Arten des Factoring herausgebildet:

Man unterscheidet je nach Leistungsumfang verschiedene Factoringformen

Factoring nach Leistungsumfang

Full-Service-Factoring	Der Factor übernimmt alle Funktionen des Factoring (Finanzierung, Dienstleistung und Delkredere).
Echtes/unechtes Factoring	Beim **echten Factoring** übernimmt der Factor auch das Delkredererisiko, während das Factoring ohne Übernahme des Ausfallrisikos als **unechtes Factoring** bezeichnet wird. In Deutschland wird seit Jahren fast ausnahmslos echtes Factoring praktiziert.
Fälligkeitsfactoring (Maturity Factoring)	Der Factoring-Kunde nutzt die Vor teile der vollständigen Risikoabsicherung und der Entlastung beim Debitorenmanagement, verzichtet aber auf die sofortige Regulierung des Kaufpreises.
Eigenservice-Factoring (Bulk Factoring bzw. Inhouse Factoring)	Der Factor übernimmt zwar das Delkredererisiko, aber keine weiteren Dienstleistungsfunktionen. Die Debitorenbuchhaltung verbleibt beim Factoring-Kunden, der den Factor in regelmäßigen Abständen alle relevanten Informationen übermittelt.

Factoring nach Art der Forderungsabtretung

Offenes Factoring (Notification Factoring)	Beim offenen Factoring wird der Debitor über die Forderungsabtretung informiert und aufgefordert, direkt an den Factor zu zahlen.
Stilles Factoring	Beim stillen Factoring wird der Debitor über die Forderungsabtretung nicht informiert, der Factoring-Kunde übernimmt treuhänderisch die Inkassofunktion, d. h. die Forderungsabtretung bleibt für den Debitor unsichtbar.

7.3.3 Ablauf des Factoring

Factoringfinanzierungen stellen sowohl auf Bonität des Unternehmens wie des Forderungsschuldners ab

Aus der Kombination der oben aufgeführten Funktionen und Arten des Factoring ergeben sich in der Praxis vielfältige Ausprägungen des Factoring. Ungeachtet dieser Vielfalt läuft das Factoring – vereinfacht betrachtet – üblicherweise wie folgt ab:

- Mit Lieferung der Ware bzw. Leistungserbringung informiert der Factoring-Kunde den Factor und lässt ihm ggf. eine Rechnungskopie zukommen.
- Der Factor prüft ggf. die Debitorenbonität und zahlt dem Factoring-Kunden unmittelbar nach (ggf. elektronischer) Rechnungsvorlage zumeist 80 bis 90% des Rechnungsbetrags aus. Der verbleibende Betrag wird als Sicherheit einem Sperrkonto und unter Berücksichtigung von Skontoabzügen, Rabatten oder Retouren sowie der Factoring-Kosten ausgezahlt, sobald der Debitor die Forderung bezahlt.
- Zahlt der Debitor nach Fälligkeit nicht, tritt der so genannte Delkrederefall ein. Hat der Factor das Delkredererisiko übernommen, entrichtet er den restlichen Forderungsbetrag abzüglich der Factoring-Kosten (Factoring-Zinsen und Factoring-Gebühren) an den Factoring-Kunden. Andernfalls muss der Factoring-Kunde die erhaltene Liquidität zurückgewähren bzw. mit eigenen Ansprüchen gegen den Factor verrechnen.

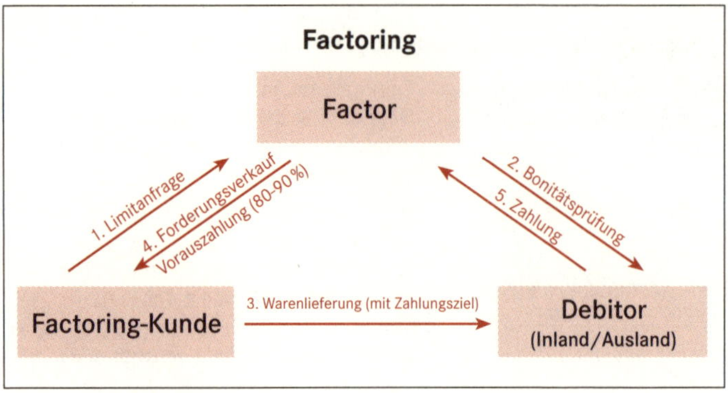

Abb. 7: Ablauf des Factoring

7.3.4 Die Kosten des Factoring

Factoring ist ein relativ teures Finanzierungsinstrument

Die Kosten des Factoring setzen sich aus den **Zinsen für eine Forderungsfinanzierung** sowie den **Factoring-Gebühren** zusammen. Der **Zinsaufschlag** hängt von der Debitorenlaufzeit ab, d.h. von dem Zeitraum zwischen Rechnungsstellung und Zahlung durch den Debitor. Üblicherweise werden gewisse Zahlungsziele der Debitoren mit bestimmten Zinsaufschlägen verknüpft. Die **Factoring-Gebühr** richtet sich danach, ob der Factor neben der Finanzierungsfunktion auch das Ausfallrisiko bzw. das Debitorenmanagement übernimmt, und ist auch von der Höhe der Forderungen abhängig. Insgesamt belaufen sich die Gebühren je nach Umfang der Leistungen und Art der angekauften Forderungen auf 0,8 bis 2,5% der Summe dieser angekauften Forderungen bzw. des Bruttoumsatzes. Zudem erhält der Factor für die Bonitätsprüfung inländischer Debitoren üblicherweise einen Betrag von 20 bis 50 € je Debitor. Diesem Aufwand stehen Ersparnisse gegenüber, insbesondere durch den Wegfall von Forderungsausfällen, Einsparungen beim Debitorenmanagement und die Verbesserung der Liquidität.

7.3.5 Voraussetzungen für das Factoring

Üblicherweise werden nur kurzfristig einwandfreie Forderungen ab einem Gesamtumsatz von 1 bis 2,5 Mio. € angekauft

Das Factoring kommt nicht für alle Forderungen in Betracht. Bevorzugt kauft ein Factor Forderungen gegen gewerbliche Debitoren an, deren Laufzeit 90 Tage im Inland oder 180 Tage im Ausland nicht überschreiten, die frei von Rechten Dritter sind und der Höhe nach einwandfrei und unbestritten feststehen.

Weniger geeignet ist das Factoring bei Unternehmen, die ihre Leistungen in mehreren Abschnitten erbringen und dafür Abschlagszahlungen erhalten. Eingeschränkt sind die Möglichkeiten auch in Branchen, bei denen Streitigkeiten um erbrachte Leistungen verstärkt vorkommen (z.B. Baugewerbe und Handwerk). Aus Rentabilitätsgründen sollten Factoring-Kunden einen factoringfähigen Jahresumsatz von mehr als 1 Mio. €, bei einigen Factoringgesellschaften sogar mindestens 2,5 Mio. € aufweisen. Bei kleinen Rechnungsbeträgen (bis 250 €) ist das Factoring auf Grund der anfallenden Gebühren (insbesondere für die Bonitätsprüfung) kaum sinnvoll.

7.3.6 Auswirkungen auf die Bilanzstruktur

Wenn der Forderungsverkauf ohne Regress erfolgt, geht das Kreditausfallrisiko auf den Factor über und die verkauften Forderungen werden beim Factoring-Kunden ausgebucht. In jedem Fall bewirkt das Factoring zunächst einen Aktivtausch: Die Forderungen aus Lieferungen und Leistungen werden zu einer Forderung gegenüber dem Factor (zumindest für den Limiteinbehalt von 10 bis 20%) bzw. fließen liquiditätswirksam der Kasse zu.

Ähnlich dem Leasing kann mit Factoring die Eigenkapitalquote erhöht werden, wenn die Liquidität zur Tilgung von Verbindlichkeiten eingesetzt wird

Tipp

Die zufließenden Mittel sollten fristenkongruent, d.h. zur Tilgung kurzfristiger Verbindlichkeiten und Realisierung von Skontovorteilen eingesetzt werden, da bei einer Rückführung langfristiger Verbindlichkeiten die Bilanzstruktur unausgewogen werden und es im Falle von Umsatzrückgängen sonst zu Finanzierungslücken kommen kann. Der Einsatz der Mittel zur fristenkongruenten Verringerung von Verbindlichkeiten führt zu einer Bilanzverkürzung, die sich positiv auf die Eigenkapitalquote und die Kapitalbindung auswirken kann.

Den durch ein ausgelagertes Debitorenmanagement eingesparten Kapazitäten stehen zumeist erhöhte Factoring-Kosten gegenüber; insbesondere die ersparten Zinsaufwendungen und realisierten Skontovorteile können jedoch zu einer Erhöhung des Jahresüberschusses führen. Die Zinsen für die vom Factor zur Verfügung gestellten Kreditlinien sind ebenso sehr als Betriebsausgaben absetzbar wie die sonstigen Kosten für das Factoring.

7.3.7 Fazit

Der unmittelbare Finanzierungseffekt und Vorteil des Factoring liegt in dem **umsatzsynchronen Zufluss von frischer Liquidität** und der **Verringerung des Forderungsbestandes**; mittelbare Finanzierungseffekte lassen sich durch den Abbau von fristenkongruenten Verbindlichkeiten und der damit einhergehenden Bilanzverkürzung und Eigenkapitalerhöhung erzielen. Das Factoring ist weniger von der Bonität des Unternehmens als von der Bonität der Debitoren abhängig. Allerdings werden Unternehmen, die sich in einer Krise befinden, von dem Factor, der auf sein eigenes Risiko achten muss, meist nicht akzeptiert. Zu beachten ist zudem, dass der Forderungsverkauf nicht für alle Unternehmen in Betracht kommt: Bei einem

Factoring ermöglicht einen umsatzkonformen Zufluss von Liquidität

factoringfähigen Jahresumsatz von unter 1 Mio. € bzw. 2,5 Mio. € und einer zu großen Kundenzahl steht der Verwaltungsaufwand in keinem Verhältnis zur Kostenersparnis.

Factoring als Maßnahme zur Verbesserung der Liquidität

Angesichts der bei vielen Unternehmen angespannten Liquiditätssituation sowie der besonders in konjunkturell schwachen Zeiten bestehenden Gefahr von Forderungsausfällen sollte das Factoring eine der ersten Maßnahmen sein, die Unternehmen prüfen sollten, um eine unmittelbare Verbesserung der Liquidität bzw. der Eigenkapitalquote zu erreichen.

Factoring als Finanzierungsform

Vorteile

- Verbesserung der Liquidität des Unternehmens durch Kapitalfreisetzung. Der Forderungsbestand sinkt, gleichzeitig steigt die finanzielle Flexibilität.
- Echtes Factoring ist ein zuverlässiger Schutz vor Forderungsausfällen (Delkredereschutz); Zahlungseingänge werden für das Unternehmen planbar.
- Wird die aus dem Forderungsverkauf resultierende Liquidität zum Abbau von Verbindlichkeiten eingesetzt, wird die Bilanz verkürzt, die Eigenkapitalquote erhöht und damit Rating verbessert.
- Die vorhandene Liquidität kann das Unternehmen zur Vermeidung von Lieferantenkrediten und Ausnutzung von Skonti nutzen.
- Die Übernahme der Debitorenbuchhaltung und des Mahnwesens durch den Factor ermöglicht die Einsparung von Personal- und Sachkosten und die Konzentration auf das Kerngeschäft.

Nachteile

- Factoring kommt nur für Unternehmen mit einem factoringfähigen Jahresumsatz von mehr als 1 Mio. € bzw. 2,5 Mio. € in Betracht.
- Die Abgabe des Inkasso- und Mahnwesens führt zu einem Abfluss von Kundeninformationen und zu einem Standardverfahren ohne kundenspezifische Steuerung, was zur Beeinträchtigung der Beziehungen zu wichtigen Kunden führen kann.
- Der Verkauf von Forderungen ist nur innerhalb des vom Factor eingeräumten Limits möglich.
- Gefahr der Abhängigkeit vom Factor, da die Rückintegration des Debitorenmanagements mit einem nicht unerheblichen Aufwand verbunden ist.
- Die mit dem Factoring verbundenen Kosten sind verhältnismäßig teuer.

7.4 Forfaitierung

Eine weitere Form der Forderungsfinanzierung ist die so genannte Forfaitierung. Der Begriff Forfaitierung leitet sich aus dem Französischen **à forfait** ab, was so viel bedeutet wie »im Bausch und Bogen«, ohne Regress. Bei der Finanzierung bezeichnet Forfaitierung den regresslosen Verkauf von meist mittel- und langfristigen Forderungen, vorwiegend Exportforderungen gegen einen Importeur, die zu einem späteren Zeitpunkt fällig werden, durch den Forfaitisten an einen Forfaiteur.

Forfaitierungsgeschäfte werden üblicherweise im Auslandsgeschäft abgeschlossen (Exportfinanzierung)

Im Gegensatz zum Factoring, bei dem eine Vielzahl von Forderungen verkauft werden, veräußert der Forfaitist nur einzelne größere Forderungen, deren Laufzeit im Einzelfall zwischen sechs Monaten und fünf Jahren liegen. Da es sich in erster Linie um Exportforderungen handelt, dient das Instrument der Forfaitierung hauptsächlich der Außenhandelsfinanzierung. Anders als beim Factoring gibt es kein Kreditlimit je abgewickelter Forderung. Genau wie beim echten Factoring ist ein Rückgriff auf das Unternehmen bei Nichtzahlung durch den Drittschuldner nicht möglich.

Als Forfaiteur treten in der Regel international arbeitende Banken, ihnen nahe stehende bzw. von diesen kontrollierte Spezialinstitute oder Finanzierungsgesellschaften auf, teilweise aber auch unabhängige Finanzfirmen und -makler.

Bei der Forfaitierung liegt der unmittelbare Finanzierungseffekt – genau wie beim Factoring – in dem schnelleren **Zufluss von Liquidität** und der **Verbesserung der Bilanzstruktur**. Typischerweise ermöglicht ein à-forfait-Geschäft dem Exporteur die Refinanzierung eines gewährten Lieferantenkredits. Werden die flüssigen Mittel genutzt, um bestehende Verbindlichkeiten zu tilgen, kommt es zu einer Bilanzverkürzung und hierdurch zu einer Erhöhung des Eigenkapitals. Darüber hinaus wird das Länder- und Währungsrisiko auf die Forfaitierungsgesellschaft abgewälzt. Insgesamt ist die Forfaitierung neben dem Factoring besonders für exportorientierte mittelständische Unternehmen eine vorteilhafte Form der Forderungsfinanzierung.

Tipp

Für Exportfinanzierungen bestehen vielfältige Möglichkeiten, angefangen von den Deckungen der Hermes Bürgschaften über AKA (AKA Export Finance Bank) und KfW-Kredite bis hin zu Bestellerkrediten und den Rahmenkreditdeckungen des Bundes. Genau wie bei der Forfaitierung werden bei einem von Hermes gedeckten Bestellerkredit bestehende Kreditlinien geschont und eine langfristige Verbindlichkeit in Liquidität umgewandelt.

7.5 Asset Backed Securities

Strukturierte Finanzierungsinstrumente haben sich in den vergangenen Jahren am Markt etabliert und ihre Zahl steigt kontinuierlich an. Das außerordentliche Wachstum hat zu einer Vielzahl an Produkten mit unterschiedlichsten komplexen Konstruktionen geführt. Die folgende Darstellung beschränkt sich deshalb auf die für die Unternehmensfinanzierung wichtigsten strukturierten Finanzierungsinstrumente, den so genannten **»Asset Backed Securities«**.

7.5.1 Rechtliche Grundzüge

Bei einer ABS-Finanzierung werden Forderungen an eine Einzweckgesellschaft verkauft, die sich durch die Ausgabe eines Wertpapiers refinanziert

Hinter der Bezeichnung Asset Backed Securities verbirgt sich zugleich das Funktionsprinzip dieser Finanzierungsform: Es handelt sich um mit Vermögensgegenständen (»Assets«) unterlegte bzw. gesicherte (»Backed«) Wertpapiere (»Securities«) – kurz ABS.

ABS-Transaktionen sehen in ihrer Grundform die Übertragung des Forderungsbestandes eines Unternehmens **(Originators)** auf eine eigens für diesen Zweck gegründete, rechtlich selbstständige und nicht zum Konsolidierungskreis gehörende Einzweckgesellschaft mit dem Ziel der Bilanzverkürzung vor. Die Aufgabe dieser »Zweckgesellschaft« (Special **Purpose Vehicle**, kurz SPV) besteht ausschließlich im Ankauf der Forderungsbestände und deren **Refinanzierung** durch die Emission von Wertpapieren, die durch den Forderungsbestand gesichert sind – den **Asset Backed Securities**. Die **Platzierung** der Asset Backed Securities erfolgt meist über ein Bankenkonsortium. Der Kaufpreis für den Forderungspool wird aus den Erlösen der ABS-Emission bezahlt. Im Endeffekt verbriefen Asset Backed Securities somit die Zahlungsansprüche der Investoren gegen die Zweckgesellschaft und machen Forderungen bzw. deren Risiken am Kapitalmarkt handelbar.

Grundstruktur der Asset Backed Securities

- Ausgliederung einer Vielzahl gleichartiger Forderungen einer möglichst großen Anzahl von Schuldnern zum Zwecke der Liquiditätsbeschaffung aus einem Unternehmen in eine neu gegründete Zweckgesellschaft (SPV).
- Vollständige Beseitigung des Zugriffs des Originators und seiner Gläubiger auf die Forderungen.
- Die Zweckgesellschaft refinanziert sich am Kapitalmarkt über die Emission von Wertpapieren, den Asset Backed Securities (ABS), und ergänzend durch Bankkredite.

In der Praxis findet meist eine Anpassung an die Präferenzen der potenziellen Investoren statt. Hier bestehen zahlreiche Strukturvarianten und rechtliche Gestaltungsmöglichkeiten. So besteht eine ABS-Emission meist aus verschiedenen Tranchen unterschiedlicher Bonität, die von einer Ratingagentur bewertet werden. Im Folgenden sollen jedoch weniger die äußerst komplexen und vielschichtigen Einzelheiten einer ABS-Transaktion dargestellt, sondern vielmehr deren grundlegenden Merkmale und Voraussetzungen erläutert werden.

7.5.2 Merkmale und Ausgestaltung einer ABS-Transaktion

Die Bedienung der Wertpapiere erfolgt aus dem Cash-flow der als Haftungsunterlage dienenden Forderungen. Wenn die Forderungen getilgt werden, erfolgt auch eine Rückzahlung der Wertpapiere. Dabei erfolgt der Einzug der Forderungen zumeist durch den Forderungsverkäufer, da dieser die Abtretung gegenüber seinen Kunden regelmäßig nicht offen legen will.

7.5.2.1 True-Sale-Transaktionen und synthetische Transaktionen

Je nach Ausgestaltung werden Forderungen verkauft oder nur das Ausfallrisiko

Bei einer so genannten **synthetischen Transaktion** werden nicht die Forderungen verkauft, sondern lediglich das Ausfallrisiko. Die Forderungen verbleiben hier in der Bilanz des Forderungsverkäufers, d.h. ein Aktivtausch mit der daraus resultierenden Verbesserung der Bilanzstruktur findet nicht statt. Jedoch wird das effektive Ausfallrisiko minimiert, was sich zumindest über qualitative Ratingfaktoren positiv auf das Rating auswirkt.

Bei einer **True-Sale-Transaktion** hingegen werden die Forderungen aus der Bilanz des Unternehmens eliminiert. Damit die Forderungen zivilrechtlich und wirtschaftlich in das Vermögen der Einzweckgesellschaft übergehen, müssen die Forderungen **übertragbar** und **bestimmbar** sein. Sie dürfen keinem Abtretungs- oder Pfändungsverbot unterliegen und die Rückübertragung muss ausgeschlossen sein. Da eine Verbesserung der Bilanzstruktur nur im Rahmen einer True-Sale-Transaktion stattfindet, soll im Folgenden nur diese Form der Forderungsverbriefung betrachtet werden.

7.5.2.2 Rating und Bewertung einer ABS-Transaktion

Die zugrunde liegenden Forderungen werden einem gesonderten Rating unterzogen

Bei ABS-Transaktionen handelt es sich um komplexe Finanzierungsstrukturen. Für die Akzeptanz der Wertpapiere bei den Investoren ist ein Rating der verbrieften Forderungen somit zwingend unvermeidlich, während eine externe Bewertung des Unternehmens dagegen entbehrlich ist. So können Unternehmen mit weniger guten Ratings dennoch gute Finanzierungskonditionen bekommen, wenn die verbrieften Forderungen insgesamt gute Ratingnoten vorweisen können.

Da meistens nur hochwertige Forderungen verbrieft werden und die Asset Backed Securities zusätzlich mit weiteren Sicherheitszusagen ausgestattet sind, weisen diese Wertpapiere üblicherweise eine sehr hohe Bonität auf. Erstklassige Ratings führen zur Senkung der Finanzierungskosten. Erfolgt der Einzug der Forderungen durch den Originator, wird allerdings dessen Effizienz sowie finanzielle Ausstattung in die Bewertung der Asset Backed Securities einbezogen. Die Bonitätseinstufung der Emission wird durch die Rating-Agenturen laufend überwacht und kann sich im Zeitverlauf ändern.

7.5.2.3 Anforderungen an das Forderungsportfolio

Das Forderungsportfolio sollte möglichst homogen sein, aufgrund der komplexen Struktur sind ABS-Transaktionen erst ab Volumina von 50 Mio. € üblich

Aus der Grundstruktur einer ABS-Transaktion folgen gewisse Anforderungen an die verbrieften Forderungen bzw. den Originator. Für ABS-Transaktionen sind homogene Forderungen erforderlich, da sie einen relativ leicht prognostizierbaren Cashflow generieren und gegenüber einer Großzahl von Debitoren bestehen. Auf diese Weise kann eine möglichst breite Streuung des Risikos gewährleistet werden. Wichtig ist, dass die Forderungen identifizierbar und abtretbar sind. Für eine erfolgreiche ABS-Transaktion müssen die verbrieften Forderungen einen stabilen Zahlungsstrom gewährleisten, d.h. sie sollten historisch gesehen niedrigere Zahlungsverzögerungen und Zahlungsausfälle aufweisen. Besonders geeignet für eine ABS-Transaktion sind somit z.B. Kreditkartenforderungen, Forderungen aus Lieferungen und Leistungen, Lizenz- oder Franchisegebühren, Kreditforderungen oder auch Leasingforderungen. Der Art der zu verbriefenden Forderungen sind prinzipiell keine Grenzen gesetzt. Den seit 2004 am Markt agierenden Mezzanine-Verbriefungen liegt das Grundprinzip einer ABS-Transaktion zu Grunde (siehe Kap. 3.8). Auf Grund der komplexen Strukturen und vergleichsweise hohen Transaktionskosten sind ABS-Transaktionen erst ab einem Gesamtvolumen von mindestens 50 bis 100 Mio. € wirtschaftlich.

Multiseller-Programme

Um die Forderungsverbriefung einer größeren Anzahl von mittelständischen Unternehmen zugänglich zu machen, sind mittlerweile spezielle Multiseller-Programme aufgelegt worden, bei denen Forderungen mehrerer Unternehmen gebündelt und auf revolvierender Basis angekauft werden. Die größenmäßigen Anforderungen zur direkten Teilnahme an solchen Programmen liegen gegenwärtig bei durchschnittlich rund 25 Mio. €.

7.5.3 Bilanzielle Behandlung

Vergleicht man die True-Sale-Transaktion mit dem Factoring, so zeigt sich, dass die Wirkungsweise dieser Finanzierungsformen praktisch identisch ist. Erfolgt der Forderungsverkauf ohne Regress, geht das Kreditausfallrisiko auf die Zweckgesellschaft über und die verkauften Forderungen werden beim Originator nicht mehr bilanziert. Auf der Aktivseite der Bilanz werden die verkauften Vermögenswerte herausgelöst, während die Erlöse aus dem Verkauf der Aktiva zu einem Zufluss an liquiden Mitteln führen. Es wird also durch den Verkauf von ansonsten illiquiden Vermögensgegenständen die Geld- und Kapitalbindung des Originators verkürzt bzw. verringert. Setzt das Unternehmen die Mittel zur Rückführung von Verbindlichkeiten ein, kommt es zu einer Bilanzverkürzung und so zu einer Erhöhung der Eigenkapitalquote. Die Mittel aus dem Verkauf der Aktiva können auch zur Ausweitung des Geschäftsvolumens verwendet werden, ohne dass Fremdmittel aufgenommen werden müssen.

True-Sale-ABS-Finanzierungen sind bilanziell mit Factoring-geschäften praktisch identisch

7.5.4 Fazit

Die Veräußerung von Forderungsportfolios im Rahmen einer ABS-Transaktion führt zu einer Verbesserung finanzwirtschaftlicher Kennzahlen. Dieser Effekt wird verstärkt, wenn die zusätzlichen liquiden Mittel zur Tilgung von Verbindlichkeiten genutzt werden. Insoweit gelten die Ausführung zum Factoring entsprechend.

Auf Grund des erheblichen Strukturierungsaufwands und der damit verbundenen Kosten wurden ABS-Transaktionen bislang überwiegend von Banken, größeren Industrieunternehmen und Versicherungen genutzt. Allerdings verzeichnet der Markt für ABS-Transaktionen in den vergangenen Jahren einen Aufschwung. Vor diesem Hintergrund steht zu erwarten, dass sich dieses Instrument durch die Entwicklung standardisierter Strukturen auch zu einer zusätzlichen Säule der (Mittelstands-)Finanzierung weiterentwickeln wird. Dabei gibt die gegenwärtige Entwicklung Anlass zu Optimismus: Waren früher nur Volumina ab 50 Mio. € verbriefungstauglich, werden heute bereits ABS-Programme für Forderungsportfolios von 25 Mio. € angeboten. Mittels standardisierter Multiseller-Programme könnten künftig auch mittelständische Unternehmen ihre Handelsforderungen bereits ab einem verbriefungsfähigen Portfolio von 5 Mio. € verkaufen.

Mittlerweile werden auch ABS-Programme für kleinere Volumia angeboten bzw. mehrere kleine Portfolien ab 5 Mio. € in einer Transaktion gepoolt

Asset Backed Securities als Finanzierungsform

Vorteile

- Liquiditätsfreisetzung durch Veräußerung von kurzfristigem Umlaufvermögen und Optimierung der Aktiva.
- Verbesserung der Eigenkapitalquote durch Bilanzverkürzung, wenn zusätzliche Mittel zur Rückführung von Verbindlichkeiten eingesetzt werden.
- Übergang des Ausfallrisikos auf Investoren durch regresslosen Verkauf.
- Vermeidung von Lieferantenkrediten und Ausnutzung von Skonti durch erhöhte finanzielle Flexibilität.
- Erweiterung des Investorenkreises und Erschließung neuer Finanzierungsquellen.
- Höhere Unabhängigkeit vom Kapitalgeber als beim Factoring durch Streuung der Wertpapiere auf dem Kapitalmarkt.

Nachteile

- Infolge der hohen Anforderungen und fixen Transaktionskosten sind ABS-Transaktionen derzeit umsatz- und ertragsstarken Unternehmen vorbehalten.
- Nur bonitätsstarke Forderungsverkäufer können an der ABS-Transaktion teilnehmen, da ansonsten die Gefahr der Nichtzahlung von Rechnungsbeträgen an die Zweckgesellschaft besteht.
- Die direkte Teilnahme am Instrumentarium der ABS ist für viele mittelständische Unternehmen gegenwärtig noch nicht möglich bzw. sinnvoll.

7.6 Zusammenfassung

Mit Leasing die Erhöhung des Verschuldungsgrads verhindern

Die Sonderformen der Finanzierung dienen der Verbesserung wichtiger Bilanzkennzahlen, indem sie die Bilanz entlasten oder zusätzliche Liquidität aus dem Unternehmen heraus schaffen. Während Leasing im Rahmen der Objektfinanzierung eine Erhöhung des Verschuldungsgrades verhindert oder wertvolles Eigenkapital bewahrt, stellen sich Vermögensumschichtungen zunächst als reiner Aktivtausch dar, führen aber zur einer Bilanzverkürzung und damit zu einer **Verbesserung der Eigenkapitalquote**, wenn die zusätzliche Liquidität zur Rückführung von Verbindlichkeiten verwendet wird.

8 Schlussbetrachtung

Die vorangegangenen Ausführungen zeigen, dass sich die Rahmenbedingungen der Unternehmensfinanzierung mit Blick auf den Bankkredit grundlegend verändert haben. Die Sicherung der Finanzierung und damit die Zukunft der Unternehmen hängt entscheidend davon ab, wie hoch ihre Eigenkapitalquote ist und ob es ihnen erforderlichenfalls gelingt, das Eigenkapital zu stärken. Wie gezeigt wurde, reicht zu diesem Zweck die Innenfinanzierungskraft in den meisten Fällen ebensowenig aus wie das eigene Kapital der bestehenden Gesellschafter, weshalb die einseitige Ausrichtung auf die Innenfinanzierung und das Gesellschafterdarlehen wenig zielführend ist. Zwar können auch rein bilanzkosmetische Maßnahmen oftmals zu einer merklichen Optimierung der Bilanzstruktur führen, doch auch hier bestehen naturgemäß gewisse Grenzen: Vermögenswerte, die nicht im Unternehmen vorhanden sind, können auch nicht als Eigenkapital ausgewiesen werden.

Die Sicherung des Unternehmens hängt entscheidend von der Eigenkapitalquote ab

Die meisten Unternehmen stehen deshalb vor der Aufgabe, externes Eigenkapital einzuwerfen. Hier bieten gerade **mezzanine Finanzierungsformen** unabhängig von der Rechtsform des Unternehmens ideale Möglichkeiten, einen individuellen Ausgleich zwischen dem grundsätzlichen Interessenkonflikt von Unternehmen und Kapitalgeber herbeizuführen und so langfristige Finanzierungs- bzw. Eigenkapitallücken zu schließen. Als externe Eigenkapitalgeber kommen institutionelle Investoren und private Anleger in Betracht. Die Finanzierung durch **kommerzielle Beteiligungsgesellschaften** ist den meisten Unternehmen in Deutschland allein aus Gründen der Unternehmensgröße verwehrt. **Förderorientierte Beteiligungsgesellschaften** dagegen bieten mezzanine Finanzierungen speziell für mittelständische Unternehmen bereits im unteren Millionenbereich an. Entsprechendes gilt für **Mezzanine-Verbriefungsprogramme**. Darüber hinaus stehen allen Unternehmen unabhängig von ihrer Größe und Rechtsform die Möglichkeiten eines **Private Placement** offen, sei es im Rahmen eines öffentlichen Angebots, einer Mitarbeiterbeteiligung oder auch »nur« einer Friends-and-Family-Aktion.

Mezzanine Finanzierungsformen bieten ideale Möglichkeiten

Neben der unmittelbaren Aufnahme von externem Eigenkapital in ihren unterschiedlichen Formen und auf den diversen zur Verfügung stehenden Wegen gibt es zahlreiche weitere **Finanzierungs-**

Zahlreiche Finanzierungsformen stehen zur Verfügung

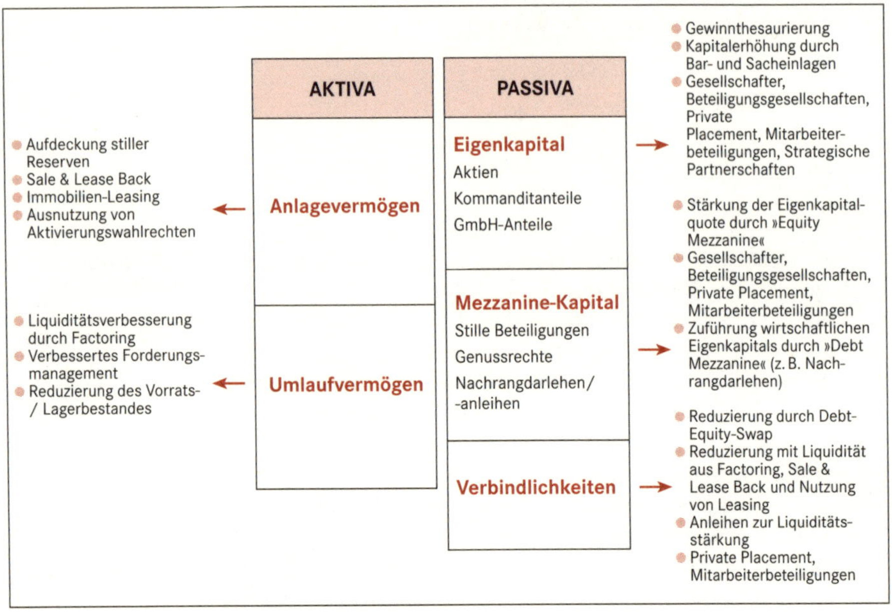

Abb. 8: Finanzierung und Bilanzoptimierung

instrumente, die nicht nur zu einer Verbesserung der Liquidität, sondern auch zu einer nachhaltigen Optimierung der Bilanzstruktur und ggf. ebenfalls zu einer Verbesserung der Eigenkapitalquote führen. Für mittelständische Unternehmen bieten hier vor allem das **Sale-and-lease-back-Verfahren** und die **Forderungsfinanzierung** in Gestalt des **Factoring** interessante Optionen. Im Rahmen der Objektfinanzierung können alle Unternehmen das **Leasing** als liquiditätsschonende und bilanzentlastende Alternative zum Investitionskredit nutzen.

Die verschiedenen Wege und Formen schließen sich nicht gegenseitig aus

Dabei schließen sich weder die dargestellten Finanzierungswege noch die aufgezeigten Finanzierungsformen gegenseitig aus, sondern verfolgen teilweise ganz unterschiedliche Zielrichtungen mit unterschiedlichen Größenordnungen und Voraussetzungen. Letztlich muss jedes Unternehmen selbst entscheiden, welche Kombination von Finanzierungsinstrumenten für die unternehmerische Strategie am besten geeignet ist.

Bankkredit wird wichtiger Baustein im Finanzierungsmix bleiben

Auch wenn die relative Bedeutung des klassischen Bankkredits im gesamten Finanzierungsmix weiter abnehmen wird, so bleibt er auch in Zukunft der zentrale Baustein der Mittelstandsfinanzierung. Für Unternehmen, die die veränderten Marktbedingungen an den

Kapitalmärkten akzeptieren, ist Basel II deshalb keine Bedrohung, sondern zuvorderst eine Chance: Unternehmen, die die Unternehmensfinanzierung als strategischen Erfolgsfaktor begreifen, können sie aktiv gestalten und mit Hilfe von innovativen Finanzierungsformen auch aus eigener Kraft die Eigenkapitalquote verbessern und sich weiterhin ergänzend mit günstigen Bankdarlehen finanzieren.

Anhang

Die Unternehmenssteuerreform 2008 und ihre Auswirkungen auf die Unternehmensfinanzierung

1 Einleitung

Wie aufgezeigt wurde, stehen Unternehmen für die Finanzierung von Investitionen unterschiedliche Formen und Wege der Kapitalbeschaffung zur Verfügung. In Hinblick auf die Mittelherkunft kann der Kapitalbedarf grundsätzlich mit erwirtschafteten Gewinnen, Gesellschafter- bzw. Gesellschaftskapital oder mit Mitteln von dritter Seite gedeckt werden. Jedoch wird die Freiheit, zwischen verschiedenen Finanzierungswegen nach Belieben zu wählen, von der wirtschaftlichen Situation des Unternehmens, seiner Gesellschafter sowie den Bedingungen am Kapitalmarkt beschränkt. Neben diese wirtschaftlichen Faktoren tritt das Ertragsteuerrecht als wesentlicher Entscheidungsfaktor hinzu. In Abhängigkeit von der Mittelherkunft und der bilanzrechtlichen Qualifikation des bereitgestellten Kapitals als Eigen- oder Fremdkapital ergeben sich unterschiedliche Steuerbelastungskonsequenzen für den Kapitalnehmer und den Kapitalgeber, die einen Einfluss auf die Wahl des jeweiligen Finanzierungsinstruments haben.

Mit der Unternehmensteuerreform 2008 will der Gesetzgeber die steuerliche Attraktivität und die Wettbewerbsfähigkeit des Standortes Deutschland verbessern. Die Gesetzesänderungen betreffen sowohl die Gewerbesteuer (GewSt) als auch die Körperschaftsteuer (KSt) und die Einkommensteuer (ESt). Durch die Unternehmensteuerreform 2008 wird das Steuersystem nicht grundlegend geändert. Vielmehr erfährt das System wesentliche Modifikationen, die sich auch auf die künftigen Finanzierungsstrukturen der Unternehmen auswirken und deshalb im Folgenden in ihren Grundzügen dargestellt werden sollen. Obwohl sich der Gesetzgeber mit der Unternehmenssteuerreform das Ziel gesetzt hat, den Einfluss des Steuerrechts auf die Wahl des Finanzierungsweges abzumildern, ist das Ertragsteuerrecht auch künftig nicht finanzierungsneutral.

Die auch nach der Unternehmensteuerreform 2008 nach wie vor bestehenden Unterschiede im steuerlichen Belastungserfolg auf Seiten des Kapitalnehmers wie auch Kapitalgebers machen eine umfassende

Vorteilhaftigkeitsanalyse des einen oder anderen Finanzierungsweges erforderlich. In der Praxis wird zu prüfen sein, wie die verschiedenen Finanzierungsformen mit unterschiedlichen Ausprägungen künftig steuerlich einzuordnen sind. Um das Potenzial der Gestaltungsmöglichkeiten im Bereich der Finanzierung zu nutzen, müssen Sachverhalte insbesondere in Hinblick auf das Steuerrecht rechtzeitig gestaltet werden.

Die Unternehmenssteuerreform 2008 im Überblick

Der Gesetzentwurf enthält folgende Maßnahmen mit steuerlicher Entlastungswirkung:

- Senkung des KSt-Satzes von 25 % auf 15 % für Kapitalgesellschaften (KapG).
- Senkung der GewSt-Messzahl auf 3,5 % (unter Wegfall der Staffelstufen für Personenunternehmen).
- Anhebung des Anrechnungsfaktors der GewSt bei der ESt von 1,8 auf 3,8.
- Gewinnthesaurierung für bilanzierende Unternehmen zu einem (ideellen) ESt-Satz von 28,25 % zzgl. Solidaritätszuschlag (SolZ); ausgeschüttete Gewinne müssen nachversteuert werden.
- Verbesserung der steuerlichen Begünstigung der Investitionstätigkeit für kleine und mittlere Unternehmen durch Umgestaltung des § 7g EStG.
- Einführung einer Abgeltungssteuer in Höhe von 25 % ab dem 1. Januar 2009 auf Kapitalerträge (Zinsen, Dividenden etc.) und auf private Veräußerungsgewinne bei Wertpapieren.

Zur Gegenfinanzierung dienen die folgenden Maßnahmen:

- Wegfall des Betriebsausgabenabzugs der GewSt.
- Hinzurechnung von Zinsen sowie von Finanzierungsanteilen von Mieten, Pachten, Leasingraten und Lizenzen bei der GewSt mit einem Freibetrag von 100.000 € (Wegfall der bisherigen 50%ige Hinzurechnung von Dauerschuldzinsen) wie folgt:
- Hinzurechnung aller Zinsen (Dauerschuld- und Kurzfristzinsen) bei der GewSt zu 25 %.
- Hinzurechnung der pauschalierten Finanzierungsanteile bei Mieten, Pachten, Leasingraten, Konzessionen und Lizenzen.
- Anhebung der gewerbesteuerlichen Mindestbeteiligungsgrenze bei Streubesitzdividenden von 10 % auf 15 % (Schachtelprivileg).
- Gesetzliche Regelung der steuerlichen Konsequenzen von Funktionsverlagerungen.
- Einführung einer sog. Zinsschranke. Anstelle der bisherigen Regelung des § 8a KStG (Begrenzung der Gesellschafterfremdfinanzierung) gilt eine Zinsabzugsbegrenzung von 30 % des EBITDA mit

Vortragsmöglichkeit des nichtabzugsfähigen Zinses. Mit einer Freigrenze von 1 Mio. € will der Gesetzgeber sicherstellen, dass kleine und mittlere Betriebe nicht von der Beschränkung erfasst werden.

- Neuregelung der Besteuerung grenzüberschreitender Geschäfte zwischen nahe stehenden Personen bzw. Unternehmensteilen.
- Gesetzliche Regelung der steuerlichen Konsequenzen von Funktionsverlagerungen.
- Verschärfungen bei Verrechnungspreisen.
- Einschränkung der Gestaltungsmöglichkeiten im Rahmen der Wertpapierleihe.
- Verschärfung der Mantelkaufregelung (§ 8 Abs. 4 KStG).
- Abschaffung der degressiven Abschreibung.
- Begrenzung der Sofortabschreibung für geringwertige Wirtschaftsgüter.
- Beschränkung der Verlustverrechnung bei Veräußerungsgeschäften mit Aktien: Verluste können nur mit Gewinnen aus privaten Aktien-Veräußerungsgeschäften verrechnet werden.

Gesetzgebungsverfahren und Inkrafttreten

Der am 5. Februar 2007 durch das Bundesfinanzministerium vorgelegte Referentenentwurf zum Unternehmensteuerreformgesetz 2008 wurde am 14. März 2007 in geänderter Fassung das Gesetzgebungsverfahren eingebracht. Das Gesetzespaket wurde am 25. Mai 2007 in leicht modifizierter Form von dem Bundestag beschlossen und am 6. Juli 2007 vom Bundesrat verabschiedet. Am 17. August 2007 wurde es verkündet.

Die meisten Regelungen sollen erst ab dem Veranlagungszeitraum 2008 zur Anwendung gelangen. Für Unternehmen mit vom Kalenderjahr abweichendem Wirtschaftsjahr gelten die Regelungen jedoch schon im Wirtschaftsjahr 2007/2008. Einige Gegenfinanzierungsmaßnahmen sind bereits am Tag nach Verkündung des Gesetzes und damit am 18. August 2007 in Kraft getreten. Änderungen im Zusammenhang mit der Einführung einer Abgeltungssteuer auf Kapitalerträge und Veräußerungsgewinne treten am 1. Januar 2009 in Kraft. Auf den zeitlichen Anwendungsbereich der geänderten und neuen Vorschriften wird im Folgenden besonders hingewiesen.

Die folgenden Informationen und Angaben zeigen die entscheidenden Abweichungen gegenüber der geltenden Rechtslage auf und wurden von den Verfassern nach bestem Wissen zusammengestellt. Auf Grund der Komplexität des Steuerrechts und der Vielfalt steuerlicher Sachverhalte können die nachfolgenden Informationen eine individuelle Beratung im Einzelfall jedoch nicht ersetzen. Den nachfolgenden Ausführungen liegt das am 17. August 2007 verkündete Unternehmensteuerreformgesetz 2008 zu Grunde. Zu beachten ist, dass sich im Rahmen eines Korrekturgesetzes weitere Änderungen ergeben können.

2 Finanzierungsrelevante Maßnahmen im Überblick

2.1 Änderungen bei der Besteuerung von Kapitalgesellschaften

Wie dargelegt wurde, basiert die Besteuerung von KapG auf dem Trennungsprinzip, wonach für die Besteuerung zwischen der Ebene der Gesellschaft und der der Anteilseigner zu unterscheiden ist. Auf Ebene der Gesellschaft fällt, unabhängig davon, ob die erzielten Gewinne thesauriert oder ausgeschüttet werden, GewSt sowie KSt an. Im Falle der Ausschüttung an natürliche Personen als Gesellschafter werden die Dividenden der persönlichen ESt unterworfen.

2.1.1 Besteuerung auf Gesellschaftsebene

Nach bisheriger Rechtslage werden die Gewinne auf Ebene der Gesellschaft zunächst mit GewSt und anschließend mit KSt belastet. Die anfallende GewSt mindert dabei als abzugsfähige Betriebsausgabe sowohl ihre eigene Bemessungsgrundlage als auch die Bemessungsgrundlage für die KSt. Daraus resultiert – unter Annahme eines GewSt-Hebesatzes von 400% und unter Berücksichtigung des SolZ – derzeit eine effektive Steuerbelastung in Höhe von 38,65%.

Kernpunkt der Unternehmenssteuerreform 2008 ist die Senkung des nominellen Körperschaftssteuersatzes von 25% auf 15% (vgl. § 23 Abs. 1 KStG n.F.). Damit ergibt sich unter Berücksichtigung des SolZ, der unverändert in Höhe von 5,5% erhoben wird, eine effektive Belastung von 15,83%. Die GewSt-Messzahl wird für KapG einheitlich von 5% auf 3,5% gesenkt. Als Gegenfinanzierungsmaßnahme entfällt die Abzugsfähigkeit der GewSt als Betriebsausgabe. Damit mindert diese zukünftig weder ihre eigene Bemessungsgrundlage noch die der KSt. Die steuerliche Gesamtbelastung von KapG reduziert sich somit bei einem unterstellten GewSt-Hebesatz von 400% um rund neun Prozentpunkte von derzeit 38,65% auf künftig 29,82%. Deutschland wird damit im Mittelfeld der sog. EU-15 (15 ältesten EU-Mitgliedstaaten) liegen. Der abgesenkte KSt-Satz von 15% ist erstmals auf Gewinne anzuwenden, die im Veranlagungszeitraum 2008 erzielt werden.

2.1.2 Besteuerung auf Gesellschafterebene

Im Falle einer Ausschüttung von Gewinnen aus einer KapG sowie einer Veräußerung von Anteilen an einer KapG erfolgt eine Besteuerung auf Anteilseignerebene. Hierbei lassen sich abhängig von der Situation des Anteilseigners drei Konstellationen unterscheiden.

2.1.2.1 Kapitalgesellschaft als Anteilseigner

In Hinblick auf die Besteuerung der laufenden Dividenden sowie des Veräußerungsgewinns ergeben sich durch die Vorschriften der Unternehmensteuerreform 2008 nahezu keine Änderungen zur geltenden Rechtslage. Dividenden einer KapG sind auch künftig grundsätzlich gemäß § 8b Abs. 1 i.V.m. Abs. 5 KStG und Veräußerungsgewinne aus Anteilen an einer KapG nach § 8b Abs. 2 i.V.m. Abs. 3 KStG im Ergebnis zu 95 % steuerfrei. Es werden bei Schachtelbeteiligung von mindestens 15 % (bis Ende 2007 beträgt die Schachtelgrenze 10 %) an der KapG lediglich 5 % der Erträge der GewSt sowie der KSt (zuzüglich SolZ) unterworfen. Durch die Absenkung des nominalen KSt-Satzes ergibt sich eine prozentuale Entlastung, die den bereits dargestellten Entlastungsquoten entspricht.

2.1.2.2 Natürliche Person hält Anteile im Betriebsvermögen

Nach aktueller Rechtslage und bis zum 31. Dezember 2008 gilt das sog. Halbeinkünfteverfahren. Danach werden Dividendeneinkünfte sowie steuerpflichtige Veräußerungsgewinne aus dem Verkauf von Anteilen an KapG grundsätzlich zur Hälfte steuerfrei gestellt (§ 3 Nr. 40 EStG). Korrespondierend können die mit den Einkünften in Zusammenhang stehenden Betriebsausgaben gemäß § 3c Abs. 2 EStG ebenfalls nur zu 50 % steuermindernd berücksichtigt werden. Zukünftig wird das Halbeinkünfte- durch das sog. Teileinkünfteverfahren ersetzt, wonach Dividendeneinkünfte sowie auch Veräußerungsgewinne ab dem 1. Januar 2009 gemäß § 3 Nr. 40a EStG zu 60 % - anders als bisher zu 50 % - der Besteuerung unterliegen. Im Ergebnis ergibt sich damit nur noch eine Steuerfreiheit von 40 %. Hierdurch wird die verminderte Besteuerung auf Gesellschaftsebene ausgeglichen werden. Hieraus ergibt sich als Konsequenz, dass künftig im Gegenzug 60 % der mit den Einkünften in Zusammenhang stehenden Betriebsausgaben steuermindernd geltend gemacht werden können (§ 3c Abs. 2 S. 1 EStG).

2.1.2.3 Natürliche Person hält Anteile im Privatvermögen

Wesentliche Änderungen ergeben sich im Bereich der Besteuerung privater Dividendeneinkünfte sowie Veräußerungsgewinne aus dem Verkauf von im Privatvermögen gehaltenen Anteilen an KapG. Während de lege lata auch in den Fällen privater Dividenden das sog. Halbeinkünfteverfahren greift, wird ab dem 1. Januar 2009 grundsätzlich von der Besteuerung mit dem persönlichen ESt-Satz des jeweiligen Anteilseigners Abstand genommen. Die Besteuerung des Bruttoertrags erfolgt dann mit einem pauschalen Abgeltungssteuersatz von 25 % zzgl. SolZ und ggf. Kirchensteuer (KiSt).

Ab 2009 gibt es nur noch den Abzug eines Sparer-Pauschbetrags in Höhe von 801 € bzw. 1.602 €. Ein darüber hinausgehender Abzug von Werbungskosten ist ab 2009 generell nicht mehr zulässig. Die Versagung des Werbungskostenabzugs kann insbesondere bei Fremdfinanzierung der Gesellschaftsanteile zu erheblichen steuerlichen Nachteilen führen. Hier sollte geprüft werden, ob eine Einlage der Anteile in ein Betriebsvermögen vorteilhaft ist, um durch das künftige Teileinkünfteverfahren zumindest einen 60%igen Abzug der mit den Kapitaleinkünften in Zusammenhang stehenden Betriebsvermögen zu erreichen.

Die Gesamtsteuerbelastung ausgeschütteter Gewinne beträgt dann bei einem Hebesatz von 400% und einem ESt-Satz von 40% ca. 48,33% statt zuvor 51,59%.

Gesamtsteuerbelastung ausgeschütteter Gewinne nach der Unternehmensteuerreform 2008

	Alte Gesetzeslage	Neue Gesetzeslage
Hebesatz	400,00	
Einkommen	**100,00**	**100,00**
GewSt-Messzahl	5%	3,5%
GewSt-Messbetrag	4,17	3,5
GewSt	./. 16,67	./. 14,00
zu versteuerndes Einkommen	**83,33**	**100,00**
KSt-Satz	25%	15%
KSt	./. 20,83	./. 15,00
SolZ 5,5%	./. 1,15	./. 0,83
Einkommen nach Steuer	**61,35**	**70,18**
Thesaurierungsbelastung	**38,65**	**29,82%**
Ausschüttung	**61,35**	**70,18**
ESt 40% × 50%	./. 12,27	-
SolZ 5,5%	./. 0,67	-
Abgeltungssteuer 25%	-	./. 17,54
SolZ 5,5%	-	./. 0,96
Ausschüttung nach Steuer	**48,41**	**51,67**
Ausschüttungsbelastung	**51,59%**	**48,33%**

Während hinsichtlich der Besteuerung der Veräußerungsgewinne weiterhin die Beteiligungshöhe des Anteilseigners entscheidend sein wird, ist die Haltedauer künftig unbeachtlich, da die einjährige Spekulationsfrist insoweit abgeschafft wird. Ist die Beteiligungsquote geringer als 1%, wird gegenwärtig ein Veräußerungsgewinn nur dann zur Besteuerung herangezogen, sofern der Gewinn innerhalb der Spekulationsfrist von einem Jahr erzielt wurde. Demgegenüber unterliegen Veräußerungsgewinne künftig unabhängig von der Haltedauer der Abgeltungssteuer von 25% zzgl. SolZ.

Die pauschale Abgeltungssteuer gilt indes nicht für die Veräußerung von Anteilen im Sinne des § 17 EStG, bei denen die Beteiligungsquote in den letzten fünf Jahren mittelbar oder unmittelbar mindestens 1% betrug bzw. beträgt. Veräußerungsgewinne sind dann als gewerbliche Einkünfte im Rahmen des Teileinkünfteverfahrens zu 60% der tariflichen ESt zu unterwerfen (§ 3 Nr. 40c EStG). Dem entsprechend können aber 60% der Anschaffungskosten (AK) sowie der weiteren Transaktionskosten als Betriebsausgaben angesetzt werden (§ 3c Abs. 2 S. 1 EStG).

2.1.3 Fazit

Die GewSt wird künftig eine höhere Bedeutung erlangen, da ihr relativer Anteil an der Gesamtsteuerbelastung zunimmt. Eine deutliche Entlastung auf Gesellschaftsebene wird auf Gesellschafterebene teilweise wieder rückgängig gemacht. Das primäre Ziel des Gesetzgebers liegt in der Entlastung der KapG.

2.2 Änderungen für Einzel- und Personenunternehmen

Die Ertragsbesteuerung von Einzel- und Personenunternehmen folgt nach geltendem Steuerrecht dem sog. Transparenzprinzip. Besteuerungssubjekt ist also - mit Ausnahme der GewSt - nicht die Personengesellschaft (PersG) selbst, sondern sind die an ihr beteiligten Gesellschafter.

Die Gewinnermittlung erfolgt dabei im Rahmen der einheitlichen und gesonderten Gewinnfeststellung. Gewinne eines Personenunternehmens unterliegen de lege lata zunächst auf Ebene der Gesellschaft der GewSt, wobei diese als abzugsfähige Betriebsausgabe ihre eigene Bemessungsgrundlage mindert. Der nach GewSt verbleibende Gewinn wird anschließend den einzelnen Gesellschaftern zugewiesen und ist von ihnen - nach Maßgabe der jeweils anzuwendenden Besteuerungsgrundsätze - individuell zu besteuern. Dabei gilt ab 2008 die sog. »Reichensteuer« von 45% für alle betrieblichen und damit auch gewerblichen Einkünfte. Die auf Ebene der Personenunternehmung zu entrichtende GewSt wird - soweit sie auf natürliche Personen entfällt - bislang in Höhe des 1,8-fachen des GewSt-Messbetrags im Rahmen der ESt-Veranlagung auf die ESt angerechnet (§ 35 EStG). Die Besteuerung natürlicher Personen erfolgt zurzeit unabhängig davon, ob die erzielten Gewinne im Unternehmen verbleiben oder entnommen werden. Durch das Unternehmensteuerreformgesetz 2008 erfolgt eine grundsätzliche Änderung dieser Besteuerungssystematik.

In Hinblick auf die GewSt vermindert diese künftig weder ihre eigene noch die einkommensteuerliche Bemessungsgrundlage als Betriebsausgabe. Im Gegenzug wird der Faktor der Anrechnung der GewSt auf die ESt vom 1,8-fachen auf das 3,8-fache des GewSt-Messbetrags erhöht. PersG sind genau wie KapG von weiteren Änderungen im Bereich der GewSt betroffen, diese wirken sich jedoch abhängig von der individuellen Finanzierungssituation des Unternehmens in unterschiedlicher Weise aus, weshalb sie in einem gesonderten Abschnitt dargestellt werden.

Ein weiteres Kernelement der Unternehmenssteuerreform 2008 ist die Einführung der sog. »**Thesaurierungsbegünstigung**«. Angesichts der Steuersatzsenkungen für KapG wird auch PersG mit einkommensteuerpflichtigen Gesellschaftern und Einzelunternehmern ab dem Veranlagungszeitraum 2008 die Möglichkeit zu einer ermäßigten Besteuerung einbehaltener Gewinne gewährt. Hierzu wird in §34a EStG n.F. eine Regelung eingeführt, mit der die Besteuerung von Einzelunternehmen und PersG, soweit der Gewinn auf natürliche Personen entfällt, optional denen von KapG angenähert wird. Durch die Einführung der Thesaurierungsbesteuerung soll eine möglichst rechtsformneutrale Besteuerung erreicht und das Eigenkapital deutscher Personenunternehmen verstärkt werden. Die folgende Neuregelung ist erstmals für den Veranlagungszeitraum 2008 anzuwenden und damit bereits für Unternehmen mit abweichendem Wirtschaftsjahr, deren Wirtschaftsjahr im Laufe des Jahres 2008 endet.

2.2.1 Das Grundprinzip

Während sich bei sofortiger Ausschüttung von Unternehmensgewinnen die Höhe der Belastung unverändert nach dem individuellen Steuersatz des Gesellschafters richtet, werden nicht entnommene Gewinne aus Land- und Forstwirtschaft, Gewerbebetrieb oder selbständiger Arbeit auf Antrag des Steuerpflichtigen zunächst ganz oder teilweise begünstigt und progressionsunabhängig mit 28,25% ESt zzgl. SolZ besteuert (§ 34a Abs. 1 EStG). Dieser Satz orientiert sich an den künftigen durchschnittlichen Steuerbelastungen von KapG mit KSt und GewSt.

In den Einkünften enthaltene GewSt wird durch die Anrechnung auf die persönliche ESt im Ergebnis reduziert oder ggf. neutralisiert. Bei der späteren Entnahme der begünstigt besteuerten Gewinne findet - ähnlich der Dividendenbesteuerung bei KapG - eine Nachversteuerung mit 25% ESt zzgl. SolZ statt.

2.2.2 Begünstigte Gewinne

Begünstigt sind nach §34a Abs. 1 EStG nur »normal zu besteuernde« laufende Gewinne und Veräußerungsgewinne. Auf Gewinne, die nach anderen Regeln tarifbegünstigt sind, etwa Veräußerungsgewinne nach §34 Abs. 3 EStG oder der Carried Interest i.S.v. §18 Abs. 1 Nr. 4 EStG, ist die Thesaurierungsbegünstigung nicht anwendbar. Auch Gewinne, die aus außerbilanziellen Hinzurechnungen (z.B. Bewirtungsaufwendungen im Sinne von §4 Abs. 5 Nr. 1 EStG) resultieren, bleiben ausgenommen.

Voraussetzung der begünstigten Thesaurierungsbesteuerung ist ferner eine Gewinnermittlung nach §4 Abs. 1 S. 1 oder §5 EStG. Der Gewinn muss also nach den Grundsätzen der Bilanzierung ermittelt worden sein; der nach §4 Abs. 3 EStG ermittelte Gewinn (Überschussrechnung z.B. bei Freiberuflern) ist nicht begünstigt.

Der zu versteuernde Gewinnanteil kann in Höhe des Gewinns laut Steuerbilanz (inkl. der Ergebnisse von Sonder- und Ergänzungsbilanz), vermindert (ggf.) um den positiven Saldo der Entnahmen und Einlagen des Wirtschaftsjahres, begünstigt besteuert werden (§34a Abs. 2 EStG).

In Hinblick auf die mitunter komplexe Berechnung des ermäßigt zu besteuernden Gewinnanteils sind noch Fragen offen. Nach dem Gesetzeswortlaut ist wohl davon auszugehen, dass eine Begünstigung für nichtabzugsfähige Betriebsausgaben (z.B. Geschenke über 35 €), auch soweit die Einlagen die Entnahmen übersteigen würden, nicht in Frage kommt. Die GewSt wird keine Betriebsausgabe mehr sein, so dass GewSt-Aufwendungen als Entnahmen eingestuft werden müssen und durch entsprechende Einlagen grundsätzlich ausgeglichen werden könnten, um die steuerbegünstigten Gewinne nicht durch die GewSt zu verringern. Steuerfreie Einkommensteile (z.B. ausländische Betriebsstättengewinne, 40% der Dividende einer KapG/Teileinkünfteverfahren ab 2009) können grundsätzlich entnommen werden, ohne dass das Volumen des begünstigt zu besteuernden Gewinns verringert wird.

2.2.3 Besteuerungsverfahren (Wahlrecht)

Die Thesaurierungsbegünstigung wird nur auf Antrag gewährt, den der Gesellschafter für jeden Veranlagungszeitraum sowie für jeden Betrieb oder Mitunternehmeranteil gesondert beim zuständigen Finanzamt stellen muss (§34a Abs. 1 S. 2 EStG). Die Begünstigung ist somit bezogen auf den Betrieb (bei Einzelunternehmen) oder den Mitunternehmeranteil (bei PersG); für PersG muss das Wahlrecht nicht einheitlich für alle Gesellschafter ausgeübt werden. Durch dieses neue Wahlrecht entsteht ein neuer steuerlicher Gestaltungsspielraum. Auch die Höhe des Thesaurierungs- bzw. des Entnahmebetrags liegt im Ermessen des Steuerpflichtigen, sodass ggf. auch nur ein Teil des Gewinns einbehalten werden kann, während der Rest zur privaten Verfügung steht.

Bei Mitunternehmern kann ein Antrag allerdings nur gestellt werden bei Beteiligungen von mindestens 10% oder ab 10.000 € Gewinnanteil (§34a Abs. 1 S. 3 EStG).

Der Antrag ist bei dem für die ESt des Unternehmens oder Mitunternehmers zuständigen Finanzamt zu stellen (§34a Abs. 8 EStG). Notwendige Daten liefert zudem das Betriebsstättenfinanzamt an das

Wohnsitzfinanzamt. Der Antrag kann bis zur Unanfechtbarkeit des ESt-Bescheids für den nächsten Veranlagungszeitraum ganz oder teilweise zurückgenommen werden (§ 34a Abs. 1 S. 4 EStG). Dies ist erforderlich, da negative Einkünfte weder mit ermäßigt besteuerten Gewinnen ausgeglichen werden dürfen noch ein Verlustabzug nach § 10d EStG in Betracht kommt (§ 34a Abs. 8 EStG).

Die Begünstigung ist bei der Bemessung der ESt-Vorauszahlungen nicht anwendbar, da der Antrag für die Anwendung des begünstigten Steuersatzes regelmäßig erst mit der Abgabe der ESt-Erklärung - hinreichend bestimmt - gestellt werden kann. Auf Grund der Widerruflichkeit des Antrags ist die Regelung aus Sicht des Fiskus einerseits verständlich, andererseits führt sie bei regelmäßig thesaurierenden PersG zu heftigen Verwerfungen und ist eine klare Benachteiligung gegenüber KapG.

2.2.4 Nachversteuerung in Höhe von 25 %

Im Falle der späteren »Ausschüttung« wird auf die ermäßigt besteuerten Gewinn eine Nachsteuer von 25 % ESt zzgl. SolZ und ggf. KiSt fällig (§ 34a Abs. 4 S. 2 EStG). Hierzu wird jährlich der sog. nachversteuerungspflichtige Betrag je Betrieb oder Mitunternehmeranteil gesondert festgestellt und fortgeschrieben (§ 34a Abs. 3 S. 3 EStG).

Eine die Nachversteuerung auslösende Entnahme liegt grundsätzlich dann vor, wenn in einem Wirtschaftsjahr der positive Saldo aus Entnahmen und Einlagen (»Überentnahmen«) den im Betriebsvermögensvergleich festgestellten laufenden Gewinn übersteigt - sog. Nachversteuerungsbetrag (§ 34a Abs. 4 S. 1 EStG). Eine Entnahme entsteht auch bei Auszahlung von Guthaben aus dem Privat- oder Darlehenskonto, die schon in früherer Zeit entstanden sind. Nach der Konzeption des Gesetzgebers werden immer die zuletzt thesaurierten Gewinne als Erstes bei der Entnahme aufgelöst (last-in-first-out, sog. LIFO-Verfahren).

Dabei entspricht der nachversteuerungspflichtige Betrag nicht dem späteren Entnahmebetrag, sondern wird vielmehr um die bei Thesaurierung bereits angefallene ESt inkl. SolZ vermindert (§ 34a Abs. 4 S. 2 EStG). Hierdurch wird dem Umstand Rechnung getragen, dass der Thesaurierungsbetrag bereits einmal der - wenn auch abgemilderten - Thesaurierungsbelastung unterlag. Eine fehlende Kürzung der bereits angefallenen Steuer würde zu einer nicht sachgerechten Doppelbelastung führen.

Eine Nachversteuerung ist nicht für Fälle vorgesehen, bei denen der Gesellschafter oder sein Rechtsnachfolger Geldbeträge entnimmt, um die Erbschaft- oder Schenkungsteuer, die auf Grund der unentgeltlichen Übertragung des Betriebs oder Mitunternehmeranteils entstanden ist, zu entrichten. Ferner können steuerfreie Gewinne (z. B. aus DBA-Auslandsbetriebsstätten) auch steuerfrei entnommen werden.

Der fortgeschriebene nachversteuerungspflichtige Betrag ist in folgenden Fällen steuerwirksam aufzulösen (§ 34a Abs. 6 EStG):

- **Betriebsveräußerung oder -aufgabe:** Zur Vermeidung unbilliger Härten kann die Steuer auf den Nachversteuerungsbetrag auf Antrag über einen Zeitraum von bis zu zehn Jahren zinslos gestundet werden.
- **Einbringung** des Betriebs oder Mitunternehmeranteils in eine KapG oder Genossenschaft **nach § 20 UmwStG** bzw. **Formwechsel** einer PersG in eine KapG oder Genossenschaft: Die Stundungsmöglichkeit für die zu entrichtende Steuer ist auch bei dieser Alternative vorgesehen.
- **Wechsel der Gewinnermittlungsart:** Die Nachversteuerung ist – ohne Stundungsmöglichkeit – durchzuführen, wenn der Steuerpflichtige bei der Gewinnermittlungsart zur Einnahmenüberschussrechnung (§ 4 Abs. 3 EStG) oder zur pauschalierten Gewinnermittlung (§ 5a, 13a EStG) wechselt.
- **Beantragung der Nachversteuerung:** Des Weiteren kann der Steuerpflichtige die Nachversteuerung unabhängig von der Höhe des Saldos aus Entnahmen und Einlagen beantragen. Dies kann unter Umständen im Rahmen einer unentgeltlichen Betriebsübertragung sinnvoll sein, wenn der Steuerpflichtige seinen Rechtsnachfolger von der latenten Steuerlast entlasten will.

Nach § 34a Abs. 5 EStG führt auch die **Übertragung oder Überführung eines Wirtschaftsguts in ein anderes Betriebsvermögen desselben Steuerpflichtigen** (i.S.d. § 6 Abs. 5 S. 1 bis 3 EStG) grundsätzlich zu einer die Nachversteuerung auslösenden Entnahme, es sei denn, der Steuerpflichtige beantragt, den nachversteuerungspflichtigen Betrag in Höhe des Buchwerts des übertragenen bzw. überführten Wirtschaftsguts zu übertragen. Dabei ist der Nachversteuerungsbetrag auf den nachversteuerungspflichtigen Betrag begrenzt, den die Übertragung ausgelöst hätte.

Im Falle der **unentgeltlichen Übertragung** eines Betriebs oder Mitunternehmeranteils nach § 6 Abs. 3 EStG führt hingegen der Rechtsnachfolger den nachzuversteuernden Betrag fort (§ 34a Abs. 7 S. 1 EStG). Auch bei einer **Einbringung nach § 24 UmwStG** geht der nachversteuerungspflichtige Betrag auf den neuen Mitunternehmeranteil über (§ 34a Abs. 7 S. 2 EStG).

2.2.5 Betriebswirtschaftliche Beurteilung der Thesaurierungsbegünstigung

2.2.5.1 Vergleich der Thesaurierungsbelastung von Kapitalgesellschaften und Personenunternehmen

Wie nachstehende Tabelle zeigt, ergäbe sich bei der Thesaurierungsbegünstigung durch die Vereinheitlichung der GewSt-Messzahl in Höhe von 3,5 %, die Nichtberücksichtigung der GewSt als Betriebsausgabe und die Erhöhung des Anrechnungsbetrages bei einer optimalen Konstellation eine Thesaurierungsbelastung von 29,77 %, welche die GewSt (angenommener Hebesatz 400 %), die ESt und den SolZ umfasst. Der vergleichbare Steuersatz für eine KapG beträgt ca. 29,83 %.

Die Thesaurierungsbegünstigung für Personenunternehmen nach der Unternehmensteuerreform 2008		
	Steuerbilanzgewinn	100,00
./.	GewSt (Messzahl 3,5 % bei 400 % Hebesatz)	./. 14,00
=	**Handelsbilanzgewinn**	**86,00**
./.	ESt auf thesaurierten Gewinn/Thesaurierungsbegünstigung (28,25 % von 100,00)	./. 28,25
+	GewSt-Anrechnung (3,8 × Messbetrag, d.h. 100,00 × 3,5 %)	13,30
./.	SolZ	./. 0,82
=	Ergebnis nach Steuern	70,23
+	**Thesaurierungsbelastung (GewSt, ESt, SolZ)**	**29,77**
	Nachgelagerte Entnahme	70,23
./.	Nachversteuerung (25 % zzgl. 5,5 % SolZ auf 70,23)	./. 18,53
=	Ergebnis nach Steuern	51,70
	Ausschüttungsbelastung	**48,30 %**

Diese theoretische Gleichbehandlung der Besteuerung thesaurierter Gewinne von KapG und Personenunternehmen wird in der Praxis aus zwei Gründen meist nicht erreicht werden können:

1. Einerseits fließen nichtabziehbare Betriebsausgaben wie künftig z. B. die GewSt aus dem Betrieb ab, ohne das steuerlich relevante Ergeb-

nis zu vermindern. Die nichtabziehbaren Betriebsausgaben sind im Gewinn nach §4 Abs. 1 EStG bzw. §5 EStG nicht mehr enthalten und können daher auch nicht mehr thesauriert werden.

2. Andererseits wird in der Praxis die auf die individuelle ESt-Schuld entstehende ESt regelmäßig entnommen werden, so dass auch dieser Betrag nicht mehr zur Thesaurierung zur Verfügung steht.

Sowohl die nicht abziehbaren Betriebsausgaben als auch die Entnahmen für die ESt-Schuld müssen mit dem individuellen Steuersatz des Personenunternehmers versteuert werden. Hierdurch kann sich eine effektive Thesaurierungsbelastung von bis zu rund 40% ergeben, sofern man für die ESt den Spitzensteuersatz von 45% (»Reichensteuer«) veranschlagt.

2.2.5.2 Vergleich zwischen »Sofortausschüttung« und »Thesaurierung«

Da sowohl bei der Besteuerung des thesaurierten Gewinns beim Personenunternehmen als auch bei der Nachversteuerung der individuelle Gesamtsteuersatz des Einzelunternehmers bzw. Gesellschafters keine Rolle spielt, entspricht die Gesamtsteuerbelastung bei Nachversteuerung weitgehend der Steuerbelastung im Falle der Ausschüttung einer KapG.

Vergleicht man die Gesamtbelastung bei »Sofortausschüttung« und die Gesamtbelastung bei Entnahme nach einer vorangegangenen »Thesaurierung« (Summe aus Thesaurierungsbelastung und Nachversteuerung im Entnahmezeitpunkt), so erweist sich die Gesamtbelastung im Thesaurierungsfall gegenüber der Gesamtbelastung bei Sofortausschüttung durchgängig als nachteilig. Dieser Effekt fällt naturgemäß umso stärker aus, je geringer der individuelle ESt-Satz eines Einzelunternehmers oder Gesellschafters ist.

Unterstellt man jedoch einen ausreichend hohen individuellen ESt-Satz, bleibt zumindest die vorläufige Thesaurierungsbelastung jedoch deutlich hinter der Belastung zurück, die sich bei einer Sofortausschüttung einstellt. Die Kapitalbasis (also die freie Liquidität), die im Thesaurierungsfall für eine Wiederanlage zur Verfügung steht, ist in diesem Fall größer als bei sofortiger Ausschüttung der Gewinne. Dies wiederum kann bei einem gegebenen zeitlichen Anlagehorizont - sofern die einbehaltenen Gewinne im Unternehmen eine höhere Rendite erzielen als bei Entnahme und externer Anlage (z.B. in festverzinslichen Wertpapieren) außerhalb des Unternehmens - durchaus zu einer Kompensation der steuerlichen Mehrbelastung führen. Entspricht die im Privatvermögen erzielbare und der Abgeltungssteuer unterliegende Verzinsung der im Betriebsvermögen erzielbaren Vorsteuerrendite, kann die Thesaurierungsalternative auch bei einem unendlichen Anlagehorizont unter den hier getroffenen Prämissen niemals vorteilhaft sein. Hier steht der positive Effekt einer erhöhten Kapitalbasis dem negativen Effekt einer - im

Vergleich zur Abgeltungssteuer - höheren Besteuerung gegenüber, die nicht kompensiert werden kann.

Zur Veranschaulichung dieses wirtschaftlichen Zusammenhangs dient das folgende Schaubild. Es zeigt für einen gegebenen Anlagezins von 4 % vor Steuern im PV, welcher der 25 %igen Abgeltungssteuer zzgl. SolZ unterliegt, die erforderlichen Eigenkapitalrenditen auf Gesellschaftsebene (angenommener Hebesatz 400 %, individueller ESt-Satz 45 %), durch die bei Thesaurierung und späterer Ausschüttung in Abhängigkeit vom jeweils gewählten Anlagehorizont in Jahren gerade eine Kompensation der steuerlichen Mehrbelastung erzielt werden kann.

Vergleich zwischen Kapitalerträgen im PV und gewerblichen Einkünften natürlicher Personen								
Ertragsgleichheit nach Jahren	1	2	3	4	5	6	7	8
Erforderlicher Zins im BV (in %)	6,22	5,42	5,15	5,02	4,94	4,88	4,84	4,81

2.2.6 Fazit

Je nach Gewinnverwendung ergeben sich künftig nicht nur bei KapG, sondern auch bei Personenunternehmen unterschiedliche steuerliche Belastungswirkungen. Damit gelangt die Entscheidung über die Gewinnverwendung ab 2008 auch für Personenunternehmen bzw. deren einkommensteuerpflichtige Gesellschafter in den Blickpunkt der Steuergestaltung.

Dabei ist die Möglichkeit der Thesaurierungsbesteuerung infolge des Thesaurierungssatzes von 28,25 % zzgl. SolZ scheinbar sehr attraktiv. Hierbei ist jedoch zu beachten, dass im Entnahmefall die Nachbelastung von 25 % zzgl. SolZ unabhängig vom individuellen ESt-Satz zusammen mit der Thesaurierungsbelastung die Steuerbelastung die Steuerbelastung einer Sofortausschüttung selbst bei Anwendung des individuellen Spitzensteuersatz übersteigt. Zu einer solchen schädlichen Entnahme wird es spätestens dann kommen, wenn Unternehmer die auf den betrieblichen Gewinnanteil entfallende ESt nicht ohne Entnahmen begleichen können. Spätestens mit der Aufgabe oder Veräußerung des Betriebes oder der Beteiligung wird die Nachsteuer ausgelöst.

Vor Inanspruchnahme der »Thesaurierungsbegünstigung« sollten daher die Vor- und Nachteile einer solchen Besteuerung unter Berücksichtigung der besonderen Umständen des jeweiligen Betriebs und seiner Gesellschafter (z. B. des potenziellen Anlagezinses im Unternehmen und der Alternativrendite nach Steuern im Privatvermögen) sorgfältig miteinander abzuwägen. Dabei hängt die optimale Entnahmepolitik vom

Planungshorizont, der Unternehmensrendite und der tariflichen Steuerbelastung ab. Grundsätzlich ist es vorteilhaft, wenn die Thesaurierungsbelastung durch sonstiges freies Vermögen getilgt werden kann. Um Steuerzahlungen in den Folgeperioden ohne Entnahmen leisten zu können, kann es sich anbieten, Entnahmen noch vor Inkrafttreten der Unternehmensteuerreform im Jahr 2007 zu tätigen.

2.3 Änderungen des Gewerbesteuerrechts im Einzelnen

Jeder in Deutschland stehende Gewerbebetrieb unterliegt der GewSt. Besteuert werden soll die »objektive Ertragskraft« des Gewerbebetriebs. Zur Bestimmung der GewSt wird daher auf den objektivierten Gewerbeertrag nach § 11 GewStG abgestellt. Dieser ermittelt sich ausgehend vom Gewinn nach den Vorschriften des EStG bzw. KStG und soll durch die Hinzurechnungen und Kürzungen unabhängig von der Kapital- und Sachausstattung des jeweiligen Unternehmens modifiziert werden. Zur Ermittlung der GewSt ist der so »objektivierte« Gewerbeertrag mit der GewSt-Messzahl sowie dem jeweils geltenden GewSt-Hebesatz zu multiplizieren. Ein Schwerpunkt der Unternehmensteuerreform ist die Änderung des Gewerbesteuerrechts. Die nachfolgend skizzierten Änderungen im Bereich der GewSt sind erstmals im Erhebungszeitraum 2008 anzuwenden und somit bei vom Kalenderjahr abweichendem Wirtschaftsjahr bereits in Wirtschaftsjahren einschlägig, die 2008 enden.

2.3.1 Nichtberücksichtigung der Gewerbesteuer und Kompensation

Nach geltendem Recht ist die GewSt als Betriebsausgabe abziehbar. Künftig werden die GewSt sowie die darauf entfallenden Nebenleistungen (Verspätungszuschläge, Zinsen, Säumniszuschläge, Zwangsgelder, Kosten) in den Katalog der nicht als Betriebsausgaben abzugsfähigen Aufwendungen aufgenommen. Dies führt dazu, dass die GewSt die Bemessungsgrundlagen der ESt und KSt sowie der GewSt selbst nicht mehr mindern wird. Entsprechend sind GewSt-Erstattungen insoweit steuerfrei, als die GewSt als Betriebsausgabe nicht abzugsfähig war.

Als flankierende Maßnahme zur Nichtabzugsfähigkeit der GewSt als Betriebsausgabe wird die Steuermesszahl von derzeit 5 % für Körperschaften und 1 % bis 5 % für natürliche Personen und PersG auf einheitlich 3,5 % festgesetzt. Der nach geltender Rechtslage für natürliche Personen und PersG anzuwendende Staffeltarif wird also abgeschafft. Der Freibetrag von 24.500 € bleibt hingegen erhalten.

Nach bislang geltender Rechtslage wird die GewSt-Belastung bei Einzelunternehmern und Gesellschaftern einer gewerblichen PersG weitgehend kompensiert. Dies wird erreicht durch die bisherige Berücksichtigung als Betriebsausgabenabzug einerseits und durch die Ermäßigung der tariflichen ESt nach § 35 EStG im Wege der Anrechnung der GewSt in Höhe des 1,8-fachen GewSt-Messbetrags andererseits. Um die wegen der künftigen Nichtabzugsfähigkeit der GewSt als Betriebsausgabe eintretende gewerbesteuerliche Mehrbelastung bei Einzelunternehmern und Gesellschaftern gewerblicher Personenunternehmen weitgehend auszugleichen, wird der Faktor für die pauschalierte Anrechnung der GewSt bei der ESt von 1,8 auf 3,8 des (anteiligen) GewSt-Messbetrags erhöht. Damit wird ein erheblich höherer Betrag bei der ESt-Veranlagung anrechenbar sein.

Hierbei ist jedoch festzustellen, dass die vom Gesetzgeber mit der Steueranrechnung angestrebte Kompensation der GewSt dann nicht greift, wenn der 3,8-fache GewSt-Messbetrag höher ist als die ESt. Ein dadurch verursachter Anrechnungsüberhang kann insbesondere aus folgenden Gründen entstehen:

1. Die einkommensteuerpflichtigen gewerblichen Einkünfte weichen vom Gewerbeertrag auf Grund von Hinzurechnungen ab. Insbesondere auf Grund der nachstehend erläuterten verschärften Hinzurechnungstatbestände wird diese Abweichung in vielen Fällen künftig größere Bedeutung gewinnen als bislang.
2. Verlustausgleiche oder andere einkommensteuerliche Abzugsbeträge führen dazu, dass die ESt gering oder sogar Null ist.

Mit der genannten Erhöhung des Anrechnungsfaktors von 1,8 auf 3,8 wird somit die Gefahr von Anrechnungsüberhängen künftig zunehmen. Im Übrigen wird die Anrechnung nach §35 EStG künftig auf die tatsächlich gezahlte GewSt begrenzt. Die tatsächlich gezahlte GewSt (Anrechnungshöchstbetrag) wird wie der auf jeden Gesellschafter entfallende Anteil gesondert und einheitlich festgestellt.

2.3.2 Neuregelung der gewerbesteuerlichen Hinzurechnungstatbestände

Für die Unternehmensfinanzierung bedeutsame Änderungen ergeben sich auch im Bereich der gewerbesteuerlichen Hinzurechnungstatbestände, die neu gefasst und erheblich erweitert werden.

Gegenwärtig erfolgt eine 50%-ige Hinzurechnung der Entgelte für sog. Dauerschulden, also für Schulden, die nicht nur zu einer vorübergehenden Stärkung des Betriebskapitals führen und deren Laufzeit mehr als zwölf Monate betragen. Im Ergebnis unterblieb bislang somit eine Hinzurechnung der Entgelte für kurzfristige Verbindlichkeiten.

Die in den gegenwärtigen Hinzurechnungsvorschriften der §8 Nr. 1, 2, 3 und 7 GewStG werden in dem neuen §8 Nr. 1 GewStG zusammengefasst und vereinheitlicht. Die geltenden Hinzurechnungsvorschriften nach §8 Nr. 2, 3 und 7 GewStG entfallen.

- Anstelle der bisherigen hälftigen Hinzurechung von sog. **Dauerschuldzinsen** werden künftig 25% der Entgelte für sämtliche, wirtschaftlich mit dem Betrieb zusammenhängende Schulden hinzuzurechnen sein (§ 8 Nr. 1a GewStG). Zu diesen zählt nun auch der »Aufwand« aus dem nicht dem gewöhnlichen Geschäftsverkehr entsprechenden gewährten Skonti und ähnlichen wirtschaftlich vergleichbaren Schulden im Zusammenhang mit der Erfüllung von Forderungen aus Lieferungen und Leistungen vor Fälligkeit sowie die Diskontbeiträge bei der Veräußerung von Wechsel- und anderen Geldforderungen (z. B. Forfaitierung von Forderungen). Bei der Veräußerung von Forderungen aus schwebenden Vertragsverhältnissen gilt die Differenz zwischen einem den Nennwert der Forderung unterschreitenden Veräußerungserlös und dem Nennwert der Forderung als ein der Fiktion unterliegender Diskontbetrag. Es kommt somit künftig für die Frage der Hinzurechnung weder darauf an, ob die Entgelte für Schulden mit der Gründung oder dem Erwerb des Betriebs oder dessen Erweiterung/Verbesserung zusammenhängen bzw. der nicht nur vorübergehenden Verstärkung des Betriebskapitals dienen, noch auf das zeitliche Moment der Schulden. Über die Sonderregelung des § 19 GewStDV i.V.m. § 35c GewStG sind Kreditinstitute von der Hinzurechnung auch nach neuem Recht (weiterhin) weitgehend ausgenommen.

- **Betrieblich veranlasste Renten und dauernde Lasten** sind künftig unabhängig davon, ob sie mit der Gründung bzw. dem Erwerb eines (Teil-)Betriebs oder eines Anteils hieran im Zusammenhang stehen, zu 25 % (bisher zu 100 %) hinzuzurechnen (§ 8 Nr. 1b GewStG). Pensionszahlungen auf Grund einer unmittelbar vom Arbeitgeber erteilten Versorgungszusage bleiben jedoch explizit von der Hinzurechnungspflicht ausgenommen (§ 8 Nr. 1b S. 2 GewStG).
- Sind **Gewinnanteile eines stillen Gesellschafters** bisher in voller Höhe dem Gewinn aus Gewerbebetrieb hinzuzurechnen, wenn sie beim Empfänger nicht der GewSt unterliegen, werden sie künftig unabhängig von der steuerlichen Behandlung beim Empfänger in Höhe von 25 % hinzuzurechnen sein (§ 8 Nr. 1c GewStG).
- Die Hinzurechnung der Miet- und Pachtzinsen (zurzeit § 8 Nr. 7 GewStG) wird ebenfalls Bestandteil der Hinzurechnung nach § 8 Nr. 1d bis f GewStG. Im Gegensatz zum gegenwärtigen Recht erfolgt keine pauschale Hinzurechnung von 50 % der Miet- und Pachtaufwendungen mehr. Stattdessen muss künftig unabhängig von der steuerlichen Behandlung beim Empfänger und ohne Beschränkung auf bestimmte Wirtschaftsgüter ein pauschal festgelegter **Finanzierungsanteil der Miet- und Pachtzinsen (einschließlich Leasingraten)** für nicht im Eigentum des Gewerbebetriebs stehende **Wirtschaftsgüter des Anlagevermögens** in Höhe von 25 % dem Gewinn aus Gewerbebetrieb hinzugerechnet werden. Die Hinzurechungen umfassen zukünftig nicht nur

die Miet- und Pachtaufwendungen (einschließlich Leasingraten) von beweglichen Wirtschaftsgütern des Anlagevermögens, sondern auch die für die Nutzung von unbeweglichen Wirtschaftsgütern des Anlagevermögens sowie Lizenzen und Konzessionen. Der Finanzierungsanteil der Miet- und Pachtaufwendungen (einschließlich Leasingraten) wird bei nicht beweglichen Wirtschaftsgütern (also insbesondere Grundstücken) pauschal mit 75% angesetzt, bei beweglichen Wirtschaftsgütern pauschal mit 20%. Effektiv erfolgt somit eine gewerbesteuerliche Hinzurechnung von 5% der Miet- und Pachtzinsen sowie Leasingraten für bewegliche Wirtschaftsgüter des Anlagevermögens und Rechte sowie 18,75% der Miet- und Pachtzinsen sowie Leasingraten für unbewegliche Wirtschaftsgüter des Anlagevermögens. Eine Kürzung der den Gewinn des Gewerbetriebs erhöhenden anteiligen Finanzierungsanteile im Rahmen der Ermittlung des Gewerbeertrags des Leistungsempfängers (also des Vermieters bzw. Verpächters) ist mit der Streichung der Altregelung künftig ausgeschlossen. Neu im Gesetz enthalten ist die Hinzurechnung von 25% eines pauschalen Finanzierungsanteils von Aufwendungen für die zeitlich befristete Überlassung von Rechten, insbesondere von Lizenzen und Konzessionen. Ausdrücklich ausgenommen sind Lizenzen, die ausschließlich dazu berechtigen, daraus abgeleitete Rechte Dritten zu überlassen (sog. Vertriebslizenzen sowie auf Aufwendungen, die nach § 25 Künstlersozialversicherungsgesetz Bemessungsgrundlage für die Künstlersozialabgabe sind). Der pauschale Finanzierungsanteil wird 25% der Aufwendungen betragen, so dass es zu einer effektiven Hinzurechnung in Höhe von 6,25% der Aufwendungen kommt.

Die Hinzurechnung erfolgt nur, soweit die Summe der Hinzurechnungsbeträge im Erhebungszeitraum 100.000 € übersteigt (Freibetrag) und europarechtskonform grundsätzlich unabhängig davon, ob die Beträge beim Empfänger der GewSt unterliegen. Damit hat der Gesetzgeber auf das »Eurowings«-Urteil des EuGH vom 26. Oktober 1999 reagiert.

Nach der Gesetzesbegründung ist die 25%-ige Hinzurechnung auf diejenigen Schuldzinsen beschränkt, die nach Maßgabe der Zinsschranke (dazu sogleich mehr) im jeweiligen Erhebungszeitraum abziehbar sind. Dies erscheint systemgerecht, da die nach der Zinsschranke nicht abzugsfähigen Zinsen bereits (voll) der GewSt unterliegen. Werden die Zinsaufwendungen im Rahmen des Zinsvortrags in einem späteren Wirtschaftsjahr abgezogen, ist eine Hinzurechnung in dem jeweiligen Erhebungszeitraum vorzunehmen.

Für die Hinzurechnungen nach § 8 Nr. 1 GewStG ergibt sich somit das folgende Berechnungsverfahren:

Die Hinzurechnungstatbestände nach § 8 Nr. 1 GewStG	
100 %	bei Zinsen, Skonti und vergleichbaren Vorteilen, Renten, Gewinnanteilen stiller Gesellschafter
75 %	bei Mieten, Pachten, Leasingraten von Immobilien
25 %	bei Konzessionen und Lizenzen
20 %	bei Mieten, Pachten, Leasingraten von beweglichen Wirtschaftsgütern
=	Summe der Finanzierungsaufwendungen
./.	Freibetrag in Höhe von 100.000 €
Hinzurechnung von 25 % zum Gewinn aus Gewerbebetrieb	

2.3.3 Verschärfung des gewerbesteuerlichen Schachtelprivilegs

Dividenden werden nach derzeitigem Recht beim Empfänger grundsätzlich vom Gewerbeertrag gekürzt, sofern die Beteiligung an der ausschüttenden Gesellschaft seit Beginn des Erhebungszeitraumes mindestens 10 % betragen hat. Solche Dividenden werden dem Gewerbeertrag auch nicht wieder nach § 8 Nr. 5 GewStG hinzugerechnet (sog. gewerbesteuerliches Schachtelprivileg). Die erforderliche Beteiligungsgrenze wird ab dem Erhebungszeitraum 2008 von 10 % auf 15 % angehoben. Die Erhöhung dieser Grenze in § 9 Nr. 2a, 7 und 8 GewStG bewirkt, dass künftig Dividenden aus Beteiligungen von unter 15 % nach § 8 Nr. 5 GewStG bei der Ermittlung des Gewerbeertrags wieder hinzugerechnet werden.

Keine Änderung ergibt sich für Gewinne aus Anteilen an einer KapG, welche die Voraussetzungen der sog. Mutter-Tochter-Richtlinie in der jeweils geltenden Fassung erfüllt und bei der die Mindestbeteiligungsgrenze 10 % beträgt (§ 9 Nr. 7 GewStG).

Für Dividenden auf Anteile an ausländischen Gesellschaften gilt die Verschärfung nur, soweit das anwendbare DBA keine niedrigere Mindestbeteiligungsgrenze für das Schachtelprivileg vorsieht (§ 9 Nr. 8 Satz 1 2. HS GewStG).

2.3.4 Sonstige Änderungen

Als notwendige Konsequenz aus der künftig pauschalen Hinzurechnung des fiktiven Finanzierungsanteils der Miet- und Pachtaufwendungen fällt im Bereich der gewerbesteuerlichen Kürzungen nach § 9 GewStG künftig § 9 Nr. 4 GewStG fort.

Eine weitere Neuregelung resultiert aus der Änderung der Verlustnutzungsmöglichkeit des § 8c KStG beim sog. Mantelkauf, da gemäß § 10a S. 8 GewStG die verschärften Regelungen nach § 8c KStG entsprechend anzuwenden sind.

2.3.5 Fazit

Erfreulich ist, dass zukünftig nur noch 25 % der Dauerschuldzinsen dem Gewerbeertrag hinzuzurechnen sind. Durch die Erweiterung der Hinzurechnungstatbestände um einen pauschalen Finanzierungsanteil in Miet- und Pachtzinsen sowie Entgelte für Lizenzen und Konzessionen und der generellen Hinzurechnung des Gewinnanteils des stillen Gesellschafters wird die Bemessungsgrundlage der GewSt allerdings verbreitert. So werden künftig etwa Sale-and-lease-back-Finanzierungen uninteressanter. Der Gesetzgeber begünstigt damit Unternehmen, die mit eigenem Kapital und eigenem Anlagevermögen arbeiten.

Die zusätzlichen Hinzurechnungstatbestände können dazu führen, dass der Gewerbeertrag künftig deutlich über der ESt- bzw. KSt-Bemessungsgrundlage liegt. Bei Personenunternehmern erfolgt jedoch eine weitgehende Entlastung durch die erhöhte GewSt-Anrechnung. Sofern der Hebesatz über 380 % liegt, tritt eine höhere Belastung allerdings auch für Personenunternehmer ein.

2.4 Investitionsabzugsbetrag für kleine und mittlere Personenunternehmen

Wie gezeigt wurde, können kleine und mittlere Personenunternehmen aus der Einführung der Thesaurierungsbegünstigung zumeist keine (nennenswerten) Vorteile ziehen. Liegt etwa der individuelle Steuersatz der Gesellschafter unterhalb der Thesaurierungsbelastung von 28,25 %, so würde ein sich die Thesaurierungsbegünstigung bereits im Zeitpunkt der Thesaurierung nachteilig auswirken. Derartige Personenunternehmen erhalten stattdessen Vorteile im Rahmen der als Mittelstandskomponente intendierten Ausweitung des § 7g EStG.

Die bisherigen Regelungen zur Begünstigung kleinerer Unternehmen durch die sog. Existenzgründerrücklage werden gestrichen und die Ansparabschreibung durch den außerbilanziell zu berücksichtigen Investitionsabzugsbetrag ersetzt. Im Vergleich zu der bisherigen Ansparabschreibung enthält die Neufassung einige Verbesserungen:

- Investitionsabzugsbeträge und Sonderabschreibungen sind jetzt auch bei Anschaffung gebrauchter (und nicht nur neuer) beweglicher Wirtschaftsgüter möglich.
- Erhöhung des höchstmöglichen Abzugsbetrags von 154.000 € auf 200.000 € (Summe der Abzugsbeträge des Abzugsjahres und der beiden vorangegangenen Wirtschaftsjahre je Betrieb) und des möglichen Investitionszeitraums von zwei auf drei Wirtschaftsjahre, die dem Wirtschaftsjahr des Abzugs folgen.
- Neben dem Investitionsabzugsbetrag und unabhängig hiervon können 20 % der Anschaffungs- (AK) bzw. Herstellungskosten (HK) von beweglichen Wirtschaftsgütern des Anlagevermögens als Sonderabschreibung geltend gemacht werden. Einschließlich Investiti-

onsabzug sind daher im Jahr der Anschaffung bzw. Herstellung mindestens 52 % zzgl. linearer Abschreibung steuermindernd absetzbar.

Im Ergebnis unverändert bleibt, dass 40 % der künftigen Investitionen als Investitionsabzugsbetrag geltend gemacht werden können sowie v.a. die maximalen Betriebsgrößen bei bilanzierenden Unternehmen und land- und forstwirtschaftlichen Betrieben, die förderungsfähig sind. Begünstigt werden nur Unternehmen mit einem Betriebsvermögen von bis zu 235.000 € (bislang 204.517 €). Für nichtbilanzierende Freiberufler, die bisher ohne Begrenzung die entsprechende Begünstigung nutzen konnten, wurde nun ein Höchstgewinn von 100.000 € festgelegt (§ 7g Abs. 1 Nr. 2, 3 EStG). Dadurch dürfte eine große Zahl der freiberuflich Tätigen diese Regelung nicht mehr nutzen können, da dieser Höchstgewinn auch für den gemeinschaftlichen Betrieb mehrerer freiberuflich Tätiger gelten wird.

Die nach bislang geltendem Recht deutlich bessere Behandlung von Existenzgründern in den ersten sechs Jahren ist zugunsten der allgemeinen Regelungen gestrichen worden. Durch eine deutlich längere Überwachung des Kriteriums »Nutzung des Wirtschaftsguts zu mindestens 90 % für betriebliche Zwecke« - und zwar mindestens bis zum Ende des dem Wirtschaftsjahr der Anschaffung oder Herstellung folgenden Wirtschaftsjahres statt nur im Wirtschaftsjahr der Anschaffung oder Herstellung - hat der Gesetzgeber eine weitere Verschärfung eingeführt (§ 7g Abs. 1 S. 2 Nr. 2 EStG). Andernfalls ist die Abschreibung gewinnerhöhend rückgängig zu machen (§ 7g Abs. 3 S. 1 EStG).

Bei Anschaffung bzw. Herstellung des Wirtschaftsguts können dessen AK bzw. HK gewinnmindernd um bis zu 40 % herabgesetzt werden; die Bemessungsgrundlage für die Abschreibung mindert sich entsprechend. Korrespondierend ist der Investitionsabzugsbetrag in gleichem Umfang gewinnerhöhend aufzulösen (§ 7g Abs. 2 EStG). Die gewinnmindernde Herabsetzung der AK bzw. HK von bis zu 40 % können jedoch nicht höher als der tatsächlich in Anspruch genommene jeweilige Investitionsabzugsbetrag sein. Hierdurch werden Gestaltungsmissbräuche vermieden. So ist es nicht möglich, für geplante Investitionen nur einen geringen Investitionsabzugsbetrag (z.B. 1 €) in Anspruch zu nehmen, bei Investition jedoch 40 % der AK bzw. HK gewinnmindernd geltend zu machen.

Die bisherige Möglichkeit der Rücklagenbildung wurde in der Vergangenheit auch zur progressionsmildernden Glättung der Ergebnisse einzelner Jahre genutzt. Durch die künftige rückwirkende Änderung von Steuerbescheiden - sollte die geplante Investition doch nicht vorgenommen werden - wird dem ein Riegel vorgeschoben.

Für vor Verkündung des Gesetzes in entsprechenden Wirtschaftsjahren gebildete Ansparrücklagen und für vor dem 1. Januar 2008 angeschaffte Wirtschaftsgüter ist grundsätzlich die Altregelung weiter anzuwenden.

2.5 Einführung einer ertragsabhängigen Zinsschranke

Nach geltendem Recht besteht für KapG eine Beschränkung des Zinsabzugs bei einer Gesellschafter-Fremdfinanzierung (§ 8a KStG). Mit dem Unternehmensteuerreformgesetz 2008 wird zur Gegenfinanzierung der Steuererleichterungen eine sog. modifizierte Zinsschranke eingeführt, die § 8a KStG nicht nur ersetzt, sondern weit darüber hinausgeht. Sie gilt für alle Rechtsformen und jede Art der Fremdfinanzierung. Auch beschränkt steuerpflichtige Objektgesellschaften sind davon betroffen.

Die nachfolgenden Regelungen zur Zinsschranke finden erstmalig Anwendung für Wirtschaftsjahre, die nach dem 25. Mai 2007 beginnen und nicht vor dem 1. Januar 2008 enden. Für Unternehmen mit einem kalenderjahrgleichen Wirtschaftsjahr entfaltet die Zinsschranke somit erstmals im Wirtschaftsjahr 2008 ihre Wirkung, bei Unternehmen mit einem vom Kalenderjahr abweichenden Wirtschaftsjahr hängt die erstmalige Anwendung vom Beginn des abweichenden Wirtschaftsjahrs ab: Für Wirtschaftsjahre, die ab Juni 2007 beginnen, sind mögliche Auswirkungen der Zinsschranke bereits im laufenden Wirtschaftsjahr 2007/2008 zu prüfen; für abweichende Wirtschaftsjahre, die vor dem Juni 2007 begonnen haben, kommt die Zinsschranke hingegen erstmals im Wirtschaftsjahr 2008/2009 zur Anwendung.

2.5.1 Das Grundprinzip der Zinsschranke

Mit der Einführung der Zinsschranke wird der steuerliche Betriebsausgabenabzug von Zinsaufwendungen eines Unternehmens künftig in Abhängigkeit vom erzielten Gewinn eingeschränkt. Über die bisher geltende Regelung zur Zinsabzugsbeschränkung im Rahmen der Gesellschafter-Fremdfinanzierung hinaus werden damit künftig alle Arten der Fremdfinanzierung, insbesondere auch Darlehen von Kreditinstituten, von der Abzugsbeschränkung erfasst.

Die Zinsschranke erfasst Aufwendungen aus der vorübergehenden Überlassung von Geldkapital (z.B. Darlehenszinsen), einschließlich Auf- und Abzinsungsbeträge aus unverzinslichen oder niedrig verzinslichen Verbindlichkeiten. Eine Ausnahme für kurzfristige Kapitalüberlassungen ist nicht vorgesehen. Nicht erfasst werden Entgelte für Sachüberlassungen, Dividenden, Skonti oder Boni.

Um die Höhe des abzugsfähigen Zinsaufwands zu bestimmen, muss ein mehrstufiges Prüfungsschema durchlaufen werden, das sowohl für PersG als auch KapG Anwendung findet:

Zunächst können die Zinsaufwendungen eines Wirtschaftsjahres bei Einzelunternehmen, PersG und KapG bis zur Höhe der Zinserträge desselben Wirtschaftsjahres unbeschränkt abgezogen werden. Hat der Betrieb keinen negativen Zinssaldo, d.h. übersteigen seine Zinsaufwendungen nicht die Zinseinnahmen, ist die Zinsschranke ohne Bedeutung.

Ein verbleibender negativer Zinssaldo (d.h. die Zinsaufwendungen übersteigen die Zinserträge) ist indes grundsätzlich nur noch bis zur Höhe von 30% des um Abschreibungen (§§6 Abs. 2 S. 1, 6 Abs. 2a S. 2 und 7 EStG) wie auch Zinsaufwendungen erhöhten sowie um Zinserträge verminderten maßgeblichen steuerlichen Gewinns (»EBITDA«) bei der ESt bzw. KSt voll abzugsfähig (§4h Abs. 1 Satz 1 EStG). Bei der GewSt sind die abzugsfähigen Zinsen zu 25% dem Gewerbeertrag hinzuzurechnen.

Bei Personenunternehmen bestimmt sich der steuerliche Gewinn (vor Zinsabzug) nach dem EStG und ergibt sich aus der einheitlichen und gesonderten Gewinnfeststellung. Entsprechend beeinflussen auch Ergebnisse aus Ergänzungs- bzw. Sonderbilanzen den steuerlichen Gewinn vor Zinsabzug. Bei KapG wird an das körperschaftsteuerpflichtige Einkommen angeknüpft. Danach erhöhen u.a. verdeckte Gewinnausschüttungen und Spenden die Bemessungsgrundlage, steuerfreie Dividenden und Veräußerungsgewinne gemäß §8b KStG vermindern andererseits die relevante Ausgangsgröße. Organkreise gelten für Zwecke der Zinsschranke als ein Betrieb, weshalb das Einkommen des Organkreises zusammengefasst wird.

Der nicht abzugsfähige Zinsaufwand erhöht den Gewinn im jeweiligen Wirtschaftsjahr und unterliegt der GewSt sowie ESt bzw. KSt. Gleichzeitig vergrößert er als Zinsvortrag den Zinsaufwand in den folgenden Wirtschaftsjahren, nicht aber den maßgeblichen Gewinn. Der in dieser Weise als Zinsvortrag gesondert festgestellte Zinsaufwand kann in späteren Wirtschaftsjahren - ebenfalls nur im Rahmen der Regelung zur Zinsschranke - abgezogen werden. Ein nicht verbrauchter Zinsvortrag geht vollumfänglich unter, wenn der Betrieb aufgegeben oder übertragen wird.

Ein nicht verbrauchter Zinsvortrag geht vollumfänglich unter, wenn der Betrieb aufgegeben oder übertragen wird. Bei allen nach dem Umwandlungssteuergesetz vorgesehenen Umstrukturierungen geht der Zinsvortrag ebenfalls unter. Scheidet ein Gesellschafter aus einer PersG aus, entfällt der Zinsvortrag in Höhe des Anteils des ausscheidenden Gesellschafters. Bei KapG gelten die Neuregelungen zum Mantelkauf entsprechend, sodass bei einem Gesellschafterwechsel zwischen 25% und 50% ein quotaler und bei über 50% ein voller Untergang droht.

2.5.2 Ausnahmen von der Anwendung der Zinsschranke

Von den Abzugsbeschränkungen der Zinsschranke bestehen drei Ausnahmen.

2.5.2.1 Freigrenze in Höhe von 1 Mio. €

Die Zinsschranke findet keine Anwendung, wenn der negative Zinssaldo unter der Freigrenze von 1 Mio. € liegt. Ein negativer Zinssaldo ist somit in voller Höhe abzugsfähig, wenn er weniger als 1 Mio. € beträgt. Die Freigrenze soll gewährleisten, dass kleinere und mittlere Betriebe nicht von der Zinsschranke betroffen sind. Bei einem Zinssatz von 5% können einem einzelnen Unternehmen demzufolge bis zu 20 Mio. € unschädlich Fremdkapital zur Verfügung gestellt werden.

Bei dem genannten Betrag von 1 Mio. € handelt es sich um eine Freigrenze und nicht um einen Freibetrag. Übersteigt somit der negative Zinssaldo die Freigrenze, unterliegt der gesamte negative Zinssaldo der oben beschriebenen Abzugsbeschränkung auf 30% des EBITDA, es sei denn, eine der nachfolgend beschriebenen Ausnahmen kommt zur Anwendung. Bei variabel verzinslichen Darlehen besteht daher die Gefahr, dass bereits Marktzinserhöhungen zu einem Überschreiten der Freigrenze führen. Ferner kann die Freigrenze bereits bei Bestehen eines entsprechenden Zinsvortrags überschritten werden, also auch dann, wenn die originären Zinsaufwendungen eines Wirtschaftsjahres unter 1 Mio. € liegen.

Sofern Unternehmen einen Organkreis bilden, werden die Zinsaufwendungen zusammengerechnet. Die Freigrenze wird auf den Organkreis insgesamt angewendet.

2.5.2.2 Konzernklausel

Die Zinsschranke findet keine Anwendung, wenn der Betrieb nicht oder nur anteilmäßig zu einem Konzern gehört (Konzernklausel). Der Begriff »Konzern« wird in §4h Abs. 3 EStG recht weit definiert. Danach gehört ein Betrieb zu einem Konzern, wenn er nach dem Rechnungslegungsstandard, welcher für die Ermittlung der Konzernfinanzierungsquote angewandt wird - in der Regel sind dies IFRS - mit einem oder mehreren anderen Betrieben konsolidiert wird oder werden könnte oder seine Finanz- oder Geschäftspolitik mit einem oder mehreren Betrieben einheitlich bestimmt werden kann (entsprechend IAS 27, der hierfür aber eine rechtliche Vereinbarung fordert).

Nicht konzernangehörig sind nach dieser Regel Einzelunternehmen und KapG (ohne Tochtergesellschaften), die sich im Privat- oder Streubesitz befinden. Nach der amtlichen Begründung liegt ein Konzern bereits dann vor, wenn eine natürliche Person die Beteiligung an zwei von ihr beherrschten KapG hält oder wenn eine natürliche Person ein Einzelunternehmen betreibt und darüber hinaus Gesellschafter einer GmbH ist, die sie beherrscht.

Nach der amtlichen Begründung sind PPP-Projektgesellschaften, die nicht in einen Konzern eingebunden sind und Verbriefungsgesellschaften (ABS-Strukturen) von der Zinsschranke grundsätzlich nicht betroffen. Eine Anwendung kann sich allenfalls bei einer Gesellschafter-Fremdfinanzierung ergeben.

2.5.2.3 Eigenkapitalvergleich (Escape-Klausel)

Ferner findet die Zinsschranke keine Anwendung, wenn der Betrieb zwar zu einem Konzern gehört, seine Eigenkapitalquote jedoch die Konzerneigenkapitalquote um maximal einen Prozentpunkt unterschreitet (sog. Escape-Klausel).

Maßgebend sind jeweils die Eigenkapitalquoten des Vorjahres. Die für den Eigenkapitalvergleich maßgeblichen Jahresabschlüsse sind grundsätzlich einheitlich nach den International Financial Reporting Standards (IFRS) zu erstellen. Nur wenn kein Konzernabschluss nach den IFRS zu erstellen und zu veröffentlichen ist sowie für keines der letzten fünf Wirtschaftsjahre ein Konzernabschluss nach den IFRS erstellt wurde, bilden die nach den Vorschriften des HGB erstellten Jahresabschlüsse die Grundlage für den Eigenkapitalvergleich. Ein Konzernabschluss nach US-GAAP kann als Nachweis dienen, wenn er befreiende Wirkung hat oder hätte und kein publizierender Abschluss nach HGB oder den IFRS zu erstellen ist.

Einlagen in PersG, die nach den anwendbaren Rechnungslegungsstandards (z.B. IAS 32.18b) als Verbindlichkeit gelten, sind mindestens mit dem sich nach dem HGB ergebenden Eigenkapital anzusetzen.

Die Eigenkapitalquote wird definiert als das Verhältnis des Eigenkapitals zur Bilanzsumme. Das maßgebliche Eigenkapital des Betriebs ist um einen im Konzernabschluss enthaltenen, auf den Betrieb entfallenden Firmenwert sowie die Hälfte des Sonderpostens mit Rücklageanteil (§ 273 HGB) zu erhöhen. Zu kürzen ist das Eigenkapital des Betriebs um Anteile an anderen Konzerngesellschaften (hierunter fallen auch Anteile an PersG) und um Eigenkapital, welches keine Stimmrechte vermittelt (mit Ausnahme von Vorzugsaktien) sowie um Einlagen der letzten sechs Monate vor dem Abschlussstichtag, soweit ihnen Entnahmen oder Ausschüttungen innerhalb der ersten sechs Monate nach dem Abschlussstichtag gegenüberstehen. Die Bilanzsumme des Betriebs ist auch um Kapitalforderungen gegenüber anderen Konzerngesellschaften zu kürzen, die nicht im konsolidierten Konzernabschluss enthalten sind. Sofern die Abschlüsse unterschiedlichen Rechnungslegungsregeln unterliegen, ist eine Überleitungsrechnung zu fertigen.

2.5.3 Sonderregelungen bei der Anwendung der Zinsschranke auf Kapitalgesellschaften

Für die Anwendung der Zinsschranke auf KapG gelten künftig weitere Sonderregelungen (§ 8a Abs. 1 KStG n.F.). Diese ersetzen insoweit die bestehenden Regelungen zur Gesellschafter-Fremdfinanzierung (§ 8a KStG).

Jede KapG dürfte für Zwecke der Zinsschranke einen Betrieb darstellen. Organschaftlich verbundene KapG gelten hingegen als ein Betrieb, so dass Finanzierungen innerhalb der Organschaft nicht von der Zinsschranke betroffen sind. Bei KapG ist für den EBITDA das »Einkommen« maßgeblich. Darin sind etwa nach § 8b KStG steuerfreie Veräußerungsgewinne oder Dividenden nicht enthalten, was den Umfang des im Rahmen der 30%-Grenze abziehbaren Zinsaufwands mindert.

Die Zinsschranke gilt auf Ebene einer KapG sowohl für Finanzierungen aus dem Gesellschafterkreis als auch durch Dritte (z.B. Banken). Besteht eine Gesellschafter-Fremdfinanzierung, gelten bei der Anwendung der Zinsschranke bestimmte Verschärfungen, d.h. KapG müssen zur Vermeidung der Zinsschranke weitere Hürden nehmen. Gelingt dies nicht, liegt also der Fall einer »schädlichen« Gesellschafter-Fremdfinanzierung vor, kann sich die KapG im Ergebnis nur auf die 1 Mio. €-Freigrenze als Ausnahme von der Zinsschranke, nicht aber die Konzern- oder Escape-Klausel berufen.

- **Finanzierte KapG gehört nicht zu einem Konzern:** Ein unbeschränkter Zinsabzug nach der Konzernklausel ist nur zulässig, sofern die KapG nachweist, dass nicht mehr als 10% ihres Nettozinsaufwands auf Finanzierungen durch einen (unmittelbar oder mittelbar) zu mehr als 25% beteiligten Gesellschafter, eine diesem nahe stehende Person oder einen gegenüber dem Gesellschafter oder der nahe stehenden Person rückgriffsberechtigten Dritten entfallen (»schädliche Gesellschafter-Fremdfinanzierung«; § 8a Abs. 2 KStG n.F.). Der Begriff des »Rückgriffs auf einen Dritten« ist weiter gefasst als im Rahmen des bisherigen § 8a KStG (insbesondere soll nach der amtlichen Begründung bereits ein bloßer »faktischer Rückgriff« ausreichen). Damit besteht das Risiko, dass bereits in marktüblicher Weise abgesicherte Konzern-Bankenkredite als für die 10%-Grenze schädlich qualifiziert werden. Gelingt der Nachweis nicht, findet die Zinsschranke uneingeschränkt Anwendung. Die Ausnahme nach der Escape-Klausel kommt in diesem Fall schon mangels Vorliegen eines Konzerns und damit eines Konzern-Eigenkapitals nicht in Frage.
- **Finanzierte KapG gehört zu einem Konzern:** Für konzernzugehörige KapG gelten weitere Anforderungen für die Inanspruchnahme der Ausnahme der Escape-Klausel. Zusätzlich zu dem Nachweis einer Eigenkapitalquote, die mindestens diejenige im Konzern erreichen muss (siehe »Eigenkapitalvergleich«), erfordert die Neuregelung den Nachweis der Einhaltung der 10%- Grenze für Zinsen aus einer schädlichen Gesellschafter-Fremdfinanzierung. Dabei ist zu beachten, dass auch die Fremdfinanzierung anderer Rechtsträger als der KapG selbst schädlich ist, sofern diese Rechtsträger zum Konzern gehören. Allerdings werden als schädlich für

Zwecke dieser Ausnahme nur solche Zinsen qualifiziert und berücksichtigt, die auf im Konzernabschluss ausgewiesene Verbindlichkeiten (d.h. schädliche Gesellschafter-Fremdfinanzierungen von außerhalb des Konzerns) entfallen. Gesellschafter-Fremdfinanzierungen innerhalb des Konzerns mindern die Eigenkapitalquote auf Ebene der finanzierten Gesellschaft (nicht aber des Konzerns), was im Rahmen des Nachweises nach der Eigenkapitalklausel zu berücksichtigen ist. Finanzierungen durch rückgriffsberechtigte Dritte sind nur dann schädlich, wenn die Dritten Rückgriff auf einen nicht zum Konzern gehörenden Gesellschafter oder eine diesem nahe stehende Person nehmen können. Hier erlangt die bereits in der Vergangenheit im Rahmen der Gesellschafterfremdfinanzierung aufgetretene Problematik der für den Zinsabzug schädlichen Rückgriffsberechtigung, die die Finanzverwaltung auf sog. Back-to-Back-Finanzierungen reduziert hatte, erneute Aktualität.

2.5.4 Fazit

Die Zinsschranke steht dem bisherigen § 8a KStG in Hinblick auf die Komplexität, insbesondere im Bereich der Konzern- und Escape-Klausel und der entsprechenden Gesellschafter-Fremdfinanzierung, in keiner Weise nach. Sie schränkt im betrieblichen Bereich die Möglichkeit des Betriebsausgabenabzugs für jegliche Art von Fremdkapitalzinsen - unabhängig von der Person des Kapitalgebers - ein. Zwar findet die Zinsschranke bei Finanzierungen mit einem Zinsaufwand von weniger als 1 Mio. € (nach Abzug der Zinseinnahmen) keine Anwendung und gilt grundsätzlich nur für Konzernunternehmen, die sich nicht auf die Escape-Klausel berufen können. Es gilt jedoch zu beachten, dass das Gesetz einerseits von einem erweiterten Konzernbegriff ausgeht und andererseits bei KapG den Anwendungsbereich der Zinsschranke auf »schädliche Gesellschafter-Fremdfinanzierungen« erweitert. In diesen Fällen ist die Zinsschranke auch dann anwendbar, wenn das Unternehmen nicht in einen Konzern eingebunden ist bzw. dem Eigenkapitalquotenvergleich im Konzern Stand hält.

Bedauerlicherweise ist bei der Berechnung des Eigenkapitals im Rahmen der Escape-Klausel die Kürzung des Eigenkapitals um stimmrechtsloses Eigenkapital zu weit geraten. Gekürzt werden soll das Eigenkapital nach der amtlichen Begründung nämlich auch um solches Mezzanine-Kapital, das bilanzrechtlich als Eigenkapital, steuerlich aber als Fremdkapital qualifiziert wird (Equity Mezzanine), etwa Genussrechte, die keine Beteiligung am Liquidationserlös vermitteln. Zwar sind nun, anders als noch im Regierungsentwurf, Vorzugsaktien ausdrücklich von der Kürzung ausgenommen. Vom strengen Wortlaut der Kürzungsvorschrift erfasst wären aber z. B. stimmrechtslose GmbH-Geschäftsanteile oder ganz allgemein Einlagen und thesaurierte

Gewinne (die ja auch Teil des Eigenkapitals sind, ohne Stimmrechte zu vermitteln).

Die Einführung der Zinsschranke erfordert bei jedem Unternehmer die rechtzeitige Überprüfung der Finanzierungs- und Unternehmensstruktur auf potenzielle Auswirkungen, um erforderlichenfalls rechtzeitig strukturelle Veränderungen einzuleiten.

2.6 Sonstige Maßnahmen zur Gegenfinanzierung der Unternehmensteuerreform

Neben der Einführung der Zinsschranke sind die folgenden weiteren Maßnahmen zur Gegenfinanzierung der Unternehmensteuerreform vorgesehen.

2.6.1 Abschaffung der degressiven Abschreibung

Die degressive Abschreibung (das Dreifache der linearen AfA bis maximal 30%) für nach dem 31. Dezember 2007 angeschaffte oder hergestellte Wirtschaftsgüter wird abgeschafft. Für ab dem 1. Januar 2008 angeschaffte oder hergestellte Wirtschaftsgüter ist nur noch die lineare Abschreibung zulässig.

2.6.2 Eingeschränkte Sofortabschreibung bei geringwertigen Wirtschaftsgütern

Zurzeit können geringwertige Wirtschaftsgüter (GWG), deren Nettowert 410 € nicht übersteigt, bereits im Jahr ihrer Anschaffung, Herstellung oder Einlage in ein Betriebsvermögen vollumfänglich als Betriebsausgabe abgesetzt werden. Künftig wird eine Sofortabschreibung bei den Gewinneinkunftsarten nur noch möglich sein, wenn der Nettowert 150 € nicht überschreitet. Für Wirtschaftsgüter mit Anschaffungs-/Herstellungskosten von mehr als 150 € und bis zu 1.000 € netto ist eine »Poolbewertung» vorgesehen. Hiernach sind alle derartigen Zugänge innerhalb eines Wirtschaftsjahres in einem Sammelposten (»Abschreibungspool«) zu erfassen und einheitlich mit jährlich 20% abzuschreiben. Die Regelungen sind für Wirtschaftsgüter anzuwenden, die nach dem 31. Dezember 2007 angeschafft, hergestellt oder in ein Betriebsvermögen eingelegt werden. Bei den Überschusseinkunftsarten gilt wie bisher die Grenze von 410 €.

2.6.3 Neuregelung beim Mantelkauf

Nach der bisherigen Mantelkauf-Regelung des § 8 Abs. 4 KStG entfallen Verlustvorträge sowohl bei der KSt als auch bei der GewSt, wenn die Körperschaft (z.B. GmbH, AG), die den Verlustvortrag nutzen will, mit derjenigen, die den Verlust erlitten hat, wirtschaftlich oder rechtlich nicht identisch ist. Trotz gesetzlicher Regelung, wonach die wirtschaftliche Identität insbesondere dann nicht vorliegt, wenn mehr als die Hälfte der

Anteile an der KapG übertragen werden und die KapG ihren Geschäftsbetrieb mit überwiegend neuem Betriebsvermögen fortführt oder wieder aufnimmt, hat sich die Frage der wirtschaftlichen Identität in der Praxis als sehr streitanfällig erwiesen. Aus diesem Grund wird die Regelung ersetzt durch eine neu geschaffene Vorschrift. Die neue Mantelkaufregel gilt auch für den »Zinsvortrag« aus der Anwendung der Zinsschranke (vgl. dazu »Einführung der ertragsabhängigen Zinsschranke«).

Die Mantelkaufregelung wirkt künftig zweistufig. Bei Anteils- oder Stimmrechtsübertragungen von mehr als 25 % und bis zu 50 % innerhalb von fünf Jahren entfällt der Verlustvortrag quotal. Werden innerhalb von fünf Jahren mehr als 50 % der Anteile oder Stimmrechte übertragen, geht der Verlustvortrag vollständig unter. Auf die Zuführung von neuem Betriebsvermögen kommt es nicht mehr an; die bloße Anteilsübertragung jenseits der Schwellen ist »schädlich«. Sobald die 25 %-Grenze überschritten ist, geht der Verlustvortrag quotal unter und die Fünfjahresfrist beginnt neu zu laufen. Für Zwecke der Fristberechnung eines möglichen Übergangs von mehr als 50 % der Anteile werden Anteilsübertragungen zwischen 25 % und 50 % innerhalb der letzten fünf Jahre jedoch berücksichtigt.

Beispiel:

An der A-GmbH sind die Gesellschafter X und Y zu jeweils 50 % beteiligt. Die GmbH verfügt zum 31. Dezember 2007 über Verlustvorträge in Höhe von 10 Mio. €. In den Jahren ab 2008 erwirtschaftet die GmbH jeweils ein ausgeglichenes Ergebnis.

Im Jahr 2008 erwirbt ein neuer Gesellschafter Z einen Anteil von X in Höhe von 26 %. Folge davon ist der anteilige Untergang des Verlustvortrags von 2.600.000 €. Im Jahr 2009 erwirbt Z von X weitere 20 % hinzu. Die Folge: Kein (weiterer) Untergang des Verlustvortrags, da die Anteilsübertragung nicht mehr als 25 % beträgt und insgesamt innerhalb von fünf Jahren nicht mehr als 50 % übertragen wurden.

Im Jahr 2010 erwirbt Z von Y weitere 10 % und steigert dadurch seinen Anteilsbesitz an der X-GmbH auf 56 %. Durch das Überschreiten der 50 %-Grenze innerhalb von fünf Jahren wird die zweite Stufe ausgelöst, mit der Folge des vollständigen Untergangs des noch verbliebenen Verlustvortrags von 740.000 €.

Die Regelung gilt für mittelbare und unmittelbare Anteilsübertragungen. Anteilsübertragungen innerhalb eines Konzerns sind auch betroffen, ebenso Kapitalerhöhungen, soweit sie zu einer Veränderung der Beteiligungsquote führen. Wie bisher gehen sowohl der (anteilige) festgestellte Verlust des der Anteilsübertragung vorangegangenen Wirtschaftsjahrs als auch der laufende Verlust im Veranlagungszeitraum bis zur Anteilsübertragung unter.

Eine »schädliche« Anteilsübertragung liegt künftig nur bei der Übertragung an »einen« Erwerber oder diesen nahe stehenden Personen vor. Es werden also nicht wie bisher sämtliche Anteilsübertragungen berücksichtigt. Als ein Erwerber gilt jedoch auch eine Erwerbergruppe mit gleichgerichteten Interessen.

Die Neuregelung ist erstmals ab dem Veranlagungszeitraum 2008 und für Anteilsübertragungen nach dem 31. Dezember 2007 anwendbar. Anteilsübertragungen vor diesem Zeitpunkt werden nicht mit in die Berechnung der 25- bzw. bzw. 50%-Schwelle einbezogen. Bereits bei Verabschiedung des Gesetzes im Bundesrat wurde eine Korrektur der neuen Regelung für junge innovative Unternehmen angekündigt. Diese soll im Rahmen des geplanten Gesetzes für Wagniskapitalbeteiligungen umgesetzt werden.

2.6.4 Änderungen im Bereich Verrechnungspreise und Funktionsverlagerungen

Verrechnungspreise sind die Preise, die für grenzüberschreitende Lieferungen und Leistungen zwischen verbundenen Unternehmen berechnet werden. Sind diese nicht angemessen, können sie von der Finanzverwaltung für steuerliche Zwecke geändert werden. Auch nach den Änderungen durch die Unternehmensteuerreform wird die Vorschrift eine einseitige Korrekturmöglichkeit bleiben, d.h. nur die deutsche Finanzverwaltung kann sich auf den Fremdvergleichsgrundsatz berufen und die Verrechnungspreise zu Ungunsten des Steuerpflichtigen korrigieren.

Durch die Unternehmensteuerreform wird gesetzlich festgeschrieben, wie der Fremdvergleichspreis zu ermitteln ist.

Verlagern Unternehmen betriebliche Funktionen von einer deutschen auf eine ausländische Einheit (sog. Funktionsverlagerungen), führt dies auch bereits nach geltendem Recht grundsätzlich zu einer Gewinnrealisierung. Fraglich ist in diesem Zusammenhang jedoch, ob und welche Wirtschaftsgüter unter Aufdeckung etwaiger stiller Reserven steuerpflichtig übertragen werden. Es ist auch strittig, ob die Übertragung von etwaigen Geschäftschancen, die nicht aus einem einzelnen Geschäft resultieren (globale Geschäftschancen, allgemeine Gewinnchancen aus übertragenen Funktionen) steuerpflichtig oder – mangels Entstrickungsnorm – steuerfrei möglich ist. Das Unternehmensteuerreformgesetz 2008 definiert nun erstmalig gesetzlich den Begriff der Funktionsverlagerung als Verlagerung einer Funktion einschließlich der dazugehörigen Chancen und Risiken sowie der mit übertragenen oder überlassenen Wirtschaftsgütern und sonstigen Vorteile.

2.6.5 Einführung von Regelungen für Wertpapierleihe-Transaktionen

Die Wertpapierleihe ist ein bislang vielfach genutztes Steuersparmodell. Vorteile konnten z. B. aus der Leihe von Aktien aus dem Handelsbestand von Banken über den Dividendenstichtag erzielt werden. Durch das Leihegeschäft geht grundsätzlich das wirtschaftliche Eigentum an den Aktien auf die entleihende KapG über; diese kann die Dividende nach § 8b Abs. 1 KStG zu 95 % steuerfrei vereinnahmen. Bei den Kreditinstituten wären die Dividenden hingegen nach § 8b Abs. 7 KStG voll steuerpflichtig gewesen. Die Kompensationszahlung an die Bank für die entgangene Dividende sowie die Leihegebühr konnte die Entleiherin nach dem alten Recht als Betriebsausgabe abziehen. Steuerlich führt diese Gestaltung bei der Entleiherin zu einem Verlust und damit zu einem Steuervorteil.

Die Möglichkeiten für den steueroptimierten Einsatz von sog. Wertpapierleihegeschäften, die sich nach dem Systemwechsel bei der KSt vom Anrechnungsverfahren zum Halbeinkünfteverfahren ergeben haben, werden mit der Neuregelung des § 8 Abs. 10 KStG bereits mit Wirkung für den Veranlagungszeitraum 2007 (§ 34 Abs. 7 KStG) abgeschafft. Der Betriebsausgabenabzug wird nun bei Wertpapierleihegeschäften bei der Entleiherin versagt, wenn sie eine steuerbefreite Dividende erhalten hat. Auch vergleichbare Steuersparmodelle (z. B. Wertpapierpensionsgeschäfte i.S.d. § 340b Abs. 2 HBG oder der Tausch von Wertpapieren) sind betroffen.

3 Abgeltungssteuer und Teileinkünfteverfahren

Mit dem Gesetz zur Unternehmensteuerreform hat der Gesetzgeber zugleich grundlegende Änderungen für private Kapitalanleger beschlossen. Die bedeutsamste Änderung im Bereich der Besteuerung von PV ist die Einführung einer Abgeltungssteuer in Höhe von 25 % zzgl. SolZ ab 2009. Bei einem Kirchensteuersatz von 8 % beläuft sich die Gesamtsteuerbelastung auf Anlegerebene künftig einheitlich auf 27,82 % - anstelle von aktuell bis zu 49,30 %. Damit ist die Steuerschuld des Anlegers abgegolten. Er braucht insoweit keine Steuererklärung mehr abzugeben. Positiver Nebeneffekt ist, dass die abgeltungsbesteuerten Einkünfte nicht die Steuerprogression der übrigen Einkünfte erhöhen. Steuerpflichtige, deren durchschnittlicher ESt-Satz unter 25 % liegt, können die normale Veranlagung beantragen, so dass die Kapitalerträge im Ergebnis ihrem niedrigeren persönlichen Steuersatz unterliegen.

Der Abgeltungssteuer unterliegen alle Einkünfte aus Kapitalvermögen und - unabhängig von Haltefristen - privaten Veräußerungsgeschäften aus Wertpapieren und Finanzinstrumenten. Diese Kapitalerträge werden damit nicht in den progressiven Steuertarif (bis zu 45 %) einbezogen. Für im Privatvermögen erzielte Beteiligungserträge wird das sog. Halbeinkünfteverfahren damit nicht mehr anzuwenden sein.

Zur Gegenfinanzierung schafft der Gesetzgeber das Halbeinkünfteverfahren für Dividenden und Veräußerungen von Kapitalgesellschaftsanteilen im Privatvermögen ab. Der Abzug von Werbungskosten entfällt. Aktienverluste lassen sich nur noch mit Aktiengewinnen verrechnen. Und schließlich dürfen Verluste aus Kapitalvermögen in Zukunft weder mit anderen Einkunftsarten verrechnet noch in das Vorjahr zurückgetragen werden.

Im Bereich des Betriebsvermögens wird das Halbeinkünfteverfahren zu einem sog. Teileinkünfteverfahren fortentwickelt, indem künftig nur noch 40 % der entsprechenden Bezüge steuerfrei sind. Auch die Gewinne aus Veräußerungen von Anteilen an KapG i.S.d. § 17 EStG (Beteiligung von mind. 1%) unterliegen künftig dem Teileinkünfteverfahren.

3.1 Abgeltungssteuer

3.1.1 Anwendungsbereich

Die Abgeltungssteuer betrifft ausschließlich private Kapitaleinkünfte. Soweit Kapitaleinkünfte zu den Gewinneinkunftsarten oder zu den Einkünften aus Vermietung und Verpachtung gehören, wird die Abgeltungssteuer auch hier grundsätzlich einbehalten, aber auf die individuelle ESt angerechnet.

3.1.1.1 Laufende Kapitaleinkünfte

Zusätzlich zu den bereits nach aktuellem Recht steuerpflichtigen Kapitalerträgen sind künftig weitere Einnahmen steuerpflichtig:

- Bislang den sonstigen Einkünften zugeordnete Optionsprämien aus Stillhaltergeschäften; Aufwendungen aus Glattstellungsgeschäften mindern die Einnahmen;
- Erträge aus sonstigen Kapitalforderungen, auch wenn die Höhe der Rückzahlung oder des Entgelts ungewiss ist (Erfassung reiner Spekulationspapiere);
- Ausschüttungen von Investmentfonds, auch soweit sie Gewinne aus Wertpapierveräußerungen, Termin- und Stillhaltergeschäften betreffen (Einschränkung des geltenden Fondsprivilegs.

3.1.1.2 Private Veräußerungserfolge

Realisierte Veräußerungserfolge von Finanzanlagen sind im PV künftig unabhängig von der Haltedauer (bei Wertpapiergeschäften) oder dem Zeitpunkt der Beendigung des Geschäfts (bei Termingeschäften) steuerpflichtig. Um eine einheitliche Abgeltungsbesteuerung bereits an der Quelle zu sichern, werden ihre Erträge in den Katalog der Einkünfte aus Kapitalvermögen einbezogen. Dabei wird der Veräußerungsbegriff erweitert, um Besteuerungslücken zu vermeiden (z. B. auch Einlösung, Rückzahlung, verdeckte Einlage in eine KapG und die Vereinnahmung des Auseinandersetzungsguthabens, z. B. bei der Beendigung einer typisch stillen Beteiligung, sowie die Abtretung der Ansprüche, soweit sie nicht zu Sicherungszwecken erfolgt.

Zu den **steuerpflichtigen Veräußerungsvorgängen** zählen - unter anderem - der Gewinn oder Verlust aus der Veräußerung von Aktien, GmbH-Anteilen oder sonstigen Beteiligungen an in- oder ausländischen KapG. Anwartschaftsrechte auf Beteiligungen wie Wandelschuldverschreibungen, Genussrechte mit Eigenkapitalcharakter und ähnliche Beteiligungen fallen ebenfalls hierunter. Für Anleger, die in den letzten fünf Jahren zu mindestens 1 % an der Gesellschaft beteiligt waren, gilt die Abgeltungssteuer allerdings nicht; hier gilt für Veräußerungserfolge das Teileinkünfteverfahren.

Auch die Veräußerung von Zins- und Dividendenansprüchen, typisch stillen Beteiligungen und partiarischen Darlehen fällt unter die steuerpflichtigen Veräußerungsvorgänge. Beteiligt sich ein Anleger an einer vermögensverwaltenden PersG, z.B. einem geschlossenen Private-Equity-Fonds, zählt dies als Anschaffung der anteiligen Wirtschaftsgüter der Gesellschaft. Entsprechendes gilt für den Verkauf der Beteiligung. Durch die Zwischenschaltung einer solchen PersG lässt sich folglich die Abgeltungssteuer nicht vermeiden.

Der **Veräußerungsgewinn bzw. -verlust** ermittelt sich grundsätzlich als Unterschied zwischen Veräußerungserlös und Anschaffungskosten. Weitere Aufwendungen lässt der Gesetzgeber künftig nur noch zu, sofern sie - wie Maklerspesen oder Bankgebühren - in unmittelbarem sachlichem Zusammenhang mit der Veräußerung stehen.

3.1.1.3 Nicht der Abgeltungssteuer unterliegende Kapitaleinkünfte

Bestimmte Kapitaleinkünfte klammert der Gesetzgeber bei der Abgeltungssteuer aus, um missbräuchliche Steuergestaltungen einzudämmen. Auch Veräußerungserfolge aus Anlagen, die nicht Wertpapiere oder Finanzinstrumente zum Gegenstand haben, sind von der Abgeltungssteuer ausgenommen (hier gelten die bisherigen Spekulationsfristen fort).

3.1.1.3.1 Typisierte Missbrauchsfälle

Erträge aus Darlehen, typischen stillen Beteiligungen, partiarischen Darlehen und sonstigen Kapitalforderungen unterliegen unter folgenden Umständen der regulären Besteuerung:

- Gläubiger und Schuldner sind einander nahe stehende Personen (laut Gesetzesbegründung ist bei der Auslegung auf die entsprechende Vorschrift im AStG abzustellen).
- Empfänger ist zu mindestens 10 % an der darlehensnehmenden KapG oder Genossenschaft beteiligt.

- Back-to-Back-Finanzierungen, d.h. Gestaltungen, die in die Finanzierungsbeziehung zwischen Darlehensgeber und nahe stehendem Darlehensnehmer einen fremden Dritten einschalten.

3.1.1.3.2 Private Veräußerungsgeschäfte bei Realkapitalanlagen

Auch nach neuem Recht bleiben Verkäufe von Immobilien und grundstücksgleichen Rechten im Privatvermögen nach Ablauf von zehn Jahren steuerfrei. Veräußerungen innerhalb der Spekulationsfrist unterliegen der allgemeinen Besteuerung zum individuellen Steuersatz. Für andere private Kapitalanlagen, die keine Finanzanlagen sind und nicht bereits unter den erweiterten Katalog der Kapitaleinkünfte fallen, gilt die einjährige Spekulationsfrist (z.B. Kunstgegenstände, Antiquitäten oder physische Edelmetallanlagen). Wurden aus der Nutzung dieser Anlagen zumindest in einem Jahr Einkünfte erzielt, erhöht sich die Spekulationsfrist auf zehn Jahre. Diese Regelung zielt vor allem auf die Eindämmung von Steuergestaltungen bei geschlossenen Containerfonds ab, die die vermieteten Container bislang außerhalb der Jahresfrist steuerfrei veräußern können.

Veräußerungen von Anteilen an KapG, an denen der Anteilseigner zu mindestens 1 % beteiligt ist, unterliegen künftig unabhängig von der Haltedauer als Einkünfte aus Gewerbebetrieb der Besteuerung im sog. Teileinkünfteverfahren. Die vorrangige Erfassung als privates Veräußerungsgeschäft entfällt. Die jährliche Freigrenze für die genannten privaten Veräußerungsgeschäfte wird von 512 € auf 600 € angehoben.

3.1.2 Berücksichtigung von Werbungskosten

Der Abzug der tatsächlichen Werbungskosten (wie z.B. Zinsen für Fremdkapital, Depot- und Beratungsgebühren) ist ausgeschlossen. Es wird künftig nur noch ein Sparer-Pauschbetrag von 801 € im Fall der Einzelveranlagung (1.602 € bei Zusammenveranlagung) in Abzug gebracht werden können. Ein darüber hinaus gehender Werbungskostenabzug ist für alle abgeltungssteuerpflichtigen Kapitaleinkünfte ausgeschlossen. Das gilt auch im Falle der Antrags- oder Pflichtveranlagung.

3.1.3 Verlustberücksichtigung

Mit der Abgeltungssteuer sind einschneidende Änderungen bei der Verlustverrechnung verbunden. So lassen sich Verluste aus abgeltungsbesteuerten Kapitaleinkünften nur noch mit Gewinnen aus Kapitaleinkünften verrechnen. Bei der Direktanlage in Aktien können Verluste aus der Veräußerung von Aktien (nicht aber von Zertifikaten, Fondsanteilen oder Termingeschäften) sogar nur mit Gewinnen aus der Veräußerung von Aktien verrechnet werden, nicht aber mit den sonstigen Gewinnen aus Kapitalvermögen (z.B. Zinsen).

3.1.4 Erhebung der Abgeltungssteuer

Die Abgeltungssteuer wird grundsätzlich im Wege des Quellensteuereinbehalts durch die auszahlende Stelle erhoben und direkt an das Finanzamt abgeführt. Eine Veranlagungspflicht besteht, soweit die Kapitalerträge im Inland nicht einem Kapitalertragsteuerabzug unterlegen haben (z.B. bei Privatdarlehen oder im Ausland erzielten Veräußerungsgewinnen). Die Regelung zur Erstellung einer Jahresbescheinigung (§ 24c EStG) wird abgeschafft. Eine Wahlveranlagung zum Abgeltungssteuersatz kommt etwa in Betracht, um Spekulationsaltverluste zu berücksichtigen, um einen nicht ausgeschöpften Verlustverrechnungstopf einer Bank mit positiven Kapitaleinkünften eines anderen Kreditinstituts zu verrechnen oder um sich die bei einer Depotschenkung infolge unterlassener Unterrichtung der Bank einbehaltene Abgeltungssteuer erstatten zu lassen.

Gehören Kapitaleinkünfte zu einer anderen Einkunftsart oder sind die Kapitalerträge vom sachlichen Anwendungsbereich der Abgeltungsbesteuerung ausgenommen, werden sie den allgemeinen steuerlichen Regelungen mittels Pflichtveranlagung zum persönlichen Steuersatz unterworfen. Hier können Werbungskosten weiterhin abgezogen werden. Schließlich kann der Anleger bei abgeltungssteuerpflichtigen Kapitaleinkünften zur Wahlveranlagung zum persönlichen Steuersatz optieren.

3.1.5 Anwendungsregelung

Anders als die sonstigen im Zuge der Unternehmensteuerreform eingeführten Maßnahmen, wird die Abgeltungssteuer erstmals für Zinsen und Dividenden gelten, die nach dem 31. Dezember 2008 zufließen. Veräußerungsgewinne unterliegen der 25 %igen Abgeltungssteuer grundsätzlich nur für nach dem 31. Dezember 2008 angeschaffte Wertpapiere. Eine Besonderheit gilt für Kapitalerträge aus der Veräußerung von Zertifikaten. Diese unterliegen bei Veräußerungen nach dem 30. Juni 2009 der Abgeltungssteuer, wenn die Zertifikate seit dem 15. März 2007 (Tag nach der Veröffentlichung des Kabinettsbeschlusses zur Unternehmensteuerreform) angeschafft wurden.

3.2 Teileinkünfteverfahren

Im betrieblichen Bereich wird das Halbeinkünfteverfahren in ein sog. Teileinkünfteverfahren umgewandelt. Die Befreiungsvorschrift des § 3 Nr. 40 EStG stellt künftig nur noch 40 % der dort genannten Einnahmen steuerfrei. Hieraus folgt, dass z.B. betrieblich vereinnahmte Dividenden zu 40 % steuerfrei bleiben und 60 % als Einkünfte aus Gewerbebetrieb (mit dem persönlichen ESt-Satz) zu versteuern sind. Das Teileinkünfteverfahren gilt künftig auch für die Gewinne aus Veräußerungen von

Anteilen an KapG i.S.d. § 17 EStG (bei einer Beteiligung von mindestens 1 % zu einem Zeitpunkt innerhalb der letzten fünf Jahre).

Entsprechend der Erweiterung der steuerpflichtigen Bezüge in § 3 Nr. 40 EStG sind künftig 60 % der mit diesen in wirtschaftlichem Zusammenhang stehenden Aufwendungen abzugsfähig. Die Regelungen zum Teileinkünfteverfahren sind grundsätzlich ab dem 1. Januar 2009 anzuwenden.

Gewinne aus der Veräußerung von Anteilen an KapG durch KapG sowie Ausschüttungen zwischen KapG bleiben im Ergebnis zu 95 % steuerfrei. Wie bereits das Halbeinkünfteverfahren kommt auch das Teileinkünfteverfahren bei der GewSt im Fall von Veräußerungsgewinnen zur Anwendung. Bei Gewinnausschüttungen erfolgt bei Vorliegen der Schachtelvoraussetzungen eine vollumfängliche Steuerfreistellung. Liegen die Voraussetzungen nicht vor, sind die Ausschüttungen weiterhin vollumfänglich gewerbesteuerpflichtig.

3.3 Fazit

Die Einführung der Abgeltungsteuer mit einer pauschalen Besteuerung von privaten Kapitaleinkünften (z. B. Dividenden und Zinserträgen) mit einem Steuersatz von 25 % wird einen spürbaren Einfluss auf die Unternehmensfinanzierung haben. Der regelmäßig günstige Abgeltungsteuersatz von 25 % kommt in den schädlichen Fällen der Gesellschafter-Fremdfinanzierung nicht zur Anwendung. Etwaige Zinserträge muss der Gesellschafter mit seinem - meist höheren - persönlichen Steuersatz versteuern.

Die Einführung der Abgeltungsteuer wirkt sich - nach derzeitigem Stand der Gesetzgebung - auch auf Private-Equity-Fonds und damit auf die Eigenkapitalfinanzierung von innovativen Unternehmen durch institutionelle Investoren aus. Ein wesentlicher Anreiz für die Kapitalanlage in einen PE-Fonds für den privaten Anleger besteht gegenwärtig darin, dass der Veräußerungserlös bei Beendigung des Beteiligungsverhältnisses des Fonds am Zielobjekt steuerfrei vereinnahmt werden kann. Ab 2009 unterliegt der Gewinn aus der Veräußerung der Beteiligung in jedem Fall der Besteuerung bei den Anlegern. Eigenkapitalinstrumente werden bei Investitionen von privaten Anlegern fast doppelt so hoch besteuert werden wie Fremdkapitaltitel, die der Abgeltungsteuer unterliegen. Auch Veräußerungsgewinne von und Ausschüttungen an Personenunternehmen werden durch die Einführung des Teileinkünfteverfahrens sowohl gegenüber KapG als auch Direktinvestitionen aus dem Privatvermögen benachteiligt.

4 Schlussbetrachtung

Die Mittelstandsfinanzierung steht durch das Unternehmenssteuergesetz 2008 im Bereich der Fremdfinanzierung, aber auch im Bereich der alternativen (Eigenkapital-)Finanzierung vor erheblichen Veränderungen. So profitieren ertragsstarke Unternehmen z. B. von der Senkung des Ertragssteuersatzes bzw. der Einführung der Thesaurierungsbegünstigung und der damit einhergehenden Möglichkeit der Eigenkapitalstärkung. Neuregelungen wie die Einführung der Zinsschranke und die GewSt-Verstetigung durch Ausweitung der Hinzurechnungstatbestände werden aber auch die nach wie vor wichtigste Form der Außenfinanzierung des Mittelstands – die Fremdfinanzierung – nachhaltig beeinflussen und insbesondere Unternehmen, die wirtschaftlich schwierigen Zeiten durchleiden, aber auch Unternehmen in Wachstums- und Expansionsphasen mit hohen Investitionen bzw. den Bereich der Akquisitionsfinanzierung, vor große Herausforderungen stellen. Angesichts der vorgestellten Änderungen der Steuergesetze müssen die vorhandenen Finanzierungs- und Unternehmensstrukturen in vielen Unternehmen auf den Prüfstand gestellt werden. Auch wenn es im Einzelfall zu komplexeren Strukturen und zusätzlichem Strukturierungsaufwand kommen könnte, lassen sich auch zukünftig in den meisten Fällen steueroptimierte Lösungen für den jeweiligen Einzelfall entwickeln.

Glossar

Andienungsrecht
Das Recht des Leasinggebers, das Leasingobjekt nach Ablauf der Leasingzeit dem Händler, einem Dritten - oder aber auch dem Leasingnehmer - zum Kauf anzudienen. Daraus leitet sich jedoch kein Recht des Händlers oder des Leasingnehmers zum Kauf des Leasingobjekts ab.

Anlagendeckung
Die Anlagendeckung gibt den Prozentsatz an, zu dem das Anlagevermögen durch Eigenkapital finanziert ist. Sie entspricht dem Quotienten aus Eigenkapital und Anlagevermögen.

Anlagenintensität
Diese Kennzahl beschreibt das Verhältnis des Anlagevermögens zum Gesamtvermögen (= Bilanzsumme) und gibt Auskunft über den Vermögensaufbau.

Asset Backed Securities
Asset Backed Securities (ABS) bedeutet wörtlich übersetzt »durch Aktiva gedeckte Wertpapiere«. Hierbei werden Forderungen des Aktivvermögens ausdrücklich gekennzeichnet und an eine eigens zum Zweck der ABS-Transaktion gegründeten Gesellschaft übertragen. Diese so genannte Zweckgesellschaft (Special Purpose Vehicle) nutzt die Forderungen als Haftungsgrundlage für die Emission von Wertpapieren. ABS verbriefen somit Zahlungsansprüche gegen die Zweckgesellschaft. Im Ergebnis führt dies zu einer Verbriefung bereits bestehender Forderungen, die sonst nicht als Wertpapiere ausgegeben werden können.

Auflassungsvormerkung
Ein Sicherungsmittel, das den schuldrechtlichen Anspruch auf Übertragung des Eigentums an dem betreffenden Grundstück zugunsten des Käufers sichert. Sie wird im Grundbuch eingetragen und bewirkt, dass Verfügungen und Belastungen, die der Grundstückseigentümer nach Eintragung vornimmt, nicht zu Lasten des Grundstückserwerbers wirken.

Aufnahmevertrag
Die Form des Gesellschaftsvertrags, durch die ein neuer Gesellschafter in eine Personengesellschaft aufgenommen wird. Aus ihm ergeben sich die einzelnen Rechte und Pflichten des Kommanditisten.

Auseinandersetzungsguthaben
Das Guthaben, das ein ausgeschiedener Gesellschafter nach Auseinandersetzung zu beanspruchen hat.

Belegschaftsaktien
Aktien, die den Angehörigen einer Gesellschaft in der Regel zu einem vergünstigten Preis überlassen werden und bei börsennotierten Unternehmen deutlich unter dem Börsenkurs liegen. Sie dienen dazu, Interesse und Teilhabe am Unternehmen über vermögensbildende Maßnahmen zu fördern. Häufig darf der Verkauf solcher Aktien erst nach Ablauf einer bestimmten Frist erfolgen, wobei die Zuwendungen nur in begrenztem Rahmen einkommen- bzw. lohnsteuerpflichtig sind.

Bezugsrecht
Bei der Erhöhung des Grundkapitals einer Aktiengesellschaft gibt diese neue (= junge) Aktien aus. In der Regel erhalten bisherige Aktionäre hier ein Bezugsrecht, mit dem sie entsprechend ihrem bisherigen Anteil junge Aktien erwerben können. Das Bezugsrecht kann ausgeschlossen werden.

Bilanz
Zu Beginn eines Handelsgewerbes und für den Schluss eines jeden Geschäftsjahres aufzustellende zahlenmäßige Gegenüberstellung der Aktiva und Passiva eines Unternehmens, die der Darstellung der Vermögens-, Kapital-, und

Finanzstruktur dient. Sie ist neben der Gewinn- und Verlustrechnung der wesentliche Teil des Jahresabschlusses.

Buchwert
Der Buchwert eines Unternehmens setzt sich im Wesentlichen aus dem Anlagevermögen in der Bilanz zusammen. Es ist die Summe aus den immateriellen Vermögensgegenständen, den Sachanlagen und den Finanzanlagen. Der Buchwert gibt die Substanz eines Unternehmens wieder. Ist der Buchwert einer Anlage geringer als der beim Verkauf erzielbare Erlös, stellt die Differenz eine stille Reserve dar.

Business Angel
Business Angel sind eine Gruppe von Risikokapitalgebern. Es handelt sich dabei zumeist um finanziell unabhängige Privatpersonen, die bei ihrem Engagement nicht nur ihren finanziellen Vorteil im Auge haben, sondern den Unternehmen auch beratend zur Seite stehen.

Business Plan
Ein Business Plan ist eine umfassende Darstellung eines Geschäftsvorhabens. Er beschreibt im Detail das unternehmerische Gesamtkonzept und erfasst dabei u.a. das wirtschaftliche Umfeld, die unternehmerischen Ziele und die hierfür aufzuwendenden Mittel.

Buy-back
Ausstiegsmöglichkeit aus einer Gesellschaft, bei der die Anteile an der Gesellschaft durch die Altgesellschafter zurückgekauft werden.

Cash-flow
Cash-flow bezeichnet den tatsächlichen Zugang an liquiden Mitteln innerhalb einer bestimmten Abrechnungsperiode und ergibt sich im Wesentlichen aus der Addition von Jahresüberschuss, Abschreibungen, Veränderungen der langfristigen Rückstellungen und Steuern vom Ertrag und Einkommen. Aus der Höhe des Cash-flow und seiner Entwicklung lassen sich Rückschlüsse auf die Etragskraft und das Finanzierungspotenzial eines Unternehmens ziehen.

Creditor Relations
Beziehungsmanagement zwischen Unternehmen und Kreditgebern. Der Begriff umfasst alle Maßnahmen des professionellen und möglichst frühzeitigen Dialogs mit Kreditgebern zur Verbesserung der Bonitätsbewertung des Unternehmens. Ziel der Creditor Relations ist es, die Fremdkapitalfinanzierung des Unternehmens langfristig zu sichern und die Kosten dafür zu minimieren. Dies geschieht durch regelmäßige, plausible Informationen über die Finanz-, Ertrags- und Vermögenslage sowie qualitative Hinweise zur aktuellen Geschäftsentwicklung.

Debitor
Debitor ist eine andere Bezeichnung für einen Schuldner. Im Bankwesen handelt es sich um den Kreditnehmer. Der Gläubiger wird dementsprechend Kreditor genannt.

Delkredererisiko
Das Risiko der Zahlungsunfähigkeit oder -verweigerung eines Schuldners.

Disagio
Der sich bei der Ausgabe neuer Wertpapiere gegebenenfalls ergebende Abschlag, meistens in Prozent ausgedrückt, um den der Ausgabekurs unter dem entsprechenden Normalpreis, in der Regel dem Nennwert, liegt (auch: Abgeld). Bei Krediten handelt es sich um die Differenz zwischen dem Nominalbetrag und dem ausgezahlten Anteil eines Darlehens.

Dividende
Der Teil des Gewinns einer Aktiengesellschaft, der in der Regel einmal im Jahr an die Aktionäre ausgeschüttet wird. Der ausgeschüttete Gewinn geteilt durch die Anzahl der ausstehenden Aktien ergibt dabei die Dividende pro Aktie. Dabei kann das Unternehmen die Höhe der Dividende selbst bestimmen. So wird bei günstiger Geschäftsentwicklung eine höhere Dividende gezahlt, und wenn es dem Unternehmen schlecht geht, kann die Dividende sogar ganz ausfallen. Der Begriff ist auch bei anderen Finanzinstrumenten gebräuchlich (z.B. Genussrechten).

Due Diligence
Sorgfältige Analyse, Prüfung und Bewertung eines Objekts im Rahmen einer beabsichtigten geschäftlichen Transaktion, insbesondere im Rahmen von Unternehmenskäufen. Risiken, die sich auf die zukünftige Geschäftsführung auswirken können, sollen frühzeitig erkannt und vermieden werden.

EBIT (Gewinn vor Zinsen und Steuern)
EBIT ist die Abkürzung für »earnings before interest and taxes« und bezeichnet den Gewinn vor Zinsen und Steuern.

Eigenkapitalquote
Die Eigenkapitalquote ist das in Prozent ausgedrückte Verhältnis vom Eigenkapital zum Gesamtkapital.

Eigentumsvorbehalt
Ein in der Praxis weit verbreitetes Kreditbesicherungsverfahren. Demnach wird das Eigentum an einer beweglichen Sache unter dem Vorbehalt übertragen, dass der Preis der Kaufsache voll bezahlt wird. Bis zu diesem Zeitpunkt erlangt der Käufer lediglich den Besitz und das Anwartschaftsrecht an der Sache.

Einbringungswert
Der Einbringungswert ist der Wert, mit dem ein Vermögensgegenstand als Sacheinlage in ein Unternehmen durch einen Gesellschafter eingebracht wird.

Einlagenfinanzierung
Ein Bestandteil der Eigenfinanzierung, bei der die Mittel aus dem Kreis der bisherigen Gesellschafter stammen und diese weitere Gesellschaftsanteile übernehmen.

ERP (European Recovery Program)
Programm für die Kreditvergabe, insbesondere für die Finanzierung von kleinen und mittleren Unternehmen einschließlich der Förderung von Existenzgründungen, die Finanzierung von Umweltschutzmaßnahmen sowie Aufbauhilfen für die neuen Bundesländer. Das Programm geht zurück auf den im Jahr 1947 begründeten Marshall-Plan als Hilfestellung für das kriegszerstörte Europa.

Factor
Der Factor kauft und verwaltet laufende Forderungen z.B. aus Warenlieferungen und Dienstleistungsgeschäften. Er trägt je nach Vereinbarung auch das Risiko des Forderungsausfalls (Delkrederisiko) bzw. übernimmt die Debitorenbuchhaltung einschließlich Mahnwesen und Inkassofunktionen.

Finanzintermediäre
Anbieter, die auf den Geld-, Kapital- und Kreditmärkten als Vermittler zwischen der Angebots- und Nachfrageseite auftreten. Zu den Finanzintermediären gehören Banken, Versicherungen, Kapitalanlagegesellschaften, Bausparkassen und freie Finanzvertriebe.

Finanzplanung
Die Finanzplanung stellt einen Teil der gesamten Unternehmensplanung dar, der sich auf die zu erwartenden Zahlungsströme des Unternehmens bezieht. Sie kann dabei kurz-, mittel- und langfristig angelegt sein. Das Ziel ist die Erhaltung der Liquidität unter der Voraussetzung der Rentabilitätsmaximierung.

Forderungsabtretung
Die Forderungsabtretung (auch Zession genannt) ist die vertragliche Abtretung einer Forderung eines Gläubigers gegen einen Schuldner auf einen neuen Gläubiger. Der Forderungsanspruch geht nun auf den neuen Gläubiger über. Nur dieser darf nun gegen den Schuldner bei Rückständen aus der Forderung klagen.

Forderungsinkasso
Einziehung bzw. Beitreibung von fälligen Forderungen von Kunden oder eigenen Forderungen durch eine Bank bei dem entsprechenden Schuldner.

Forderungsmanagement
Das Forderungsmanagement bezeichnet die Verwaltung von Forderungen gegen Kunden und Lieferanten. Darunter fallen alle Maßnahmen, die mit der Forderung in Verbindung stehen (Mahnwesen, Kreditverwaltung, Debitorenmanagement); es ist für Unternehmen oft mit einem erheblichen Arbeitsaufwand verbunden und wird daher im Rahmen des Factoring meist an den Factor abgegeben.

Fremdkapitalquote
Die Fremdkapitalquote stellt das prozentuale Verhältnis vom Fremdkapital zum gesamten Bilanzkapital dar. Generell gilt: Je höher die Fremdkapitalquote desto geringer ist die Kreditwürdigkeit des Unternehmens.

Fusion
Die Fusion bezeichnet den Zusammenschluss von zwei unabhängigen Unternehmen, zumeist mit dem Ziel, Synergieeffekte, eine größere Marktmacht und steuerliche Vorteile zu erreichen.

Gewährleistungsrechte
Die Gewährleistung ist eine gesetzlich vorgeschriebene Leistung des Händlers gegenüber seinem Kunden, die bei einem Kauf oder ähnlichen Vertrag besteht. Sie soll sicherstellen, dass der Kunde ein einwandfreies Produkt erwirbt. Zeigen sich innerhalb der gesetzlich vorgeschriebenen Frist Schäden, die bereits beim Übergang des Vertragsgegenstands bestanden haben, kann der Kunde seine Gewährleistungsrechte geltend machen.

Gewinn- und Verlustrechnung
Die Gewinn- und Verlustrechnung (GuV) ist ein zwingender Bestandteil des Jahresabschlusses, in dem sämtliche Erträge und Aufwendungen innerhalb eines Abrechnungszeitraums saldiert werden. Der Endsaldo der GuV-Rechnung fungiert als Kennzahl für die Entstehung des betrieblichen Ergebnisses und gewährt einen Einblick in die Ertragslage eines Unternehmens.

Gewinnausschüttung
Die Ausschüttung bzw. Verteilung des von einem Unternehmen erwirtschafteten Gewinns an die Anteilseigner und sonstigen Kapitalgeber (z.B. stille Gesellschafter und Genussrechtsinhaber). Sie erfolgt nach dem Beschluss über die Gewinnverwendung (Gewinnthesaurierung oder -ausschüttung) durch die zuständigen Organe der Kapitalgesellschaft. Bei einer Aktiengesellschaft handelt es sich um die Dividende. Bei einer Personengesellschaft wird sie als Entnahme bezeichnet.

Gewinnrücklagen
Die Gewinnrücklagen erscheinen in der Gewinn- und Verlustrechnung sowie in der Bilanz auf der Passivseite. Ein Teil des Gewinns wird als Rücklage aufgenommen und so passiviert. Gewinnrücklagen sind Bestandteil des bilanziellen Eigenkapitals. Die Rücklagenbildung kann sowohl gesetzlich oder von der Satzung vorgeschrieben sein oder freiwillig vorgenommen werden.

Gewinnvortrag
Der Gewinnvortrag ist der Teil des Bilanzgewinns des Vorjahres oder der Vorjahre, der nicht an die Gesellschafter ausgeschüttet oder den Rücklagen zugeführt, sondern ins nächste Geschäftsjahr vorgetragen wird, da erst dann über seine Verwendung entschieden werden soll. Er ist auf der Passivseite der Bilanz als Unterposten des Eigenkapitals zu führen.

Girosammelverwahrung
Bei der Girosammelverwahrung werden die Wertpapiere bei einer Wertpapiersammelbank eingelagert. Der Wertpapierinhaber erhält nicht mehr die einzelnen Wertpapierstücke ausgehändigt oder Eigentum an einzelnen in der Verwahrung befindlichen Aktien, sondern nur noch einen Miteigentumsanteil an dem Depotbestand bei der Wertpapiersammelbank.

Globalzession
Bei einer Globalzession wird eine Mehrzahl von Forderungen, meist zur Sicherung von Krediten, abgetreten. Es handelt sich dabei nicht nur um gegenwärtige, sondern auch um alle zukünftigen Forderungen.

Grundpfandrecht
Grundpfandrechte sind im Grundbuch eingetragene Rechte an Grundstücken. Sie dienen der Sicherung von Forderungen gegen den Pfandbesteller. Zu den Grundpfandrechten zählen die Hypothek, die Grundschuld und die Rentenschuld. Sie werden grundsätzlich zur Besicherung langfristiger Kredite und strukturierter Anleihen verwendet, sind aber auch für kurzfristige Kredite geeignet.

Grundschulddarlehen
Eine Darlehensvergabe unter Besicherung durch eine Grundschuld. Die Grundschuld ist die Belastung eines Grundstücks in der Weise, dass an den Begünstigten eine bestimmte Geldsumme aus dem Grundstück zu zahlen ist, sollte der Schuldner seinen vertraglichen Verpflichtungen nicht nachkommen. Die Grundschuld dient in der Kreditvergabe als attraktives Instrument der Kreditsicherung, da sie nicht vom Bestehen einer Forderung abhängig ist.

Halbeinkünfteverfahren
Das Halbeinkünfteverfahren ist ein Verfahren zur steuerlichen Gewinnermittlung für Einnahmen aus Beteiligungen an Kapitalgesellschaften. Das ab dem Jahr 2001 geltende Verfahren hat die bisherige Besteuerung von Gewinnausschüttungen abgelöst. Damit wird die volle Erfassung - vor allem der Dividenden-Einnahmen - durch eine hälftige Besteuerung ersetzt.

Hypothekendarlehen
Unter einem Hypothekendarlehen versteht man ein langfristiges Darlehen, zu dessen Absicherung ein Grundpfandrecht in Form einer Hypothek im Grundbuch eingetragen wird.

IFRS (IAS)
IFRS/IAS (International Financial Reporting Standards/International Accounting Standards) ist die im Euroraum am meisten verbreitete internationale Rechnungslegungsmethode. Die internationalen Rechnungslegungsvorschriften werden von dem IASB (International Accounting Standards Board) ausgearbeitet, das seinen Sitz in London hat und privatrechtlich organisiert und finanziert ist.

Vor dem Jahr 2000/2001 veröffentlichte Standards heißen International Accounting Standards (IAS). Standards, die hiernach veröffentlicht wurden, heißen IFRS (International Financial Reporting Standards). Hiermit soll der Tatsache Rechnung getragen werden, dass das Ziel dieser Standards nicht nur eine korrekte Buchführung, sondern auch eine korrekte und transparente Berichterstattung ist.

Immaterialgüterrecht
Immaterialgüterrechte dienen dem Schutz der Ergebnisse geistigen Schaffens. Sie sind Persönlichkeitsrechte, die an unkörperlichen Gegenständen bestehen und einen selbständigen Vermögenswert haben. Hierzu zählen z.B. das Urheberrecht, der Schutz von Patenten und Lizenzen.

Innenfinanzierung
Bei einer Innenfinanzierung handelt es sich um eine Finanzierung, bei der Unternehmen ihre Finanzierung aus dem selbst erwirtschafteten Kapital vornehmen, z.B. durch die Nichtausschüttung erzielter Gewinne, aus Abschreibungen und Rückstellungen.

IPO (Initial Public Offering)
Die Bezeichnung für das öffentliche Erstangebot von Anteilen an einem Unternehmen. Der Begriff IPO wird vornehmlich bei dem Gang eines Unternehmens an die Börse verwendet. Werden Gesellschaftsanteile bereits vor dem geplanten Börsengang emittiert, spricht man von Pre-IPO.

IR-Portale
Internetportale, die der Pflege der Investor-Relations-Tätigkeiten (IR) dienen. Sie stellen eine einfache und zeitgenaue Möglichkeit dar, mit einer Vielzahl von (potenziellen) Anlegern zu kommunizieren.

Jahresabschlussanalyse
Die Jahresabschlussanalyse dient dem Zweck, aus dem veröffentlichten Jahresabschluss eines Unternehmens genauere Erkenntnisse über dessen Vermögens-, Finanz- und Ertragslage zu gewinnen. Die Bilanz, die Gewinn- und Verlustrechnung, der Anhang und der Lagebericht eines Unternehmens werden ausgewertet, analysiert und beurteilt.

Jahresüberschuss
Der Jahresüberschuss ist der Gewinn eines Unternehmens, der sich aus der Differenz zwischen Erträgen und Aufwendungen ergibt. Er wird nach den Richtlinien des Handelsrechts ausgewiesen und verbleibt als Rücklage im Unternehmen oder wird ganz oder teilweise ausgeschüttet.

Kapitalsammelstelle
Bezeichnung für Unternehmen auf dem Finanzsektor, bei denen langfristig ein sehr hohes Kapitalaufkommen vorliegt. Hierzu zählen z.B. Versicherungen, Banken und große Vermögensverwaltungsgesellschaften.

Konsortialbank
Eine Konsortialbank ist ein Kreditinstitut, das mit anderen Kreditinstituten zusammenarbeitet und dazu zeitlich befristet ein Konsortium bildet. Konsortialbanken unterstützen Emittenten bei der Emission von Wertpapieren. Sie verpflichten sich regelmäßig dazu, einen bestimmten Anteil an der Emission abzunehmen und an ihre eigene Kundschaft oder an der Börse zu veräußern. Darüber hinaus übernehmen sie zusammen mit dem Emittenten die Prospekthaftung.

Kostenplanung
Bei der Kostenplanung werden alle variablen und -fixen Kosten eines Unternehmens geschätzt. Sie dient dem zielorientierten Einsatz der begrenzten Ressourcen und ihrer Steuerung, damit die aufgestellten Leistungs- und Kostenziele erreicht werden können.

Leasing-Gesellschaften
Gesellschaften, die ihre Geschäftstätigkeit auf das Leasing spezialisiert haben. Die meisten Leasing-Gesellschaften sind Tochter- oder Partnerunternehmen von Kreditinstituten. Daneben haben sich auch bankenunabhängige Gesellschaften am Markt etabliert.

Leverage-Effekt
Der Leverage-Effekt bezeichnet die Abhängigkeit der Rentabilität des Eigenkapitals vom Anteil der Fremdfinanzierung. Ein positiver Leverage-Effekt tritt ein, wenn die Rentabilität des Gesamtkapitals größer ist als der Fremdkapitalzins, und bedeutet eine steigende Eigenkapitalrendite.

Liabilities
Liabilities ist die englische Bezeichnung für Verbindlichkeiten (Passiva).

Liquidität
Fähigkeit eines Unternehmens, alle fälligen Verbindlichkeiten fristgerecht zu erfüllen, also die jederzeitige Zahlungsfähigkeit. Unter Liquidität versteht man auch die Zahlungsmittel selbst. Zahlungsmittel können mehr oder weniger liquide sein, je nachdem, wie rasch über sie verfügt werden kann.

Liquiditätsplanung
Liquiditätsprüfung ist die Planaufstellung der ständigen Liquidität eines Unternehmens. Die detaillierte Liquiditätsplanung ermöglicht es, Ausgaben so zu legen bzw. Zahlungstermine so zu vereinbaren, dass möglichst kein zusätzliches Fremdkapital eingesetzt werden muss.

Mezzanine-Fonds
Spezielle Fonds, die das in ihnen angelegte Vermögen bei Unternehmen in Form von Mezzanine-Kapital anlegen.

Mezzanine-Verbriefung(sprogramme)
Mezzanine-Verbriefungsprogramme haben unter Bezeichnungen wie PREPS, equiNotes und ge|mit seit 2004 am deutschen Verbriefungsmarkt Einzug gefunden. Dabei ist es innovativen Anbietern durch die Strukturierung von ABS-basierten Modellen der Mezzanine-Verbriefung gelungen, die privaten Märkte für Mittelstandsfinanzierungen mit den öffentlichen Märkten für Kapitalmarkttitel zu verbinden und den deutschen Mittelstand einem internationalen Investorenkreis zu erschließen. Im Rahmen einer Mezzanine-Verbriefung wird Mezzanine-Kapital (zumeist in Form von Genussrechten) von einer Zweckgesellschaft (Special Purpose Vehicle, SPV) oder der Sponsoring Bank des Mezzanine-Programms standardisiert an verschiedene Unternehmen ausgereicht. Die Mezzanine-Titel werden zu einem Assetpool gebündelt, der sich typischerweise durch seine geographische und branchenmäßige Diversifizierung auszeichnet. Das SPV refinanziert sich am Kapitalmarkt über die Emission kapitalmarktfähiger Finanztitel (Asset Backed Securities, ABS) in verschiedenen Tranchen mit unterschiedlichen Ausfallrisiken.

Mitbestimmungsrechte
Gesetzlich verankerte Rechte der Arbeitnehmer eines Unternehmens zur Teilhabe an wichtigen Unternehmensentscheidungen.

Nachrangdarlehen
Bei einem Nachrangdarlehen tritt der Darlehensgeber im Rang hinter die Forderungen aller übrigen Fremdkapitalgeber zurück. Aus diesem Grund erfüllt das Nachrangdarlehen eine wirtschaftliche Eigenkapitalfunktion. So kann die Bonität des Unternehmens gesteigert werden und die Aufnahme von weiteren Krediten wird erleichtert.

Nachschussverpflichtung
Vertraglich vereinbarte Haftung eines Investors für entstandene Verluste, deren Höhe über die ursprünglich vereinbarte Einlagesumme hinausgeht.

Negativerklärung
Erklärung eines Schuldners gegenüber einem Kreditgläubiger, bestimmte Vermögenswerte - vor allem Grundbesitz - in Zukunft nicht oder nicht höher zu belasten, zu veräußern oder einem anderen Gläubigern keine Sicherheiten zu gewähren, ohne die bisherigen Gläubiger darüber zu informieren und entsprechend daran zu beteiligen.

Partiarisches Darlehen
Darlehen, bei dem die Vergütung der Kapitalüberlassung nicht in einem festen Zins besteht, sondern der Zins gewinnabhängig bemessen wird.

Pensionsgeschäfte
Bei einem Pensionsgeschäft handelt es sich um die Veräußerung von Wechseln, Wertpapieren, Forderungen oder sonstigen Vermögensobjekten, bei der gleichzeitig eine Rücknahmevereinbarung zwischen den Parteien geschlossen wird. Für den Pensionsnehmer besteht bei einem echten Pensionsgeschäft die Pflicht, den Gegenstand zurück zu übereignen; bei einem unechten ist er lediglich hierzu berechtigt.

Pfandrecht
Das Pfandrecht ist das zur Sicherung einer Forderung bestellte dingliche Recht. Der Pfandgläubiger ist berechtigt, sich zur Verwertung des Pfands aus dem Pfandobjekt zu befriedigen. Es wird zwischen Grundpfandrechten (Hypotheken, Grundschulden und Rentenschulden) und dem Pfandrecht an beweglichen Sachen unterschieden. Das Pfandrecht ist streng akzessorisch ausgestaltet, also vom Bestand einer zu sichernden persönlichen Forderung abhängig.

Planungsrechnung
Bei der Planungsrechnung werden die Informationen aus Buchführung, Kosten- und Leistungsrechnung und Statistik sowie über außerbetriebliche Zustände und Entwicklungen verwertet, um eine tragfähige Basis für wirtschaftlich wichtige Zukunftsentscheidungen für das Unternehmen zu erhalten.

Produktivvermögen
Der Teil des Gesamtvermögens einer Volkswirtschaft, der der Leistungserstellung im Rahmen der Produktion zuzuordnen ist.

Projektfinanzierung
Projektfinanzierungen dienen zur Finanzierung eines spezifischen Investitionsvorhabens. Wird das Projekt von einer eigens zu diesem Zweck gegründeten Zweckgesellschaft durchgeführt, wird zur Besicherung das Investitionsgut selbst herangezogen und der Kreditgeber hat regelmäßig keine Rückgriffmöglichkeit auf den oder die jeweiligen Projektpartner.

Prolongation
Bei der Prolongation handelt es sich um die Verlängerung der Laufzeit eines Darlehens oder Wechsels nach dessen Beendigung zu gleich bleibenden oder an die Marktsituation angepassten Bedingungen.

Rateneinlage
Dabei handelt es sich um die Erbringung einer Einlagesumme durch mehrere im voraus festgesetzte Teilbeträge.

Rating
Das Rating stellt eine Bewertung von Unternehmen über lang- und kurzfristige Zeiträume dar. Es beurteilt die Kreditqualität des Emittenten oder Schuldners und gibt Auskunft darüber, inwieweit ein Unternehmen in der Lage sein wird, seinen finanziellen Verpflichtungen zum vereinbarten Zeitpunkt und vollständig nachzukommen. Jede Ratingstufe entspricht einer statistischen Ausfallwahrscheinlichkeit. Das Rating wird bestimmt durch harte und weiche Faktoren, vor allem aber durch die Eigenkapitalquote eines Unternehmens.

Rentabilität
Die Rentabilität ist das Verhältnis des Erfolgs zum eingesetzten Kapital. Es wird insbesondere durch das Verhältnis des während einer bestimmten Periode erwirtschafteten Reingewinns zum Eigenkapital (Eigenkapitalrendite) ausgedrückt.

Rückstellung
Unter Rückstellungen versteht man die Reservierung von Kapital zur Begleichung künftiger Verpflichtungen. Man findet sie in der Bilanz auf der Passivseite. Rückstellungen gehören nicht direkt zum Eigenkapital, weil sie nur für bestimmte Zwecke eingesetzt werden sollen. Typische Rückstellungen werden für Steuern, Pensionen oder Rechtsstreitigkeiten gebildet. Wenn das betreffende Ereignis eintritt, werden die fälligen Beträge aus einer Auflösung der Rückstellungen bezahlt und belasten nicht den operativen Gewinn der Geschäftsperiode.

Schlussbilanz
Die Schlussbilanz ist die Bilanz zum Abschlussstichtag bzw. am Ende der Rechnungsperiode, zumeist des Geschäftsjahres. Sie wird aus den Bestandskonten entwickelt. Die Werte der Schlussbilanz einer Rechnungsperiode stellen gleichzeitig die Werte der Eröffnungsbilanz/Anfangsbilanz der darauf folgenden Rechnungsperiode dar.

Skonto
Skonto ist der in Prozent ausgedrückte Preisnachlass, den der Verkäufer dem Käufer auf den Rechnungspreis gewährt, wenn dieser die Forderung innerhalb einer bestimmten, kurzfristigen Zeitperiode begleicht.

Special Purpose Vehicle
Ein zweckgebundenes Unternehmen, z.B. eine Emissionsgesellschaft im Rahmen einer ABS-Transaktion oder einer indirekten (Projekt-)Finanzierung. In diesem Fall beschränkt sich ihre Geschäftstätigkeit ausschließlich auf den Ankauf von bestimmten Forderungen und die Refinanzierung des Kaufpreises durch die Begebung von Wertpapieren.

Stille Reserve
Bezeichnung für eine bilanziell nicht ausgewiesene Rücklage, die durch die bilanzielle Unterbewertung von Vermögensgegenständen oder die Überbewertung von Verbindlichkeiten entsteht.

Thesaurierung
Die Thesaurierung ist eine Form der Selbstfinanzierung eines Unternehmens. Die laufenden Gewinne eines Geschäftsjahres werden dabei einbehalten und nicht an die Gesellschafter ausgezahlt. Der Überschuss wird in i.d.R. in die offenen Rücklagen eingestellt. Bei Finanzinstrumenten bezeichnet der Begriff die endfällige Ausschüttung von Gewinnansprüchen.

Treuhänder
Der Treuhänder ist eine natürliche oder juristische Person, die sich schuldrechtlich gegenüber seinem Treugeber verpflichtet, nur gemäß Treuhandvertrag über das ihm anvertraute Vermögen in dessen Interesse zu verfügen.

Übernahmeerklärung
Erklärung eines Gesellschafters, in eine Gesellschaft einzutreten. Gegen die Einbringung von einer Bar- bzw. Sacheinlage werden dem neuen Gesellschafter Gesellschafterrechte eingeräumt.

Überschuldung
Eine Überschuldung eines Unternehmens liegt vor, wenn die bestehenden Verbindlichkeiten eines Schuldners durch dessen Vermögen nicht mehr gedeckt werden und es überdies keine positive Fortbestandsprognose gibt. Bei einer juristischen Person kann die Überschuldung der Eröffnungsgrund für ein Insolvenzverfahren sein.

Umfinanzierung
Bei der Konsolidierung eines Unternehmens ist häufig eine Umfinanzierung (Umschuldung) zur Verbesserung der Liquidität, der Erhöhung der Zahlungsfähigkeit und der Reduktion der Angst vor Zahlungsunfähigkeit erforderlich. Hierbei werden kurzfristig fällige Kredite in langfristige Kredite umgewandelt.

Umlaufintensität
Diese Kennzahl beschreibt das Verhältnis des Umlaufvermögens zur Bilanzsumme.

Unternehmensverschmelzung
Siehe Fusion.

US-GAAP
»Generally Accepted Accounting Principles«: Rechnungslegungsmethode in den Vereinigten Staaten von Amerika.

Veräußerungsgewinn
Der Veräußerungsgewinn ist der Betrag, um den der Veräußerungspreis nach Abzug der Veräußerungskosten den Restbuchwert des veräußerten Objekts übersteigt.

Verkehrswert
Es handelt sich um den Wert, den ein Wirtschaftsgut bei einem Verkauf voraussichtlich erzielen würde. Der Verkehrswert entspricht regelmäßig dem Marktpreis.

Vermittlungsprovision
Die Gebühr, die ein Kursmakler, Versicherungsvermittler oder sonstiger Anlagevermittler für seine Tätigkeit erhält.

Verschuldungsgrad
Der Verschuldungsgrad gibt das prozentuale Verhältnis vom Fremdkapital zum Eigenkapital eines Unternehmens an. Er wird errechnet, indem man das Fremdkapital durch das Eigenkapital dividiert und mit 100 multipliziert.

Vollgesellschaftsanteile
Vollgesellschaftsanteile wie Aktien, Kommandit-, OHG- oder GmbH-Anteile stellen eine

vollwertige Unternehmensbeteiligung dar. Sie gewähren dem neuen Gesellschafter u.a. Möglichkeiten der Einflussnahme in der Gesellschafterversammlung.

Wertschöpfungskette
Die Wertschöpfungskette bezeichnet alle Unternehmensprozesse der Produkterstellung beginnend vom ersten Rohstofflieferanten bis hin zur Lieferung des fertigen Produkts an den Kunden.

Widerspruchsrecht
Das Recht eines Gesellschafters, bei außergewöhnlichen Geschäften der Geschäftsführung ihren Widerspruch einzulegen. Dieses gesetzliche Recht kann jedoch durch besondere Vertragsgestaltung ausgeschlossen werden.

Zinsbindungsfrist
Zeitraum, für den der im Kreditvertrag vereinbarte Zinssatz festgeschrieben ist (Festzinsdarlehen). Dabei sind Zinsbindungsfristen von fünf, zehn, fünfzehn oder zwanzig Jahren marktüblich. Für Kredite, die nach Ablauf der Frist noch nicht auslaufen, wird dann ein neuer Zinssatz vereinbart, der sich an den Marktbedingungen orientiert.

Zirkulationsfähigkeit
Die Möglichkeit, ein Finanzinstrument am freien Markt zu erwerben oder zu veräußern, ohne dass das Unternehmen unmittelbar davon berührt wird.

Zuflussprinzip
Nach dem Zuflussprinzip sind die Gewinne/ Einnahmen eines Steuerpflichtigen erst dann zu versteuern, wenn sie ihm zugeflossen sind. Dies bedeutet, dass bei einer Gewinnthesaurierung die auf den Gesellschafter entfallenen Gewinne nicht jährlich zu versteuern sind, sondern erst dann, wenn sie ihm mit Beendigung seiner Beteiligung tatsächlich zufließen.

Stichwortverzeichnis